TURBIEDAD

MI PASO POR CAPAMA

Leonel Galindo González

BARKER & JULES

BARKER & JULES®

TURBIEDAD, MI PASO POR CAPAMA

Edición: BARKER & JULES™
Diseño de Portada: Zaira Munizaga / BARKER & JULES™
Diseño de Interiores: Jessica Vallejo Huerta /BARKER & JULES™

Primera edición - 2022

I.S.B.N. Paperback | 978-1-64789-871-7
I.S.B.N. Hardcover | 978-1-64789-872-4
I.S.B.N. eBook | 978-1-64789-870-0

BARKER & JULES, LLC
3776 Howard Hughes Pkwy 549, Las Vegas, NV 89169
barkerandjules.com

TURBIEDAD

MI PASO POR CAPAMA

Leonel Galindo González

BARKER & JULES®

ÍNDICE

INTRODUCCIÓN **11**

(Mi Paso Por CAPAMA) **15**

GENERALIDADES 15

CAPÍTULO I **22**

1.- BREVE RESEÑA HISTÓRICA 22

2.-EXPERIENCIA PROFESIONAL EN PANAMÁ. 25

3.-COMENTARIOS INICIALES 26

4.-MI LLEGADA A CAPAMA. 27

5.-CORTE DE LA LUZ 42

GENERALIDADES DEL ALTO CONSUMO DE ENERGÍA ELÉCTRICA EN CAPTACIONES REBOMBEOS DE CONDUCCIÓN Y DISTRIBUCIÓN. 46

6.-INSPECCIÓN DE TANQUES 48

7.-VISITA DE PERSONAL TÉCNICO DE CONAGUA. 48

CAPÍTULO II **55**

INICIAMOS CON EL NUEVO AÑO 2019¡¡¡ 55

8.-EL AGUA POTABLE EN ACAPULCO 63

9.-SISTEMA PAPAGAYO I 65

10.-SISTEMA PAPAGAYO II 68

10.-SISTEMA LOMAS DE CHAPULTEPEC 77

VISITA DE LA DRA. BLANCA JIMÉNEZ 83

DIRECTORA DE CONAGUA 83

11.-TANQUES 88

UBICACIÓN DE LOS 6 TANQUES DE URGENTE SUSTITUCIÓN 96

UBICACIÓN DE LOS TANQUES DE URGENTE SUSTITUCIÓN 100

12.-TALLER MECÁNICO Y ELÉCTRICO 107

13.-PLANTA POTABILIZADORA CAYACO 109

PLANTA POTABILIZADORA CAYACO 118

REPARTO DE HIPOCLORITO DE SODIO
Y CLORACIÓN EN TANQUES. 129

CAPÍTULO III **133**

14.-DRENAJE SANITARIO 133

15.-COLECTOR COSTERO TRAMO
BASE NAVAL A CÁRCAMO NAO TRINIDAD. 136

16.- LÍNEA DE CONDUCCIÓN DE AGUAS RESIDUALES EN TUBERÍA DE 36" DE DIÁMETRO DEL CÁRCAMO NAO TRINIDAD A LA AVENIDA CUAUHTÉMOC ESQUINA AVENIDA UNIVERSIDAD. 137

CÁRCAMOS DE BOMBEO 138

17.-DERIVACIÓN DE COLECTOR SANITARIO DE 1.52 M DE DIÁMETRO DE CALLE GÓMEZ MORÍN A CALLE JUAN SEBASTIÁN ELCANO Y VASCO NÚÑEZ DE BALBOA 140

18.-PROBLEMÁTICA DE UBICACIÓN DE COLECTORES SANITARIOS Y OPERACIÓN MANTENIMIENTO DE INFRAESTRUCTURA DEL PARQUE PAPAGAYO 141

19.- CRECIMENTO DE LA MANCHA URBANA 145

20.-PLANTAS DE TRATAMIENTO DE AGUAS RESIDUALES 146

21.-COMPLEJOS INMOBILIARIOS MARINA DIAMANTE Y TULIPANES 159

PLANTA DE TRATAMIENTO DE MARINA DIAMANTE 160

22.-PROBLEMÁTICA CÁRCAMOS DE AGUAS NEGRAS GAVIOTAS 163

23.- PROYECTO DE REHABILITACIÓN DEL COLECTOR COSTERO 165

"BRISAS GUITARRÓN- BASE NAVAL" 165

CAPÍTULO IV **172**

1.-INFORMÁTICA LIGADA AL ÁREA COMERCIAL 172

SITUACIÓN ACTUAL DE LA CARTERA VENCIDA 186

2.-CFE MANTENIMIENTO A LA PRESA 187

CAPÍTULO V **210**

1.-INFORME ANUAL 2019, 2020 Y 2021 (AGOSTO) 210

CAPÍTULO VI **218**

PROPUESTA PARA LA CREACIÓN DE UNA ESCUELA PARA TRABAJADORES DEL MUNICIPIO. 218

PROPUESTA PARA LA CREACIÓN DEL CENTRO DE MONITOREO DE CAPAMA 219

4.-HUACHICOLEO 221

CAPÍTULO VII **225**

1.-ACTIVIDADES VARIAS TODAS ENCAMINADAS A PROPORCIONAR UN BUEN SERVICIO A LA POBLACIÓN ACAPULQUEÑA. 225

AVANCE DEL PROGRAMA CON FECHA DE CORTE 15 DE MAYO-11 JUNIO 2020; 240

LOS TANQUES FUERON LAVADOS Y SANITIZADOS. 240

NARDA 244

CAPÍTULO VIII **269**

FONDO ESPAÑOL 269

ANTECEDENTES 269

RESUMEN DE ACCIONES FONDO ESPAÑOL 271

CAPÍTULO IX **280**

DESCARGAS 280

CAPÍTULO X **306**

ACCIONES RELEVANTES SOBRE LA AV. COSTERA MIGUEL ALEMÁN 306

PERSONAS QUE HAN SIDO DIRECTORES DE LA COMISIÓN DEL AGUA POTABLE Y ALCANTARILLADO DEL MUNICIPIO DE ACAPULCO 345

OBSERVACIONES 346

ANECDOTARIO **355**

CONCLUSIONES, RECOMENDACIONES Y COMENTARIOS FINALES **363**

Dedico este libro a:

Muy en especial a mi Sra. madre

Emma González Verasteguí (†)

Mi esposa: Olivia

Mis Hijos:

Leonel Eduardo

Daniel

Yessica

Aldo

Mi nieta:

Alondra Michelle

A todos los trabajadores del Organismo Operador del Agua; CAPAMA

A todas las personas que me brindaron su apoyo, cuando más se necesitaba.

A toda la gente valiosa que existe en este maravilloso puerto de Acapulco.

A una muy buena prensa escrita y oral, muy crítica que existe en este maravilloso lugar llamado Acapulco.

Para una persona que me ha brindado su amistad:

José Alberto "El Güero" Alonso

Una mención especial a un gran compañero funcionario contemporáneo mío, quien me brindo su amistad de manera desinteresada e incondicional, me refiero al Arq. Armando Javier Salinas, Secretario de Desarrollo Urbano y Obras Públicas del Municipio.

A un gran amigo: Rubén Galeana Medina Rubens

También para ti: Papeles.

A una gran persona y amigo que se nos adelantó en el camino:

Prof. Jesús Ramírez Domínguez (†)

INTRODUCCIÓN

La imperiosa necesidad de contar con un libro-manual, que describa todo el entramado que compone la Comisión de Agua Potable y Alcantarillado del Municipio de Acapulco, (CAPAMA), en Acapulco de Juárez, comúnmente conocido simplemente como "Acapulco" en el estado de Guerrero en México, fue que me di a la tarea de realizar este libro, el cual está basado en la experiencia propia en mi paso por CAPAMA, es decir, en algunos casos que se describen y se detallan a lo largo de esta obra, no es creación única del autor, sino una recopilación de proyectos, documentos y comentarios, que existen en el archivo del organismo, así como información periodística a través de las notas de diferentes medios, que se encuentran para consulta pública en internet, complementados con ideas y trabajos desarrollados para CAPAMA, dentro de mi gestión como director general, de enero de 2019 a junio de 2020, los comentarios no son para desarrollar teorías complicadas o especulaciones mentales, sino la explicación y análisis que desde mi óptica se deben realizar o se realizaron.

Por lo que este libro-manual no nada más es para leerlo y archivarlo en un librero viejo y desvalijado, o en el disco duro de una PC, sino un documento que puede serviles a algunos para desarrollar su trabajo, por lo que creo que este libro puede considerarse y ser adecuado para que cualquier persona lo pueda consultar y no necesariamente sea de Acapulco o del estado de Guerrero, podrá ser de utilidad a todo aquel que tenga interés en conocer cómo funciona un organismo operador del agua o simplemente para consulta general por los ingenieros con el perfil moderno que día con día demuestran su amplio conocimiento en el tema, o el desconocimiento en su caso, así como consulta de los estudiantes de ingeniería, arquitectura y carreras afines, en fin se trata de sacarle provecho a la información contenida en este trabajo o en todo caso para unos días de lectura para distraerte de tus cotidianas actividades, en la tranquilidad de la playa, en tu placentero descanso, esto es para ti estimado lector.

El tratar de enfrentar los problemas del organismo, sin tener conocimiento o tener un diagnóstico de la verdadera problemática, simplemente no se va a poder llevar a cabo, o va a requerir una curva de aprendizaje importante. Por lo que esta obra, trata de presentar de una manera clara, los aspectos fundamentales que deben ser considerados de inicio por los técnicos, encargados de llevar a cabo las múltiples actividades que se desarrollan día con día en un municipio como Acapulco, falto de recursos, de proyectos, pero sobre todo falta de interés político en solucionarlos, por parte de las autoridades en curso.

Otro de los grandes problemas del organismo es que los funcionarios de primer nivel, llámese directores de área deben profesionalizarse, es decir no deben tener cabida en estos puestos amigos, familiares o cómplices políticos, sé que este comentario no le va a gustar a varios, pero al final de cuentas es lo que realmente se necesita para levantar el Organismo Operador del Agua Potable, otro aspecto a resaltar es el tiempo, considero que tres años al frente del organismo es muy poco tiempo para afrontarlo, o como en el caso de la administración municipal de Acapulco, 2018-2021, que contó con cuatro directores generales.

Los múltiples y graves problemas que actualmente enfrenta el organismo operador del agua, deben ser atendidos en orden prioritario a partir de sus propias fuentes de captación y producción, la reparación todos los días de las fugas de las líneas de conducción, el tratamiento de agua en la única planta potabilizadora que existe en el municipio denominada "Planta Cayaco", el desazolve y limpieza de los tanques de almacenamiento y distribución, integrando por su trascendencia en el objetivo del Organismo Operador del Agua Potable, de lograr un Acapulco sustentable.

La rehabilitación de las plantas de tratamiento de aguas residuales; la rehabilitación de la infraestructura y ejecutar los programas de mantenimiento preventivo y correctivo en la planta potabilizadora; y rescatar el taller electromecánico del organismo.

Hay que aprovechar las oportunidades que brinda la entrada en vigor del acuerdo de París 2016, sobre la agenda 2030 de las naciones unidas, para la mitigación del cambio climático; es la de adquirir un compromiso a través de los objetivos de desarrollo sostenible de la ONU, en el impacto de salud pública, impacto social, así como de la generación de energía limpia.

Sin embargo, a través de las diferentes administraciones gubernamentales desde hace sesenta años, o más, poco han realizado con sentido práctico y con visión a futuro, es por eso que la proyección de los proyectos que se elaboren para darle solución al grave problema del abasto del agua y el saneamiento deben estar basados en el "ODS 6 Agua Limpia y Saneamiento", de la agenda 2030 de la ONU.

En el 2012, el analista social y periodista Gustavo Gómez Peltier escribió en la Revista Nexos: "La ciudad de Acapulco es como una mesa en la que constantemente se sirve un gran festín, con la salvedad de que nadie se toma la molestia de recogerla, limpiar el tiradero y mucho menos pagar la cuenta. Sin embargo, la gran mesa acapulqueña sigue ahí para que nuevos y viejos invitados tomen asiento y se vuelvan a servir cuantas veces lo deseen, pero siempre sobre el mismo desmán y con el objetivo de satisfacerse hasta el hartazgo".

Se debe poner mayor énfasis en solucionar todos los problemas del municipio, por ahí se comenta Acapulco no nada más es la franja hotelera, hay mucho pero mucho más allá, donde las comunidades no tienen agua potable, saneamiento ni se diga, sin embargo, ahí nadie los voltea a ver incluso en algunas zonas ni para pedir el voto, así es que imagínense el abandono en que se encuentran esas comunidades.

(Mi Paso Por CAPAMA)

GENERALIDADES

La necesidad histórica del estado de Guerrero en México, tiene como principales actividades económicas, los servicios turísticos de playas así como de producción agrícola y minera, ha desarrollado un crecimiento irregular para los diferentes destinos; por un lado, la imagen urbana con todos los servicios y por el otro, la sociedad que sostiene y trabaja para brindar la atención a las actividades económicas de bienes y servicios, con asentamientos irregulares que requieren y demandan constantemente los servicios municipales de primera calidad.

Esto ha originado carencias en la infraestructura básica de servicios como el agua potable y el saneamiento de las aguas residuales y, por ende, se encuentra siempre en los límites de la contaminación de riberas de los cauces, afluentes de los ríos principales del estado como el Balsas, Omitlán, Papagayo y la Sabana; así como la laguna Tres Palos; el Puerto Marqués, Mitla, entre otros; vitales para atender a sus poblaciones, y no se diga las fuertes descargas a la bahía del puerto de Acapulco, considerada la bahía más hermosa del mundo.

De todos es conocido que el crecimiento desmedido -de manera anárquica- que ha vivido en los últimos cuarenta o cincuenta años la ciudad y puerto de Acapulco, así como la carencia de infraestructura (la actual tiene en algunos casos más de cuarenta o cincuenta años), o como la tubería de agua potable de Barrios Históricos en el pleno centro del puerto que data de 1940, que obviamente ya rebasó y por mucho su vida útil, y el alto, pero muy alto índice de corrupción a todos los niveles, han provocado una degradación continua y significativa del subsuelo, así como un mal uso del agua y su contaminación por desechos domésticos e industriales. En este plano se encuentra la contaminación de la Laguna de Tres Palos, como consecuencia del desordenado crecimiento del desarrollo habitacional e industrial de la zona; debido a la poca atención que se le ha dado al Plan Municipal en la administración saliente (2018-2021) y en las anteriores, no es posible que no se cuente con el PMD actualizado y con visión a un futuro inmediato, al dejar de contemplar en su mayoría diversas posibilidades de ordenamiento, lo que ha propiciado un crecimiento desordenado, entre los cuales sobresalen los establecimientos de asentamientos humanos de alto riesgo e inadecuadas para la urbanización, favoreciendo la proliferación de asentamientos humanos que poco a poco se convirtieron en colonias importantes de la periferia del municipio como es el caso de las colonias Coloso, Luis Donaldo Colosio, y las comunidades como Cayaco, Tuncingo, Tres Palos, Llano Largo, Navidad y Miramar. Estas colonias y comunidades han presentado carencias de infraestructura urbana y han permitido una disposición inadecuada de aguas residuales y residuos sólidos, provocando contaminación ambiental incrementando los niveles de afectación a los cuerpos de agua naturales cercanos a las mismas como el río de La Sabana y las lagunas: Tres Palos y Laguna Negra de Puerto Marqués. Esto aunado al desarrollo que se ha vivido en la llamada Zona Diamante y el poco compromiso de los desarrolladores en contar con un sistema de saneamiento de sus aguas óptimo, es increíble que esta superzona de lujo, la joya de la corona del puerto, no tenga en la actualidad un sistema de drenaje adecuado, no se diga el saneamiento, finalmente al perecer en este año 2021, va a quedar concluida la planta de tratamiento de aguas residuales "Diamante", ubicada por rumbo del aeropuerto internacional de Acapulco, con un gasto de 100 lps, para el tratamiento de las aguas residuales de la zona, pero, siempre hay un pero, la verdad que es muy poco el gasto que va a tratar, se requiere por lo menos que esa planta tenga un gasto de diseño de 300 lps, lo cual al parecer se tienen considerado en una futura ampliación, pero ya es una necesidad no a futuro sino de manera inmediata, para llevar a cabo el saneamiento de toda esta zona habitacional, de un enorme lujo en algunos sitios.

Es por ello, que las administraciones que gobiernen este maravilloso puerto de Acapulco, deben de ser conscientes de esta crítica situación, y dirigir acciones ante la preocupante contaminación y el riesgo en que se encuentran los cuerpos receptores que se mencionan, provocados por el crecimiento desmedido que se dio en zonas de alto riesgo geo-hidrológico, esta situación fue la que propició para que en mi gestión de director general, elaborara dos proyectos con los que concursamos y fuimos ganadores (históricamente somos los primeros en ganar un concurso de este tipo), para ser presentados en el foro mundial de ONU HABITAT, que son dos de los múltiples problemas que se tienen, los proyectos presentados y que a la postre resultaron ganadores fueron:

1.- Reconstrucción y rehabilitación de 15 plantas tratadoras de aguas residuales en Acapulco de Juárez, Gro.

2.- Estudio, proyecto y construcción de una granja solar de 55 mwp en Acapulco de Juárez, Gro.

Ahora bien, es conveniente mencionar que estos dos proyectos concursamos a nivel mundial de entre cerca de seiscientos presentados y evaluados, finalmente, cuál fue la sorpresa que fuimos elegidos entre los diez finalistas, que se debían presentar en el foro mundial, así que encabezando la comitiva la alcaldesa, acudimos a Abu Dabi, en representación de todo México, ya que fuimos los únicos en todo el territorio nacional que presentamos. En el capítulo correspondiente voy a desarrollar este tema.

Por lo que, en consideración a ello, se deben poner en marcha nuevos criterios y normas básicas para llevar a cabo un plan de ordenamiento que evite la proliferación de nuevos asentamientos humanos, de zonas ecológicamente importantes; considerándose el mismo, como un proyecto de desarrollo urbano, que ayude a mitigar el impacto ambiental generado por las industrias y desarrollos habitacionales en las zonas circundantes a este cuerpo lagunar, el cual debe ser llevado a cabo por equipos interdisciplinarios a cargo de arquitectos urbanistas e ingenieros de la Secretaria de Desarrollo Urbano y Obras Públicas, del Municipio y a partir de este, se elabore un plan regulador confiable; con la consigna misma de que no se otorguen más licencias de construcción para desarrollar unidades habitacionales en esa zona si no cumplen con las plantas tratadoras de aguas residuales y que no se aprueben cambios de uso de suelo, por ejemplo se debe realizar una estricta vigilancia para que no se siga deforestando el parque nacional "El Veladero", aquí los políticos de poca monta se deben abstener de propiciar invasiones a esos terrenos que a la postre empiecen a carecer de servicios y generen una fuerte contaminación cuyo destino final es la bahía.

Punto importante a considerar, es la participación de la Comisión de Agua Potable y Alcantarillado del Municipio de Acapulco (CAPAMA), a través de sus funcionarios, quienes deben de darse a la tarea de verificar en qué condiciones se encuentran las plantas de tratamiento de aguas residuales que cuenta el organismo operador del agua, efectuando para ello un diagnóstico, que fue realizado y se presenta en el capítulo correspondiente, es conveniente resaltar que en una primera revisión preliminar el resultado fue desalentador, al señalar el estado físico y operativo en que estas se encontraban, a la llegada a la DG en enero de 2019, ya que debido a que carecieron de un mantenimiento y en algunos casos fue nulo el mismo, esto sin contar la antigüedad de las mismas, han ocasionado un incremento de la contaminación al verter sus aguas crudas, que finalmente llegan a la bahía y como ya lo comente a los cuerpos lagunares del municipio.

Consciente de la situación tan precaria y crítica en que fueron encontradas cada una de las plantas de tratamiento de aguas residuales, así como la ausencia de recursos técnicos y económicos en que se recibieron, la falta de mantenimiento de continuidad y deficiencia en la gestión de largo plazo, sin contar la politización entre otros aspectos, provocaron que nos encontráramos con deficiencias en el cumplimiento inicial de los objetivos, razón de peso de considerar de suma importancia la presentación de los proyectos en Abu Dabi, para conseguir fuentes de financiamiento, que nos ayudaran a mitigar la escasez de recursos propios, aunque, como siempre surgieron detractores, los que están siempre en contra de la evolución del municipio.

Así mismo, se debe propiciar la generación de la conciencia en cada individuo de la importancia que debe tener la protección sobre el recurso acuífero y al mismo tiempo de manera conjunta visualizar una nueva forma de enfrentar su problemática, dicho de otra forma, es el momento histórico de tomar conciencia de que el manejo del agua debe combinar el desarrollo social y económico con la protección de los ecosistemas, elaborar los proyectos integrales con base en lo indicado en la agenda del agua 2030, de lo contrario no habrá agua para las futuras generaciones.

Si bien, los efectos de la contaminación que experimenta la Laguna de Tres Palos han sido planteados por el sector pesquero, e incluyen problemas de salud, escasez de los productos de la pesca y presión económica sobre las comunidades pesqueras aledañas a la laguna. Por lo que, con la finalidad de contrarrestar los efectos negativos ante este problema para lo cual se requiere del recurso que en estos momentos no cuenta la CAPAMA, sin ser motivo de que impidan llevarse a cabo acciones que demuestren el interés que se tienen en la solución a este problema, siendo prueba de ello que de inmediato se inició con diversas reuniones de verificación y acción con las empresas desarrolladoras a fin de coadyuvar juntos con este problema, que es derivado del crecimiento sin control de los núcleos poblacionales y el incremento en la densidad de población, sin planeación, sin olvidar el abandono en que se han dejado las plantas, lo cual genera una aportación desmedida de aguas que contaminan, afectando severamente el equilibrio del ecosistema.

Es evidente que la tarea a realizar es titánica a fin de revertir esta situación y requiere de la participación de los tres niveles de gobierno, a través de sus organismos CONAGUA (Comisión Nacional del Agua), CAPASEG (Comisión de Agua Potable Alcantarillado y Saneamiento del Estado de Guerrero) y CAPAMA (Comisión de Agua Potable y Alcantarillado del Municipio de Acapulco); para la verificación, control e implementación de programas y tecnologías de depuración que sean utilizados en todos los sectores involucrados: industrial, pesquero, turístico, habitacional, público en general y funcionarios de gobierno, todos juntos para la preservación de la Laguna de Tres Palos y evitar descargas de aguas residuales a la hermosa bahía de nuestro puerto de Acapulco de Juárez, Gro.

Por otro lado, se requiere la instalación de un sistema integral de alcantarillado, que abarque a todos los generadores de descargas de aguas residuales, que estas lleguen a las plantas para ser tratadas, con objeto de evitar el contacto directo de estos afluentes al cuerpo receptor, actualmente se dejan de tratar del orden de 30 millones de metros cúbicos del agua al año, esto que quiere decir, que aproximadamente las aguas residuales **NO** tratadas son descargadas a los cuerpos receptores generando una importante contaminación de estos.

Todas las aguas deberán ser canalizadas a las plantas de tratamiento de aguas residuales municipales y privadas con el fin de reducir los niveles de contaminación orgánica e inorgánica, para verterse en forma confiable y sin riesgo alguno a la Laguna de Tres Palos y a la bahía, como cuerpo receptor de agua, a efecto de realizar los muestreos de las aguas residuales una vez que sean tratadas y así dar cumplimiento con los límites máximos permisibles de las condiciones particulares

CAPÍTULO I

1.- Breve reseña histórica

Voy a narrar una breve reseña histórica, de mis inicios en el maravilloso y querido Puerto de Acapulco.

Llegué a Acapulco a la edad de cinco años, (hoy cuento con sesenta y cuatro años), proveniente del estado de Morelos, en compañía de mi madre y hermanos (ella originaria de un pueblo de tierra caliente Achotla, Gro., cerca de Arcelia), cursé mi instrucción primaria en la Escuela Primaria "Benito Juárez", en el turno vespertino, en el matutino se llama "Justo Sierra", ubicada en la calle Vallarta en la colonia Progreso, la Secundaria en la Federal No.1, la preparatoria en la número 2 de la Universidad Autónoma de Guerrero, de ahí me fui a Chilpancingo a estudiar la licenciatura en ingeniería civil, la cual concluí y obtuve mi título profesional, así como la especialidad en geotecnia.

A esta edad llegué a mi querido y paradisiaco puerto de Acapulco

Me desarrollé en la colonia Progreso, donde mi madre, tenía una miscelánea, primero en el mercado de la calle Bernal Díaz del Castillo, posteriormente en el interior del famosísimo y populoso mercado de la Progreso, donde se comía la mejor barbacoa del puerto, además de los bolillos con relleno y el chilate, de postre unas ricas gelatinas de doña Albina.

Desde que cursaba el tercer semestre de la carrera de ingeniería civil, fui auxiliar académico en la Escuela de Ingeniería, (así se llamaba en aquel entonces), por otro lado, y debido a que la UAGro, me otorgó una beca para realizar mi tesis profesional, ya que fue un proyecto de investigación, al concluir el trabajo de investigación y titularme la universidad me otorgó una plaza de tiempo completo para formar parte de la planta docente en ingeniería, actividad que desempeñé con mucho gusto y me formó de distintas maneras; ahí desarrollé el gusto por la academia.

Al concluir mis estudios profesionales me invitaron a trabajar en la Secretaria de Comunicaciones y Transportes en la Ciudad de México, partí a la ciudad de México, en compañía de mi esposa y mis hijos, llegué en 1982.

En estas instalaciones me tocó el sismo del 85, algo verdaderamente catastrófico, recuerdo que iba rumbo a la oficina para iniciar las labores en la SCT, cuando de repente todo se estremeció, la radio dejó de sonar, de inmediato calles cerradas al tráfico, al pasar por las pocas avenidas que se podía circular, observé, escaleras caídas, edificios derrumbados, no funcionaban los semáforos al no haber energía eléctrica, una desesperación sin tener noticias de nada ni de nadie.

La verdad algo terrible, me tocó en un alto forzoso como la gente se bajaba de sus vehículos, hincados implorando piedad de los dioses, por otro lado, densas capas de humo se empezaron a observar, a lo lejos; en fin, este tema será para contar otra historia.

FOTOS DE INTERNET

Ahí empezó mi peregrinar en la SCT y en otras dependencias, en empresas privadas todas del sector.

Para entrar en detalle de CAPAMA, solo les voy a contar brevemente mi estancia en la SCT, llegué a la Dirección de Servicios Técnicos, cuya ubicación estaba en las instalaciones conocidas como centro SCOP, en Xola y Eje Central, en la CDMX, por alguna razón me escogieron como parte de la planta docente de la SCT que impartía cursos de posgrados en diversas universidades del interior del país, que eran patrocinadas por la secretaría en aquel entonces. Así, fui profesor de la materia de hidrología, hidráulica y drenaje, en la maestría de vías terrestres en Chihuahua, Chihuahua, en la especialidad de vías terrestres en la Universidad Michoacana de San Nicolás de Hidalgo, en Morelia, Michoacán. En la especialidad de vías férreas en la Universidad Autónoma de Aguascalientes, en este curso me otorgaron el reconocimiento al mejor profesor de la especialidad, me dieron un diploma y un premio en efectivo, con las mismas materias en la especialidad de puentes de la Facultad de Estudios Superiores FES Aragón de la UNAM, por cierto, ahí me encontré de alumno a un paisano egresado del Instituto Tecnológico de Chilpancingo, tomando el curso.

Después de estar trabajando en varias dependencias federales y en la iniciativa privada, forme mi primera empresa a la edad de veintisiete años, aunque a mi llegada a la CDMX, a la edad de veinticuatro años, fui persona física con actividad empresarial, un esquema novedoso para mí y seguramente para muchos profesionistas jóvenes de aquel entonces, donde la información en ese sentido era muy escasa, máxime de alguien llegado de provincia al DF (hoy CDMX), de ahí en adelante he estado trabajando por mi cuenta, combinando la actividad con la Docencia y con la iniciativa privada, siendo empresario desde mi juventud.

2.-Experiencia Profesional en Panamá.

Una de mis grandes satisfacciones que me ha dado mi trabajo profesional fue cuando me llamaron desde Panamá, en Centroamérica, para invitarme a trabajar en la asesoría y desarrollo de los proyectos de las obras de drenaje y alcantarillado, en el corredor Norte que estaba siendo construido por un consorcio mexicano, obviamente acepte con mucho gusto y entusiasmo, así, inicie mi aventura en otro país desarrollando mi actividad profesional, cabe resaltar que estando trabajando en Panamá, el Ministerio de Obras Públicas (MOP), el equivalente a la SCT, en México, me invito para que diera unas pláticas al personal técnico, donde presenté el desarrollo de los trabajos que estaba realizando, ahí en Panamá, los cuales consistían en estudios topohidráulicos, hidráulicos e hidrológicos, para finalmente elaborar el diseño y dimensionamiento de las obras de drenaje en la vía carretera, cabe resaltar que en ese proyecto estaban un buen número de ingenieros y técnicos mexicanos laborando.

3.-Comentarios iniciales

Estando en la coordinación de la construcción de la autopista Maravatío-Guadalajara, la sede estaba en la ciudad de Morelia, Mich., donde me desempeñaba como el coordinador general del proyecto, me encontré en una empresa a una compañera egresada de la escuela de Ingeniería, con el cargo de superintendente.

Como radicaba fuera de Acapulco, visitaba como todos los que estamos fuera del maravilloso puerto, en vacaciones y por cuestiones familiares, alguna fiesta, o simplemente para disfrutar un riquísimo fin de semana largo. Así, regresaba a la CDMX el domingo 14 de enero de 2018, en compañía de mi esposa y uno de mis hijos, pasamos a comer al famosísimo restaurante "4 vientos", antes de llegar a Cuernavaca, cuando en una mesa que compartimos de manera ocasional me encontré a la licenciada Adela Román Ocampo, platicamos brevemente de diversos temas uno de ellos me comentó que regresaba de la CDMX a Acapulco después de presentar su renuncia al PRD, que se perfilaba como candidata por el partido político MORENA para la alcaldía del municipio de Acapulco, me pidió que la apoyara y en eso quedamos, claro que le brindé mi apoyo.

4.-Mi llegada a CAPAMA.

Después del histórico triunfo de la Lic. Adela Román Ocampo, en las elecciones del 1 de julio de 2018, para ocupar la presidencia municipal de Acapulco, Gro. Se organizó la logística para la toma de protesta ocurrida el día domingo 30 de septiembre del mismo año.

Obviamente, me encontraba entre los invitados al evento, el cual fue multitudinario y muy ameno.

Adela Román Ocampo, tomo protesta como la primera mujer presidente municipal constitucional electa por el heroico pueblo de Acapulco, Gro. Al evento asistieron el representante del ejecutivo, el secretario de finanzas y administración Tulio Pérez Calvo con la representación del gobernador del estado Héctor Antonio Astudillo Flores; del legislativo el diputado local Pablo Amílcar Sandoval Ballesteros y del poder judicial de Guerrero el magistrado Raymundo Casarrubias con la representación del magistrado presidente Alberto López Celis; como los testigos de honor de tal magno evento.

La toma oficial de protesta al ayuntamiento electo para el periodo 2018-2021 fue realizada por parte del diputado local Pablo Amílcar Sandoval Ballesteros, se llevó a cabo con todos los protocolos que el evento amerita.

En su discurso inicial la magistrada con licencia Adela Román, entre otras cosas, se comprometió a que se atendería de manera inmediata la **problemática del agua potable**, saneamiento básico y de alumbrado.

Sobre la seguridad, remarcó que es un tema que abordará en coordinación con las autoridades federales y estatales, combatiendo la delincuencia desde el origen de sus causas como son la pobreza, el desempleo, la desintegración familiar y pérdida de valores.

Así que, una vez que ella tomó posesión del cargo de presidente municipal, me encontré a Román Ocampo en el evento del presidente electo Andrés Manuel López Obrador, en su gira de agradecimiento, evento organizado frente al zócalo porteño, el día miércoles 3 de octubre del 2018.

Ahí me comentó: "Vas a la Dirección Técnica de CAPAMA, ya hablé con Mario, el será el Director General, te aviso en la semana".

El día 22 de octubre de este año (2018), se nombró por el consejo de administración de CAPAMA, en una votación dividida, 5 votos a favor, 3 votos en contra y 1 abstención, al Lic. Mario Pintos Soberanis como director general de CAPAMA.

La llegada de Mario Pintos fue muy cuestionada como lo describen varias notas periodísticas, un ejemplo es el siguiente:

NOTA DE INTERNET

"Por Misael Habana de los Santos, 20 septiembre 2018

Qué intereses tan fuertes pueden hacer que una figura pública con un bono democrático incalculable, regalado por el pueblo de Acapulco el pasado primero de julio gracias al liderazgo de Andrés Manuel López Obrador, pueda tirarlo a la basura solo para ser fiel a sus amigos y familiares.

Y hay de amigos a amigos, así como familiares que te adornan, te desprestigian o te arrastran con toda la trayectoria de su pasado.

Ojalá que aún haya tiempo para que la presidenta electa, Adela Román Ocampo, escuche, razone, y pueda decidir libremente, sin temor a equivocarse, sobre la selección del equipo técnico y profesional que la acompañará en el ejercicio ciudadano de la gobernanza que viene y que desean los acapulqueños.

En diversos artículos hemos señalado el trabajo oculto, atrás de los puestos públicos que vienen realizando y a su nombre sus hermanos.

Todo el pueblo cafetero acapulqueño da cuenta de estas rémoras aferradas a prácticas del pasado y que más pronto que tarde echarán a pique este proyecto social y político que podrían tener mayores alcances que la demarcación política porteña.

Aunado a los hermanos y sobrinos incómodos, hay otro grupo, el de los amigos que han cercado a la alcaldesa de toda posible influencia, incluso de los liderazgos de Morena, que han sido excluidos para darle el carácter priista al gobierno Adelista.

Un caso especial es el ex priista Mario Pintos Soberanías, quien parece ser el indiciado para tomar la responsabilidad de la desfondada CAPAMA, hoy Coagua, organismo que dirigió y saqueó con la complicidad de su jefe el gobernador José Francisco Ruiz Massieu, hace 30 años.

¿Podría esto explicar la cercanía del personaje anterior con Maricela Ruiz Massieu y con la alcaldesa Adela Román Ocampo? Es solo una pregunta. Pero veamos un poco de historia y qué mejor que la revista Proceso para recordarlo en una entrevista realizada en febrero de 2005, al entonces recién nombrado gobernador Zeferino Torreblanca Galindo.

Se lee en la revista. "Después de la elección, la agenda del gobernador electo es atendida por Mario Pintos Soberanis, ex director de Comunicación Social de René Juárez Cisneros y cercano a Carlos Salomón Cámara, quien fuera vocero del presidente Ernesto Zedillo.

"Pintos fue procesado por un fraude en la paraestatal Comisión de Agua Potable de Acapulco (CAPAMA) en el gobierno de José Francisco Ruiz Massieu, por lo que despierta suspicacias, aunque se sabe que es uno de tantos desprendimientos que sufrió el PRI durante la campaña".

Un grupo de trabajadores, entre ellos técnicos reconocidos, dicen en un documento enviado a este columnista: "El grupo de poder del periodo priista de los años ochenta y noventa ha tenido acobijado en su mafia a Mario Pintos Soberanías, quien en este momento es propuesto para dirigir a la Comisión de Agua Potable y Alcantarillado del Municipio de Acapulco (Coagua)".

"Haciendo una investigación en publicaciones pasadas, se ha encontrado en archivos electrónicos del Semanario Proceso, las relaciones de Mario Pintos con políticos que han sido parte de fraudes y enriquecimiento ilícitos como Salvador Giordano y Justo Ceja, entre otros, fungió como operador como representante de la Corett ejecutando tres contratos privados para vender, sin importar la alteración del uso de suelos y haciendo modificaciones a los precios de los predios, siendo partícipe de los fraudes y adquisiciones no legales de Salvador Giordano y Justo Ceja ha sido acusado como operador y presta nombre de Raúl Salinas de Gortari; además fue Director de la comercializadora de DICONSA, igualmente bajo el mando de Salinas de Gortari. Y no solo de Raúl Salinas de Gortari, también fue colaborador del ex presidente Carlos Salinas de Gortari. Justo Ceja, no se queda atrás, fue secretario privado de Carlos Salinas de Gortari, además ha estado implicado en el escándalo del homicidio del Licenciado José Francisco Ruíz Massieu. Sigue el texto: "No solo Mario Pintos Soberanis ha tenido relación con estos personajes escabrosos de la política, además ha sido colaborador muy cercano de Carlos Salomón Cámara (quien es su concuño) y que también ha estado rodeado de escándalos relacionados con la corrupción y enriquecimiento ilícito.

Salomón Cámara fue Director de la Lotería Nacional (mientras que Pintos Soberanis fue el Director de Administración y Finanzas de la Lotería Nacional), provocando un escándalo nacional al ser acusado por desfalco millonario.

Ante todo, esto, se libraron de una forma hábil involucrando a chivos expiatorios para encubrir su culpabilidad. Por lo anterior expuesto, se demuestran los nexos que tiene Mario Artemio Pintos Soberanis con las mafias del poder". Y se preguntan "¿Por qué a pesar de todo lo que se sabe de él, se insiste en sostenerlo como candidato a la Dirección de la CAPAMA, sin importar que no cubre el perfil para este tan importante puesto?". Con todo esto, la mafia del poder está tratando de sorprender a la presidenta electa, Lic. Adela Román Ocampo, afirman los denunciantes. Y le recuerdan a la alcaldesa que "El reglamento interno estipula claramente los perfiles que debe cumplir el que será el Director de la paramunicipal, que a la letra dice:

"PARA SER DIRECTOR DEL ORGANISMO OPERADOR MUNICIPAL, SE REQUIERE: III. CONTAR CON CARRERA PROFESIONAL O SUPERIOR AFIN A LA MATERIA; IV. TENER EXPERIENCIA TÉCNICA Y ADMINISTRATIVA EN MATERIA DE AGUAS EN CUANDO MENOS OCHO AÑOS; V. GOZAR DE BUENA REPUTACIÓN Y NO HABER SIDO CONDENADO POR DELITO INTENCIONAL QUE AMERITE PENA CORPORAL DE MÁS DE UN AÑO DE PRISIÓN".

Y no ausente de sarcasmo, la redacción continua: "Más claro ni el agua; y con todo esto no solo de aguas residuales se llenará el municipio (por lo menos para ello existen plantas depuradoras) sino que también otro tipo de contaminantes aún más tóxicos y peligrosos para Acapulco está por arribar gracias a toda esa mafia de poder que ha sabido colocar a Mario Pintos Soberanis como candidato para esta Dirección". Sin duda, que sobre aviso no hay engaño, y será la alcaldesa la responsable de la determinación".

Finalmente, me citaron en presidencia para el día viernes 26 de octubre, puntualmente acudí a la cita, ahí me indicó la presidente: "Prepárate porque vas a ocupar la dirección técnica, te espero el lunes 29 de octubre a las 19:00 horas Vamos a platicar con la gente de CAPAMA".

El día lunes 29 me esperaba encontrar a Mario Pintos en la reunión, pero no, esta fue con Samuel Peláez, ahí Adela me presentó y le dio instrucciones para que me dieran el nombramiento de director técnico, obviamente hubo objeción voraz de parte de Peláez, no quería que yo fuera nombrado, uno de sus argumentos fue que no me conocía, en fin, después de escucharlo, le dice la presidenta, "¡Él va!" Leonel pónganse de acuerdo para darle celeridad. Samuel me cita para el martes 30 de octubre en las oficinas centrales de CAPAMA, después me cambia la cita para el miércoles 31 a las 10:00 am, en las oficinas.

El miércoles 31 llegué puntual, como es mi costumbre, a las 10:00 a.m., para ser recibido hasta las 13:00 horas, por Samuel Peláez, ahí me dio según indicaciones y recomendaciones, pero sobre todo un cuestionamiento severo en el sentido de que buscaba en CAPAMA, que si conocía el organismo, que cuál era mi trayectoria, pero sobre todo que me tenía que disciplinar con él, eso fue lo que entendí, una vez sorteado este obstáculo me pasó a la oficina de Mario Pintos, ahí me presentó con él y le dijo: "Mira, él es Leonel Galindo la persona que nos están mandando para la Técnica". Ahí, Mario no le prestó mucha atención a Samuel, le indicó: "Elaboren el nombramiento y lo vas a presentar". Por ahí estaba Adrián Serrano, a quien también lo nombrarían director de operación. "Espérame en la sala" -me indicaron. Cerca de las 17:00 horas me indica Samuel: "Nos vemos en "Malaespina" el lunes 5 de noviembre a las 10:00 horas, voy a presentar a Serrano como director de operación y de ahí nos vamos a Nao, para presentarte a ti".

Resalto, que durante el periodo de Mario Pintos como director general solo en dos ocasiones entré a su oficina, una fue cuando Peláez me presentó con él, la otra fue fortuita, acudí a las oficinas generales, a una mesa de trabajo, vi la puerta abierta y por cortesía entré a saludarlo, fue escasamente medio minuto, prácticamente me corrió.

No hay fecha que no se cumpla, el lunes 5 de noviembre a las 10:00 horas, en "Malaespina" Peláez le dio el nombramiento a Serrano ante una multitud de aproximadamente ochenta trabajadores, se presentaron algunas voces de inconformes, que rápidamente fueron apagadas por el discurso de Samuel, quien estuvo acompañado por el Lic. Estévez, es conveniente mencionar que en ese momento no sabía cuál era el cargo, la función o nombramiento de los dos, creo que nunca lo supe a ciencia cierta.

Llegamos a Nao, me dice Peláez, aguántame voy a platicar con el director técnico saliente, después de esperar entre treinta y cuarenta y cinco minutos, fuimos a la sala de juntas, adyacente a la oficina del director técnico, ahí me presento ante aproximadamente veinte trabajadores del área técnica.

Una vez que se cumplió con el protocolo de la presentación procedimos el director saliente y yo a realizar la entrega-recepción de la dirección técnica.

En mi discurso de la toma de posesión de la técnica, remarqué, que, como lo ha indicado y nos ha instruido la presidenta municipal, también en CAPAMA se trataría de darle un mejoramiento y enfoque ecológico de Acapulco y la construcción de un gobierno diferente que tiene el reto de acabar con la corrupción y la impunidad, pero sobre todo de brindar un apoyo a los habitantes de la zona rural, y ser partícipes de una política de puertas abiertas a la comunidad, claro que lo hice y lo llevé a cabo.

También manifesté que, por indicaciones de la presidenta municipal, en la DT, sería trabajar sin distingos partidistas y cercanos a la población, lo cual lo hice, en algunas ocasiones en situaciones muy difíciles y comprometidas, a costa incluso de mi integridad personal.

Empiezan los detalles del personal de la anterior administración, que existía la encomienda de retirarlos del organismo, el director saliente, me manifestó que en principio no le habían comunicado nada y, por lo tanto, quería quedarse una semana más, de manera instantánea le respondí que no, inclusive me pidió un espacio en la sala de juntas para trabajar ahí, le volví a mencionar que su ciclo había terminado, iniciamos con los documentos de la entrega, en este proceso de inmediato salieron a relucir algunos detalles de operación en la dirección técnica, por ejemplo la persona que tenía el nombramiento de subdirector de planeación, en realidad realizaba labores de supervisor de obra, así como dos departamentos que de acuerdo al organigrama pertenecen a la técnica, estaban en la operativa.

Llevando a cabo la instrucción de la presidenta municipal, en cuanto al personal empecé con romper lazos de la administración anterior, así, cambié de inmediato al subdirector de construcción, al jefe del departamento de supervisión, a parte del personal que estaban etiquetados como de corruptos y que le hacían mucho daño al organismo, todos se presentaron con muchos padrinos, tratando de conservar su puesto. El subdirector de construcción con demanda hacia CAPAMA, también, algunos protegidos por el sindicato, cabe aclarar que casi todos, presentaron su demanda en contra del organismo, por reinstalación del puesto, las fechas de la demanda son:

Con número de expediente 1290/2018, de fecha 13/12/2018.

Con número de expediente 0159/2019, de fecha 01/02/2019.

El día miércoles 7 de noviembre me dice Mario Pintos. "Nos vemos mañana jueves en las oficinas de CAPASEG a las 12:00 hrs". –"**¡*Perfecto!*** -le comento- ¿preparo algo para llevar?". Me dice: "No, únicamente vamos a presentarnos". Llegué el 8 de noviembre puntual, cuál es mi sorpresa, que Mario llegó acompañado del director técnico saliente, no me comentó absolutamente nada. Una situación incómoda para mí, finalmente pasamos a la sala de juntas, ahí estaban: el anfitrión Arturo Palma Carro, director de CAPASEG, de invitado también el Ing. Humberto Gastelum director de la CONAGUA local en el estado de Guerrero, dio inicio la reunión, esperando la presentación de rigor, como debe de ser del nuevo director técnico, presentación que según yo debería de realizar Mario, lo cual no ocurrió, sin embargo, en el transcurso de la plática, nos reconocimos mutuamente, Gastelum y yo, ya que habíamos coincidido en una supervisión que realice a la presa Huites, en Sinaloa, hace algunos años, donde el Ingeniero estaba como residente general de la obra, aprovechando esta eventualidad, me presente como el nuevo director técnico de CAPAMA, entonces a Mario no le quedó de otra, más que comentarlo, una vez de recibir las felicitaciones acostumbradas, transcurrió la reunión sin contratiempos después de intercambiar números telefónicos para seguir en contacto, cabe destacar que el ingeniero Palma ofreció colaborar en todo lo que él pudiera siempre con el objetivo y para el bien de Acapulco, finalizo la reunión.

Salimos de las instalaciones de CAPASEG, como era jueves me dice Mario: "Voy a la CDMX, nos vemos el lunes" -sin ningún comentario adicional o aclaración al respecto.

Al llegar a la técnica me propuse cambiarla, transformarla en lo que debe de ser una dirección técnica, ser la normativa del organismo, independientemente de lo establecido en el reglamento, por eso una de mis primeras actividades en la dirección, fue de realizar una evaluación y diagnóstico del personal técnico, cuál era su nivel de conocimientos y preparación en el ramo, obviamente el resultado fue catastrófico, la mayoría del personal no tenía conocimientos del manejo del programa actualizado de AutoCAD, una herramienta en estos tiempos fundamental para la elaboración de proyectos, es un auxiliar para la Arquitectura e Ingeniería fundamental, también una carencia de conocimientos de la Normatividad aplicable, así como desconocer aspectos fundamentales del control de calidad, entre otros resultados de la evaluación; ante estas circunstancias me di la tarea de programar tres cursos de actualización al personal, haciendo extensiva la invitación a todo el personal del H. Ayuntamiento, los cursos considerados fueron:

1. Manejo de AutoCAD.
2. Supervisión de Obra.
3. Control de Calidad.

Por eso realicé la convocatoria para todo el personal de CAPAMA y del H. Ayuntamiento, programando el curso "Manejo Integral de AutoCAD", traje a un arquitecto funcionario de CAPUFE (Caminos y Puentes Federales de Ingresos y Servicios Conexos), con sede en Cuernavaca, Mor., es conveniente mencionar que los gastos fueron sufragados por mi persona en su totalidad. Traslado de Cuernavaca ida y vuelta, hospedaje y comidas. El curso se impartió el día sábado 8 de diciembre del 2018, en las instalaciones de la técnica, el número de asistentes fue de 16 personas, muy buena asistencia, para ser el primer curso totalmente técnico y práctico, los comentarios de los asistentes fueron muy halagadores hacia el ponente y para mí en lo personal, porque no habían tenido un curso de la calidad del ponente, sobre todo totalmente práctico, la presentación del ponente me toco hacerla a mí.

El segundo curso fue el día 15 de diciembre de 2018, con el título "Supervisión General de Obra", el cual fue impartido por Leonel Galindo, o sea yo merito, los asistentes fueron más o menos el mismo número del anterior, la duración de mi curso fue de aproximadamente 5 horas de 10:00 a. m. a las 15:00 hrs, con un descanso intermedio de 15 minutos, bueno, de igual manera los asistentes comentaron cosas positivas del mismo, Samuel Peláez fue a la sala de juntas a realizar la presentación del curso.

Con esta visión traté de ser diferente a los tradicionales funcionarios de CAPAMA, sobre todo de proyectar la disposición del trabajo 100% analítico y con plena disposición de apoyar a los más vulnerables, por lo que inicié con recorridos a zonas rurales, apartadas del centro, algunos de difícil acceso.

El tercer curso de Control de Calidad ya no se llevó a cabo, por muchas razones, entre ellas, la enorme carga de trabajo que se empezó a tener y fue prácticamente imposible programarlo.

El miércoles 14 de noviembre, se presentó el anterior director técnico en mis oficinas, para decirme que Mario Pintos, le había otorgado el nombramiento de subdirector de planeación, obviamente le comente que no lo quería ahí conmigo que buscara que Mario lo acomodara en otro lado.

El día martes 13 de noviembre 2018, me comenta Mario, hay un recorrido para el día domingo 18, con el próximo titular de la SEDATU (Secretaría de Desarrollo Agrario, Territorial y Urbano) el arq. Román Meyer Falcón, lo encabeza la presidenta Adela Román Ocampo, también va a estar la diputada federal Abelina López Rodríguez; el futuro coordinador en Guerrero, Pablo Amílcar Sandoval; el coordinador en Acapulco, César Núñez+; así como funcionarios de distintas áreas del Ayuntamiento.

El lugar de reunión domingo 18 de noviembre, a las 8:00 a. m. en el hotel Holiday Inn Diamante, por parte de CAPAMA, en el restaurante del hotel, esperando la llamada de inicio, ya que ahí me entere de que había una presentación en el salón de eventos del hotel, estábamos: Mario Pintos, quien llegó acompañado del exdirector técnico, se encontraba también Peláez, Serrano y yo.

Ahí me comenta Mario: "Voy a entrar con el exdirector técnico, ya que solo nos dieron dos lugares a CAPAMA". Y entraron ellos dos, nos quedamos en la sala afuera del salón, Samuel Peláez, Adrián Serrano y yo, Adela salió al servicio y me llama, me pregunta que por qué no entré yo, le digo: "Mario me dijo que solo había dos lugares, él y el exdirector técnico", fue todo, ya que regresó al salón donde se llevaba a cabo la reunión, antes de finalizar el evento, salió Mario y nos dijo: "Me siento mal, me voy a retirar, Leonel te haces cargo del recorrido"; terminó el evento y ya preparados para el recorrido le dice Adela a Peláez: "No quiero ver al exdirector".

Para este recorrido previniendo el acceso a las colonias de la parte alta lleve mi camioneta particular una Hilux doble cabina, en el estacionamiento me dice Peláez. "Me voy contigo"; "¡Va!" -le contesté. Después nos tocó hacer una escala en las instalaciones de PROTUR (Promotora Turística de Guerrero), ahí me pidió Serrano también ir conmigo, así que el exdirector se quedó solo ya sin Mario no tuvo a dónde ir así es que se perdió.

Estando en PROTUR se realizó la logística del recorrido, partimos en mi camioneta, Samuel, Serrano y yo manejando, se visitó los núcleos poblacionales de "Ampliación Sinaí", "Unidos por Guerrero", "San Agustín", "Simón Bolívar", "Libertadores", "Emiliano Zapata", "Tierra y Libertad", "Ampliación Simón Bolívar, "Colosio", "Llano Largo", "La Marquesita", "Amalia Solórzano" parte alta, "Navidad de Llano Largo", "Coloso", "Mirador El Coloso", "Manantiales", "Cinco de Mayo", "colonia del PRI", "Altos del Miramar", "Camino al Cielo", "La Máquina", donde se pudieron apreciar carencias de todo tipo de obra y servicios públicos, como alumbrado, recolección de basura, tanques de almacenamiento de agua, por lo tanto, una ausencia de red de agua potable, red de drenaje, calles sin pavimentar y con topografía abrupta, en este recorrido se detectó y se percibió el nivel de pobreza existente en esa zona del municipio, olvidado por las Administraciones anteriores, ahí el futuro titular de SEDATU, comentó "nos encontramos el día de hoy en Acapulco, haciendo un recorrido con relación al "Programa de Mejoramiento Urbano", hemos estado todo el día recorriendo los diferentes barrios que son susceptibles, de que se incluyan en el programa de apoyo".

En la ampliación de la colonia Simón Bolívar, la alcaldesa Adela Román en su discurso mencionó lo siguiente: "contenta porque Acapulco logró clasificar en los municipios que requieren de mucho apoyo del gobierno de la república, por eso Román Meyer está aquí, para conocer las necesidades más apremiantes del programa especial que tiene el presidente electo, Andrés Manuel López Obrador y poder así sacar a Acapulco del atraso y la marginación en la que nos encontramos", fin del recorrido.

Fotografía del recorrido realizado

5.-Corte de la luz

"Acapulco, Gro. A 12 de diciembre de 2018.- El día de hoy, aproximadamente a las 14:45 horas, los Sistemas de Captación Papagayo I y Papagayo II así como Lomas de Chapultepec, fue cortada la energía eléctrica sin dar ningún aviso a la Comisión de Agua Potable y Alcantarillado del Municipio de Acapulco (CAPAMA).

De los hechos, el Director del organismo, Mario Pintos Soberanis, lamentó la situación, ya que aseguró que esto lastima a los acapulqueños.

El director de la paramunicipal, informó desde las oficinas centrales, que la situación es complicada porque el adeudo que tiene el organismo municipal es arrastrado desde administraciones atrás. Y "hoy le toca a la alcaldesa, Adela Román, tratar de resolver el tema con el superintendente en turno en la Comisión Federal de Electricidad" (CFE).

El director informó a su vez, que la Presidente Municipal, se encuentra en Ciudad de México resolviendo otros temas que tie-

nen que ver con lo económico, pero que atenderá de manera inmediata la situación con el Superintendente en el estado de Morelos, Eduardo Escamilla, con quién ya se gestionó el que siga dotando de luz a los Sistema de Captación Papagayo I y Papagayo II así como Lomas de Chapultepec, a pesar de la resolución de los amparos que ha perdido la paramunicipal.

Por lo que, el director del organismo, informa a la ciudadanía que después de dichas gestiones se encuentra operando el Sistema Lomas de Chapultepec con 400 litros por segundo, por lo que la zona Diamante no tendrá inconveniente, y la parte baja de la bahía será medianamente afectada.

Asimismo, dio a conocer que el pozo Raney del Sistema de Captación Papagayo I se encuentra en funcionamiento, a pesar del bajo nivel del río que presenta actualmente, lo que representa la distribución de 100 litros por segundo del vital líquido a la parte media de la ciudad.

Además, desde ayer las diferentes áreas de la CAPAMA se encuentran en alerta definiendo las estrategias para convenir con la CFE, con el objetivo de no afectar el modo de vida de los habitantes del municipio de Acapulco. Cabe resaltar, que hizo un llamado a los funcionarios de la CFE para que acepten la negociación y tengan la sensibilidad para no perjudicar aún más, a este destino turístico tan importante".

Finalmente, se realizó un convenio para pagar el adeudo generado en los meses de octubre, noviembre y diciembre del 2018, dicho convenio incluyo indebidamente el mes de septiembre, ya que este mes corresponde al periodo de la administración anterior, aparte de incluir diciembre que es el mes en curso, dicho convenio fue para liquidar en abonos durante dos años vence en diciembre del 2020, cabe resaltar que en la propuesta a los directores de área, yo en lo personal me opuse al convenio, ya que esto significaba pagar del orden de 20 millones de interés, finalmente así se acordó y lo suscribió Mario Pintos, a la fecha este convenio está al corriente y se liquida en diciembre de 2020, el cual ha quedado completamente finiquitado.

El día viernes 14 de diciembre del 2018, nos trasladamos a la CDMX, para entrevistarnos con el Lic. Manuel Bartlett, Director de la CFE (Comisión Federal de Electricidad), para comentarle la problemática del organismo acerca de los adeudos con la Comisión, dicho grupo de trabajo estuvo integrado por el Gobernador del Estado Astudillo Flores, la presidenta Municipal Adela Román, Mario Pintos y Leonel Galindo, en esa reunión nos preguntaron acerca de las acciones llevadas a cabo para el ahorro de energía, afortunadamente llevaba unas propuestas que comenté en la reunión.

ACCIONES PARA AHORRO DE ENERGÍA

FORMAR EL COMITÉ DE AHORRO DE ENERGÍA

EL COMITÉ DE AHORRO DE ENERGÍA, SERÁ EL ENCARGADO DE REALIZAR ENTRE OTRAS ACTIVIDADES LO SIGUIENTE:

1. *FORMAR BRIGADAS DE INSPECCIÓN, PARA DETECTAR INSTALACIONES EN MAL ESTADO O IRREGULARES.*
2. *IDENTIFICAR LOS PUNTOS DE FUGA DE ENERGÍA.*
3. *REALIZAR EL PLAN PARA EL USO EFICIENTE Y RACIONAL DE LA ENERGÍA.*
4. *REALIZAR LAS LECTURAS A MEDIDORES PARA LLEVAR UN CONTROL ESTADÍSTICO DEL CONSUMO EN TODAS LAS INSTALACIONES DE CAPAMA, (OFICINAS, CÁRCAMOS, CAPTACIÓN, TANQUES, PLANTAS, ETC.)*
5. *REPORTES BIMESTRALES DE LOS CONSUMOS, DONDE SE REFLEJEN LOS AHORROS, SI LOS HUBIERA.*

GENERALIDADES DEL ALTO CONSUMO DE ENERGÍA ELÉCTRICA EN CAPTACIONES REBOMBEOS DE CONDUCCIÓN Y DISTRIBUCIÓN.

Actualmente, nuestros sistemas de bombeo se encuentran obsoletos (Los equipos de bombeo están con tecnología de generaciones anteriores, los cuales se vienen usando actualmente, ocasionando altos consumos de energía eléctrica impactando las finanzas del organismo operador). Las normas actuales de CFE, nos aplica tarifas nuevas y nos clasifica en el rango como si fuéramos empresas con fines de lucro, siendo que somos todo lo contrario somos un organismo con un alto contenido social.

Para combatir estos altos consumos se plantea renovar todo el equipamiento electro-mecánico con tecnología de punta que contemple la normatividad de CFE.

En esta reunión también se nos pidió que mencionáramos las acciones para mejorar el ingreso del organismo, afortunadamente como ya lo comenté; llevaba una lista con dichas acciones, la cual presenté:

- Implementación del sistema de cobro en APP.
  (Esta acción fue llevada a feliz término durante mi periodo en la Dirección General).
- Mediante dos propuestas concretas se llevará, por un lado, la adquisición de medidores con telemetría, por otro lado, se buscará elaborar un convenio de colaboración con el Instituto Tecnológico de Acapulco, para desarrollar los medidores con telemetría, lo que nos permitirá:
  - Eliminar inconsistencias y errores en la toma de lectura.
  - Tomar lecturas correctas

- ⁜ Corte del servicio a usuarios morosos, desde el centro de control.
- ⁜ Cobrar lo justo
- ⁜ La facturación mensual debe ser más eficiente.

En esos momentos esta fue la gráfica de consumos que fuimos a negociar en la CFE, los meses correspondientes a la administración de la Lic. Adela Román, octubre, noviembre y diciembre del 2018.

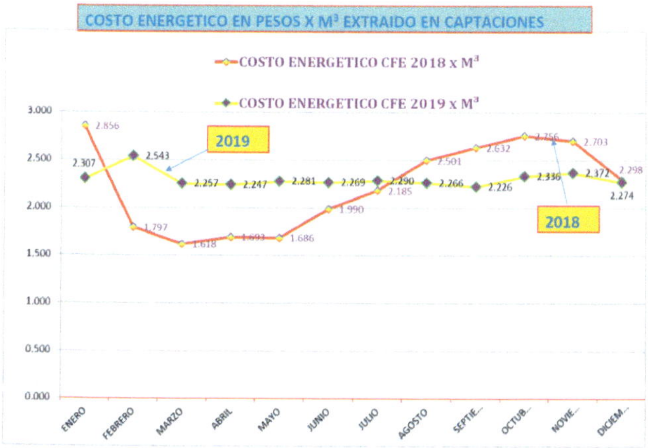

Lo he comentado en diversas ocasiones, invariablemente existe una curva de aprendizaje de al menos cinco meses, se observa perfectamente en la gráfica a partir del quinto mes empezamos a bajar el costo de la energía eléctrica, esto se logra porque en ese tiempo ya se conoce más o menos el funcionamiento de las diferentes estaciones de bombeos y rebombeos, por lo que ya se puede establecer un programa de ahorro de energía, combinado con la llegada de equipos nuevos.

Me falto el análisis de 2020, debido a mi salida en el mes de julio, por una decisión visceral y política, el estudio lo realizaría en el mes de diciembre 2020.

6.-Inspección de Tanques

A mi llegada a la Técnica, me quedo bastante claro que había que realizar un diagnóstico detallado de toda la infraestructura del organismo, para poder realizar una programación lo más real de las necesidades y programar lo urgente, así me di la tarea de realizar un inventario de los tanques existentes, el resultado fue bastante sorprendente, le pedí al coordinador de protección Civil, que realizara un dictamen técnico de la estabilidad y riesgo de 16 tanques, el resultado fue que 6 de los 16 tanques evaluados, están en un alto riesgo de colapso y que estos deben ser sustituidos, de manera inmediata.

7.-Visita de personal Técnico de CONAGUA.

El día jueves 15 de noviembre de 2018, se realizó una visita de personal Técnico de la CONAGUA, funcionarios federales de la administración saliente, en casa Acapulco, con la asistencia del gobernador del estado, de la presidenta municipal y obviamente de los funcionarios visitantes, realice una presentación, en donde mencioné mediante una proyección a 6 años de las necesidades apremiantes del organismo, donde lo más sobresaliente era el requerimiento de una inversión de

1500 MDP para 2019 y de 1059 para 2020, en esos momentos todavía me hacía falta terminar la evaluación, hoy a la distancia me quede cortísimo en mi proyección de 2600 MDP, para los dos años, pero no hay que perder de vista que teníamos escasamente 20 días en la Dirección Técnica, como lo he manifestado en diversas ocasiones y distintos foros se requiere forzosamente una curva de aprendizaje de unos 6 meses, por lo mínimo.

De todos modos, no llego ningún recurso.

REUNION: CONAGUA-CAPASEG-CAPAMA

22 de noviembre del 2018

Casa Acapulco

Palabras de bienvenida a cargo de la ***Lic. Adela Román Ocampo***

Presidenta Municipal de Acapulco, Gro.

Intervención ***Mario Pintos Soberanis***

Director General de CAPAMA. 14:45 - 14:50

Presentación del POA 2019

Leonel Galindo González

director técnico de CAPAMA. 14:50 - 15:05

Mensaje del Director General de CONAGUA

MTRO. Roberto Ramírez De La Parra

Mensaje de la Presidenta Municipal de Acapulco

Lic. Adela Román Ocampo

Mensaje de C. Gobernador del Estado de Guerrero

Lic. Héctor Antonio Astudillo Flores

16:20 hrs

Traslado (camioneta) (20 minutos)

Aeropuerto Internacional de Acapulco

Lo que hay que resaltar es que, a pesar del poco tiempo de mi estancia en la DT, fui yo quien realizo la presentación, esa fue la tónica en todos los eventos, donde CAPAMA participo, siempre tomando la batuta para las presentaciones, con funcionarios federales y/o con el Gobernador mismo, comento esto, porque el director que me relevo en el cargo, no realizó ninguna presentación de este tipo.

Pero algo bueno salió de esta reunión, ya que se estableció el compromiso de una inversión a través de mezcla de recursos donde el gobierno federal a través de la CONAGUA aportaría 10 MDP, otro tanto igual el Gobierno del Estado y finalmente el Municipio con otra aportación igual.

La firma del convenio se realizó el día viernes 7 de diciembre de 2018, aprovechando la presencia de los involucrados en un evento técnico de la Jornada del agua que se organizó en Coyuca de Benítez.

Con los recursos obtenidos mediante la firma de este contrato se realizaron los siguientes tres contratos para el mantenimiento y adquisición de los siguientes equipos:

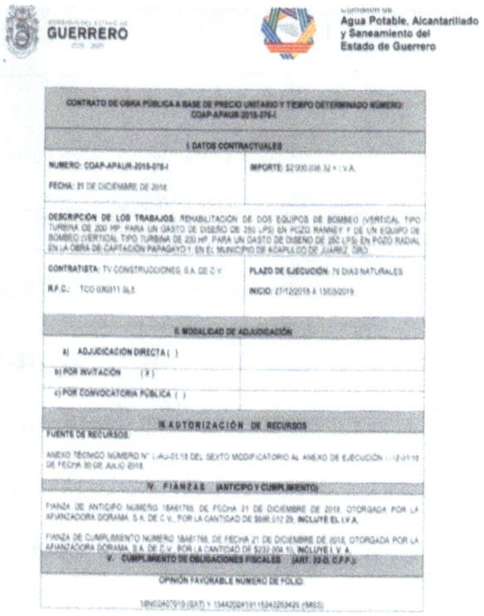
GOBIERNO DEL ESTADO DE GUERRERO

Comisión de Agua Potable, Alcantarillado y Saneamiento del Estado de Guerrero

CONTRATO DE OBRA PÚBLICA A BASE DE PRECIO UNITARIO Y TIEMPO DETERMINADO NÚMERO: COAP-APAUR-2018-076-I

I. DATOS CONTRACTUALES

NUMERO: COAP-APAUR-2018-076-I

IMPORTE: $2'030,036.32 + I.V.A.

FECHA: 21 DE DICIEMBRE DE 2018

DESCRIPCIÓN DE LOS TRABAJOS: REHABILITACIÓN DE DOS EQUIPOS DE BOMBEO (VERTICAL TIPO TURBINA DE 200 HP, PARA UN GASTO DE DISEÑO DE 250 LPS) EN POZO RANNEY Y DE UN EQUIPO DE BOMBEO (VERTICAL TIPO TURBINA DE 200 HP, PARA UN GASTO DE DISEÑO DE 250 LPS) EN POZO RADIAL EN LA OBRA DE CAPTACIÓN PAPAGAYO 1, EN EL MUNICIPIO DE ACAPULCO DE JUÁREZ, GRO.

CONTRATISTA: TV CONSTRUCCIONES, S.A. DE C.V.

PLAZO DE EJECUCIÓN: 79 DIAS NATURALES

R.F.C.: TCO-030211-9L5

INICIO: 27/12/2018 A 15/03/2019

II. MODALIDAD DE ADJUDICACIÓN

a) ADJUDICACIÓN DIRECTA ( )

b) POR INVITACIÓN (X)

c) POR CONVOCATORIA PÚBLICA ( )

III. AUTORIZACIÓN DE RECURSOS

FUENTE DE RECURSOS:

ANEXO TÉCNICO NÚMERO N° I-AU-01/18 DEL SEXTO MODIFICATORIO AL ANEXO DE EJECUCIÓN I-12-01/18 DE FECHA 30 DE JULIO 2018.

IV. FIANZAS (ANTICIPO Y CUMPLIMIENTO)

FIANZA DE ANTICIPO NUMERO 1846176[illegible], DE FECHA 21 DE DICIEMBRE DE 2018, OTORGADA POR LA AFIANZADORA DORAMA, S.A. DE C.V., POR LA CANTIDAD DE $[illegible], INCLUYE EL I.V.A.

FIANZA DE CUMPLIMIENTO NUMERO 1846176[illegible], DE FECHA 21 DE DICIEMBRE DE 2018, OTORGADA POR LA AFIANZADORA DORAMA, S.A. DE C.V., POR LA CANTIDAD DE $[illegible], INCLUYE I.V.A.

V. CUMPLIMIENTO DE OBLIGACIONES FISCALES (ART. 32-D, C.F.F.)

OPINIÓN FAVORABLE NUMERO DE FOLIO:

18NC0407910 (SAT) Y 1544202419115242263426 (IMSS)

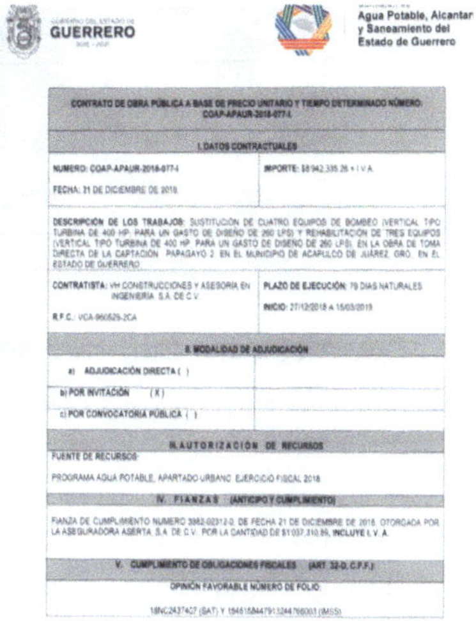
GOBIERNO DEL ESTADO DE GUERRERO

Comisión de Agua Potable, Alcantarillado y Saneamiento del Estado de Guerrero

CONTRATO DE OBRA PÚBLICA A BASE DE PRECIO UNITARIO Y TIEMPO DETERMINADO NÚMERO: COAP-APAUR-2018-077-I

I. DATOS CONTRACTUALES

NUMERO: COAP-APAUR-2018-077-I

IMPORTE: $8'942,335.26 + I.V.A.

FECHA: 21 DE DICIEMBRE DE 2018

DESCRIPCIÓN DE LOS TRABAJOS: SUSTITUCIÓN DE CUATRO EQUIPOS DE BOMBEO (VERTICAL TIPO TURBINA DE 400 HP, PARA UN GASTO DE DISEÑO DE 260 LPS) Y REHABILITACIÓN DE TRES EQUIPOS (VERTICAL TIPO TURBINA DE 400 HP, PARA UN GASTO DE DISEÑO DE 260 LPS), EN LA OBRA DE TOMA DIRECTA DE LA CAPTACIÓN PAPAGAYO 2, EN EL MUNICIPIO DE ACAPULCO DE JUÁREZ, GRO., EN EL ESTADO DE GUERRERO.

CONTRATISTA: VH CONSTRUCCIONES Y ASESORÍA EN INGENIERIA, S.A. DE C.V.

PLAZO DE EJECUCIÓN: 79 DIAS NATURALES

INICIO: 27/12/2018 A 15/03/2019

R.F.C.: VCA-960529-2CA

II. MODALIDAD DE ADJUDICACIÓN

a) ADJUDICACIÓN DIRECTA ( )

b) POR INVITACIÓN (X)

c) POR CONVOCATORIA PÚBLICA ( )

III. AUTORIZACIÓN DE RECURSOS

FUENTE DE RECURSOS:

PROGRAMA AGUA POTABLE, APARTADO URBANO, EJERCICIO FISCAL 2018

IV. FIANZAS (ANTICIPO Y CUMPLIMIENTO)

FIANZA DE CUMPLIMIENTO NUMERO 3982-02312-0, DE FECHA 21 DE DICIEMBRE DE 2018, OTORGADA POR LA ASEGURADORA ASERTA, S.A. DE C.V., POR LA CANTIDAD DE $1'037,310.89, INCLUYE I. V. A.

V. CUMPLIMIENTO DE OBLIGACIONES FISCALES (ART. 32-D, C.F.F.)

OPINIÓN FAVORABLE NÚMERO DE FOLIO:

18NC2437407 (SAT) Y 1546158447913244766003 (IMSS)

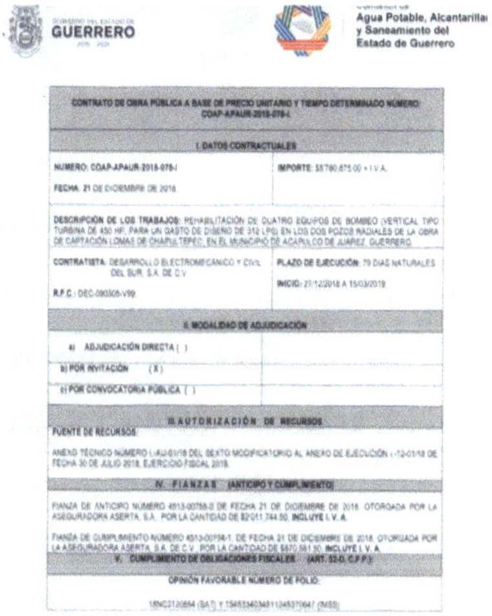
GOBIERNO DEL ESTADO DE GUERRERO

Comisión de Agua Potable, Alcantarillado y Saneamiento del Estado de Guerrero

CONTRATO DE OBRA PÚBLICA A BASE DE PRECIO UNITARIO Y TIEMPO DETERMINADO NÚMERO: COAP-APAUR-2018-078-I

I. DATOS CONTRACTUALES

NUMERO: COAP-APAUR-2018-078-I

IMPORTE: $5'760,675.00 + I.V.A.

FECHA: 21 DE DICIEMBRE DE 2018

DESCRIPCIÓN DE LOS TRABAJOS: REHABILITACIÓN DE CUATRO EQUIPOS DE BOMBEO (VERTICAL TIPO TURBINA DE 450 HP, PARA UN GASTO DE DISEÑO DE 312 LPS) EN LOS DOS POZOS RADIALES DE LA OBRA DE CAPTACIÓN LOMAS DE CHAPULTEPEC, EN EL MUNICIPIO DE ACAPULCO DE JUÁREZ, GUERRERO.

CONTRATISTA: DESARROLLO ELECTROMECÁNICO Y CIVIL DEL SUR, S.A. DE C.V.

PLAZO DE EJECUCIÓN: 79 DIAS NATURALES

INICIO: 27/12/2018 A 15/03/2019

R.F.C.: DEC-090305-V99

II. MODALIDAD DE ADJUDICACIÓN

a) ADJUDICACIÓN DIRECTA ( )

b) POR INVITACIÓN (X)

c) POR CONVOCATORIA PÚBLICA ( )

III. AUTORIZACIÓN DE RECURSOS

FUENTE DE RECURSOS:

ANEXO TÉCNICO NÚMERO I-AU-01/18 DEL SEXTO MODIFICATORIO AL ANEXO DE EJECUCIÓN I-12-01/18 DE FECHA 30 DE JULIO 2018, EJERCICIO FISCAL 2018.

IV. FIANZAS (ANTICIPO Y CUMPLIMIENTO)

FIANZA DE ANTICIPO NÚMERO 4513-00758-0 DE FECHA 21 DE DICIEMBRE DE 2018, OTORGADA POR LA ASEGURADORA ASERTA, S.A., POR LA CANTIDAD DE $2'011,744.50, INCLUYE I. V. A.

FIANZA DE CUMPLIMIENTO NÚMERO 4513-00794-1, DE FECHA 21 DE DICIEMBRE DE 2018, OTORGADA POR LA ASEGURADORA ASERTA, S.A. DE C.V., POR LA CANTIDAD DE $670,581.50, INCLUYE I. V. A.

V. CUMPLIMIENTO DE OBLIGACIONES FISCALES (ART. 32-D, C.F.F.)

OPINIÓN FAVORABLE NÚMERO DE FOLIO:

18NC2120854 (SAT) Y 1546334034811245370647 (IMSS)

En la reunión presente el siguiente resumen de inversión, para los proximos 6 años, obviamente no se llevó a cabo ninguno de ellos, aquí es donde digo la falta de apoyo y visión de las autoridades municipales

RESUMEN DE INVERSIONES								
Nº	OBRA	2019	2020	2021	2022	2023	2024	TOTAL MDP
1	AGUA POTABLE	611	310	260	170	20		1371
2	ALCANTARILLADO SANITARIO	440	410	200	200	175	139	1564
3	SANEAMIENTO	330	299	50	75	50	50	854
4	ACTUALIZACIÓN Y MODERNIZACIÓN DEL SISTEMA COMERCIAL	120	40	40				200
	TOTAL	**1501**	**1059**	**550**	**445**	**245**	**189**	**3989**

Derivado del convenio que se realizó en días pasados, donde se contó con la participación de recursos provenientes del gobierno federal a través de la CONAGUA, aportando la cantidad de $ de 10 MDP, el gobierno del estado aportando una cantidad similar (la cual sería aplicado hasta el 2019 por parte de ellos), el H Ayuntamiento de Acapulco con $5 MDP y la CAPAMA, con otra cantidad igual de $5 MDP se estableció realizar las acciones para elevar la eficiencia de los equipos de captación, distribución y sobre todo la de fortalecer los equipos instalados en los cárcamos.

Mediante CAPASEG del Gobierno del Estado, se acordó que serían ellos los que manejarían los recursos, como inicio de las acciones se contrató a una empresa para realizar los cambios de los equipos en el cárcamo de Nao Trinidad, el día 21 de diciembre del 2018, se realizó una reunión de coordinación entre personal técnico de la CAPASEG y CAPAMA, quien estuvo al frente de los trabajos fueron Abraham Guzmán y Leonel Galindo, para definir la logística del cambio de los equipos, entre las complicaciones que se encontraron, fue de que no se contaba con un buzo de aguas negras para realizar las maniobras en las aguas negras del cárcamo, para enganchar las bombas y retirarlas, entre todas las opciones que se manejaron se comentó que se contratara un buzo especialista en aguas negras, con los recursos existentes del fondo, gracias a la intervención de Arturo Palma, se contrata al buzo, en la CDMX, una vez resuelto el tema, se acordó realizar las maniobras del cambio el día sábado 22 diciembre 2018, a escasos dos días de la Nochebuena.

El sábado se retiraron las dos bombas sumergibles dentro del cárcamo, no se instaló la bomba nueva debido a que se encontró una cama de azolve del orden de 2.00 m y entonces la bomba quedaría enterrada, el día lunes 24 se iniciaría el desazolve con personal de la CAPAMA, las dos bombas sumergibles que se retiraron, se llevaron a reparación, las cuales tardarían unos diez días, una vez terminadas estas se colocarían, así como la bomba nueva.

Es importante resaltar que esta administración tenía apenas dos meses de estar en funciones, pero como lo he comentado una de mis prioridades fue realizar un diagnóstico de las condiciones de los equipos y la infraestructura existente en el organismo.

Finalmente, llegó la segunda quincena de diciembre de 2018, con sorpresas en el organismo, pues resulta que a escasos dos meses de haber tomado posesión de los cargos, se fueron de vacaciones de fin de año, los jefazos de CAPAMA, encabezados por Mario Pintos, Samuel Peláez que se fue a Cancún y Estévez, sin dejar a nadie a cargo de la dirección o al menos a alguien para tomar decisiones de alguna eventualidad.

Bajo esas circunstancias organicé a los directores de área, para estar preparados para cualquier emergencia que pudiera presentarse de fin de año, también se involucró el área de comunicación social del organismo, sobre todo realizar la distribución del agua y estar pendiente de alguna eventual descarga de aguas negras, para lo que establecí recorridos dos veces al día uno por la mañana y el otro por la tarde.

Afortunadamente, sacamos la temporada de fin de año.

Algo que resalto, es lo siguiente: para que se den cuenta de la visión y mentalidad que empecé a aplicar en CAPAMA, por alguna razón Mario Pintos todo el mes de diciembre 2018, empezó a utilizar la sala de juntas de la dirección técnica, en mi calidad de anfitrión, así lo entendí, les compraba el desayuno, sándwich y jugo de naranja, después de unas cuatro visitas me comenta Mario: "Oye Leonel, no he visto que mandes los gastos de los desayunos que estás invitando". Le dije: "No, porque yo los he comprado de mi bolsa".

CAPÍTULO II

Iniciamos con el nuevo año 2019¡¡¡

El día 15 de enero del 2019, estando Mario y yo, en una reunión de trabajo en la presidencia municipal, Mario Pintos, presenta de manera sorpresiva, o al menos para mí, su renuncia al cargo de Director General de CAPAMA, cuando Mario entregó un *folder* y la presidenta terminó de leer, me cuestiona: "Leonel, ¿tú ya sabías esto?". Le dije: "No sé de qué se trata". –"Ok". Al día siguiente 16 de enero de 2019, fui nombrado por la presidenta municipal Lic. Adela Román Ocampo, como encargado del despacho de la dirección general del organismo, aunque mi nombramiento firmado por la presidenta municipal y por el secretario general del ayuntamiento, Ernesto Manzano Rodríguez, dice "Director General de la Comisión de Agua Potable y Alcantarillado del Municipio de Acapulco".

(Nota Informativa Periodística)

Nota de Internet

ACAPULCO. - Mario Pintos Soberanis presentó ayer su renuncia argumentando motivos personales a la Dirección General de la Comisión de Agua Potable y Alcantarillado del Municipio de Acapulco (CAPAMA), a la que llegó el 23 de octubre de 2018. Este sería el sexto cambio en el gabinete de la alcaldesa Adela Román Ocampo en los poco más de tres meses de gobierno.

Con la renuncia de Pintos Soberanis, también se dio la del director operativo del organismo, Adrián Serrano Gómez. La Direc-

ción General del organismo operador del agua en Acapulco será tomada por Leonel Galindo González, quien hasta ayer se desempeñaba como director técnico.

Se espera que en el transcurso de esta semana puedan darse más cambios en la CAPAMA después de que Leonel Galindo González haya asumido el cargo.

En poco más de tres meses de gobierno, han dejado el gabinete de Adela Román Ocampo, además de Mario Pintos Soberanis, Xavier Rosado Peraza, quien era director de Comunicación Social; Alma Pérez Sánchez, que se desempeñaba como directora de Nóminas; Julio César Ramírez Coronel, Secretario de Administración y Finanzas; Covadonga Gómez Huerta, directora del Centro de Atención y Protección al Turista de Acapulco, y Edmundo López García, quien había sido designado secretario de Planeación y Desarrollo Económico.

A la renuncia de Mario Pintos, le secundaron: Samuel Peláez, Estévez y Serrano, los dos primeros asesores y el último director de operación.

Al tomar posesión como encargado del despacho del organismo operador del agua, empecé a realizar un diagnóstico del mismo, ya que este se encuentra en una quiebra financiera, técnica y socialmente.

También con mi nombramiento de encargado, llegó Sergio Legorreta, a la dirección de operación, esposo de Damaris Ruano, en ese entonces directora del registro civil, (hoy regidora municipal para el trienio 2021-2024), nombramiento indicado por la Lic. Adela Román. Lo que son las cosas, hacía como 10 días antes, que la presidenta, me había entregado el currículo de Legorreta. Lo califiqué y opiné muy bien, de él, revisando su C.V.

Acapulco, Gro., 20 de febrero de 2019.- *Leonel Galindo González fue ratificado por unanimidad como director de la Comisión de Agua Potable y Alcantarillado del Municipio de Acapulco (CAPAMA).*

La decisión se tomó durante una sesión extraordinaria del Consejo de Administración, que encabezó la presidenta municipal Adela Román Ocampo.

Galindo González tomó protesta después de haber estado como encargado de despacho tras la renuncia que presentó su antecesor, Mario Artemio Pintos Soberanis, el pasado 15 de enero.

En su participación, la regidora Rosaura Rodríguez Carrillo manifestó que había percibido que cuando fue encargado de despacho, Galindo González trabajó sin distingo partidista y ha apoyado las causas y necesidades de los acapulqueños sin ver colores.

Asimismo, la regidora Alva Patricia Batani Giles refirió que Leonel Galindo tiene las capacidades y cumple con el perfil para desempeñar la labor.

Por su parte, la regidora Mayra Reyna Reséndiz destacó que, en el funcionario, se percibían que hay experiencia, formalidad y capacidad en su persona para ocupar el puesto.

El comentario hecho por el consejero representante de Asociación de Hoteles y Empresas Turísticas de Acapulco (Aheta) Fernando Robledo Casarrubias, en torno a la ratificación como di-

rector del organismo a Galindo González, fue que ha respondido a expectativa de los agremiados a dicha asociación.

En el caso de los consejeros representantes de la Comisión Nacional del Agua (CONAGUA) y la Comisión de Agua Potable, Alcantarillado y Saneamiento del Estado de Guerrero (CAPASEG), Roberto García Valente y José Maldonado Serrano, dieron visto bueno a Leonel Galindo, de quien refirieron que han trabajado con él desde que era director técnico, y que ahora que fue encargado del despacho.

Finalmente, la presidenta municipal, Adela Román Ocampo, agradeció a los miembros del Consejo de Administración los buenos comentarios en relación al nuevo nombramiento de Leonel Galindo González, y conminó a quien dirigirá los esfuerzos en CAPAMA, a conducirse con ética y rectitud para sacar adelante a la paramunicipal.

Entre los objetivos fundamentales personales y como institución, que me fije al llegar a la dirección general destacan "estudiar, planear, presupuestar, ejecutar y evaluar los proyectos de obras y servicios de agua potable, alcantarillado sanitario y tratamiento y disposición de aguas, así como operar y administrar los mismos." Con ello se persigue como fin principal propiciar el desarrollo y bienestar de los residentes en Acapulco, y satisfacer la demanda de los innumerables turistas que nos honran con su visita, teniendo como principal objetivo toda la ciudadanía acapulqueña.

Paralelamente se contribuye de manera fundamental a preservar el equilibrio ecológico del municipio, a la vez que se protegen las bellezas naturales que son uno de sus principales atractivos.

Bien, como he comentado a mi llegada a la DG, continué con la evaluación y diagnóstico del organismo, aquí hago un reconocimiento a todo el personal técnico, operativo, que me facilitó la información y mostró toda la disponibilidad para poder levantar al centro de trabajo donde muchos de ellos han dado literalmente la vida, algunos de ellos han formado a sus hijos profesionistas, a ellos mi reconocimiento y agradecimiento.

Comento; el primer día que llegue a las oficinas de la DG, me encontré en la banqueta de acceso, una fuerte presencia de personas, investigando de qué se trataba, me sorprendí, eran, ni más ni menos, unas personas que se dedicaban al "coyotaje", es decir interceptaban a los usuarios y ellos realizaban los tramites, ajustes, descuentos, etc., obvio, mediante la clásica cuota para ellos, me costó trabajo pero en una semana limpie esta zona, fue la primera acción a lo que me enfrente y de aquí en adelante.

A continuación, les voy a presentar los diagnósticos y evaluación realizados en torno a las condiciones generales del organismo.

El Director se salió de su oficina; Por primera vez, en mucho tiempo; se apertura giras de trabajo e inspección en las comunidades, colonias y demarcaciones de manera personal el director general visito algunos domicilios agradezco a quien me invito a su casa y me ofreció la calidez de su hogar, realizamos audiencias con la presencia de regidores, diputados locales y federales, gestores sociales, líderes de diversas colonias del puerto, a quienes les manifiesto mi gratitud pues siempre se condujeron de manera respetuosa, a quienes también invito a colaborar con la alcaldía de Acapulco a fin de hacerse de herramientas que ayuden a mejorar día con día.

En la fotografía se observa a la regidora Rosaura Rodríguez, el Ing. José Maldonado representante de CAPASEG, del gobierno del estado, el Arq. Armando Javier Salinas secretario de obras públicas del Ayuntamiento y de CAPAMA; el director técnico, director operativo, director de gestión ciudadana+ y un servidor en mi calidad de director general, en algunos recorridos me invitaron en otros más yo los invite, pero ahí se demuestra la coordinación con los diversos órdenes de gobierno y las diversas dependencias, en términos generales ese fue el sello de mi gestión.

En una reunión con habitantes de la Colonia la Laja, siempre atendiendo los llamados de la población realizando mesas de trabajo en sus lugares para proporcionar la atención inmediata y solucionar los problemas en relación al suministro del vital líquido.

También realicé reuniones en sus centros de trabajo con personal de campo del organismo, para conocer de viva voz sus inquietudes y necesidades.

8.-EL AGUA POTABLE EN ACAPULCO

El Sistema de agua potable de la ciudad de Acapulco, tiene como fuente principal de abastecimiento las aguas del río Papagayo, en el cual se tienen tres captaciones Papagayo I, Papagayo II y Lomas de Chapultepec, aportando el 96% del agua que se consume en la ciudad. La segunda fuente de abastecimiento corresponde a los pozos del Quemado, Así, como el sistema Pedregoso y una serie de pozos de escasa capacidad perforados por desarrolladores, que se localizan al interior de los fraccionamientos.

CONDUCCIÓN: Se conduce el agua a través de los acueductos Papagayo I de 42", Papagayo II de 48" y Lomas de Chapultepec de 44" de Ø. Estos acueductos tienen una longitud total de 43 km desde las captaciones hasta la Planta Potabilizadora "Cayaco" y Rebombeo Papagayo I. El agua que proviene de los sistemas Papagayo I y Chapultepec, solo reciben cloración, ya que es agua limpia por obtenerse de pozos relativamente someros. El agua proveniente de Papagayo II, se envía a la planta potabilizadora para su tratamiento, ya que proviene de toma directa del río Papagayo, por lo cual trae la turbiedad que en esos momentos lleva el río.

El agua captada en Papagayo I, Lomas de Chapultepec y Pozos del Quemado, es agua filtrada, solo recibe cloración.

El agua captada en Papagayo II y Pedregoso pasan por un proceso de potabilización, la potabilización de la captación del Papagayo II, se realiza en la potabilizadora del "Cayaco", el Pedregoso se realiza in situ.

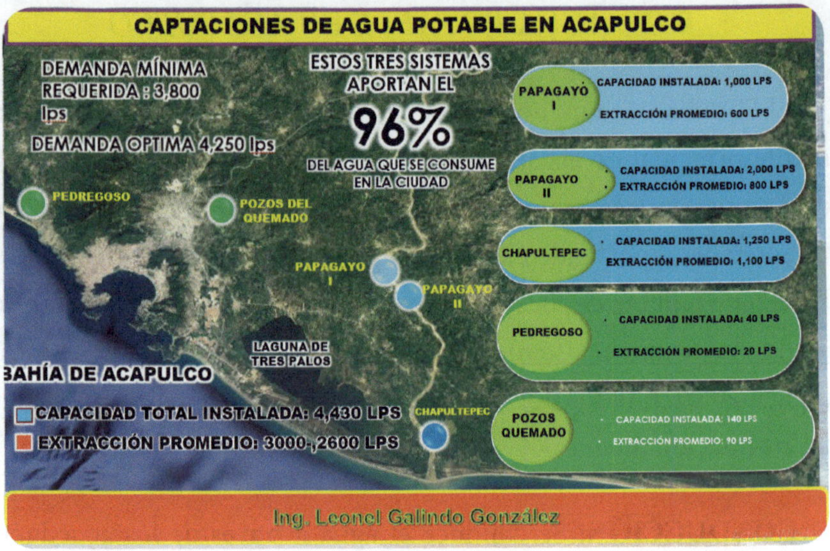

Los múltiples y graves problemas con que tomamos la Dirección General de la Comisión de Agua Potable y Alcantarillado del Municipio de Acapulco, CAPAMA; entendimos que deben ser resueltos a través de un diagnóstico general, que empiece con conocer las fuentes de captación y producción, pero sobre todo el suministro del vital líquido, así como implementar un programa de acciones para la reparación de las fugas, el tratamiento del agua en la planta potabilizadora “CAYACO”, el desazolve y limpieza de los tanques de almacenamiento y distribución del agua potable, es decir tener el conocimiento de su funcionamiento para que de manera global se proporcionen las soluciones, para ser resueltas y mejorar todos los sistemas, los cuales deben ser atendidos en orden prioritario, el objetivo final debe ser para lograr un Acapulco sustentable.

Hay que diagnosticar el proceso de captación, conducción y producción en la planta potabilizadora del vital líquido, ya que de estas dependen todas las funciones y objetivos del organismo, por lo que es fundamental que, en el plan de trabajo, que se elabore, se resuelva de manera integral el conjunto de problemas que tienen su origen en estas etapas se debe considerar acciones emergentes, a corto, mediano y largo plazo.

A continuación, se describen las tres fundamentales fuentes de captación del organismo:

9.-SISTEMA PAPAGAYO I

El agua que proviene de los sistemas Papagayo I y Chapultepec, solo reciben cloración, ya que es agua limpia por obtenerse de pozos.

Este sistema se compone de:

- Pozo Raney.- Aprovecha las aguas filtradas del subálveo del río por medio de tubería ranurada de 12" de diámetro que forma una galería filtrante radial. Su capacidad es de 380 lps en promedio y está equipado con 3 equipos, de los cuales, en condiciones normales, solo opera uno.
- Pozo Radial.- Igualmente, aprovecha las aguas filtradas del subálveo del río por medio de tuberías ranuradas, su capacidad es de 750 lps y opera con 3 equipos

Se observa el pozo Radial, el cual todavía se encuentra en el cauce del Río Papagayo, esto quiere decir, que todavía tiene captación con un volumen aceptable.

POZO RADIAL

Sin embargo, la ubicación del pozo Raney, como se observa en la fotografía, ya está en terreno firme de la margen izquierda del río, en un playón que existe en este sitio, esto es derivado al cambio del cauce del río, lo que ha provocado que este se aleje de Pozo Raney, lo cual en términos cuantitativos no nos da un volumen de producción mayor a 150 litros por segundo, cuando ambos pozos deberían dar un aproximado de 1300 litros por segundo.

Es necesaria su rehabilitación para proporcionar un mejor y adecuado funcionamiento para que pueda captar los lps, de diseño y no perder eficiencia en su operación, ya que en esas condiciones disminuye bastante el caudal aportado y un exceso consumo de energía eléctrica.

POZO RADIAL

PRODUCCION	750 LPS
EQUIPOS INSTALADOS	3
MOTORES	00 HP
BOMBAS VERTICALES TIPO	
TURBINA	250 lps

POZO RANEY

PRODUCCION	250 LPS
EQUIPOS INSTALADOS	3
MOTORES	200 HP
BOMBAS VERTICALES TIPO	
TURBINA	250 LPS

ACUEDUCTO: PAPAGAUO I

DIAMETRO:	2”
MATERIAL:	CONCRETO
LONGITUD:	22.5 KM
BOMBAS VERTICALES TIPO	
TURBINA	250 LPS

Vista de los pozos desde el aire un día después de la tormenta Narda,
en octubre de 2019.

10.-SISTEMA PAPAGAYO II

Este sistema, dentro de las captaciones es esencial para tener la suficiente agua para ser abastecida al Puerto de Acapulco, a diferencia de las otras dos captaciones esta se distingue por ser una toma directa del río al existir una boca toma, dicha toma directa reúne las condiciones para su aprovechamiento, es decir, en su momento se ubicó para obtener el agua de manera superficial, es conveniente mencionar que esta captación es la que más alto costo paga el organismo a CONAGUA, por derecho de extracción, lo cual abundaremos más adelante.

En 1975 la Secretaria de Recursos Hidráulicos realizó los estudios correspondientes para determinar la factibilidad para construir una nueva captación sobre la margen derecha del Río Papagayo así como para determinar las obras por realizar y su costo aproximado, tras un análisis de las alternativas obtenidas proponen como solución más adecuada para la captación, la construcción de una obra de toma directa o bocatoma sobre la margen derecha del Río Papagayo a una distancia aproximada de un kilómetro aguas abajo del Sistema Papagayo I, denominándose Unidad de Captación PAPAGAYO II.

Este sistema Papagayo II se compone de:

El sistema Papagayo II está constituido por una toma directa del río que alimenta un cárcamo de succión donde se han instalado 11 equipos de bombeo verticales de 16" de diámetro en su descarga con motores de 400 hp, estos equipos se conectan a un múltiple de acero de 36" de diámetro, iniciando a partir de este múltiple la línea de conducción a presión de 60» de diámetro, a la llegada al organismo se localizaron únicamente seis equipos, pero solo tres estaban funcionando, vale la pena recalcar que los equipos faltantes desaparecieron, cuyo destino se desconoce a donde fueron a parar.

Debido a que el agua se toma directamente del río, se presentan problemas de turbiedad y demasiado azolve, que hacen que esta agua deba ser tratada en una planta Potabilizadora. Así mismo, y **debido a que las maniobras para el desazolve del vaso de la presa La Venta, ubicada aguas arriba de esta captación,** que se realiza 4 veces al año en promedio, se genera la necesidad de cerrar la captación durante periodos que alcanzan de 16 a 24 horas, que en ocasiones se traducen hasta en tres días para restablecer completamente el servicio en la red de distribución. Mediante el sistema Papagayo II es posible captar hasta 2000 lps.

La zona de Zapata, Renacimiento se abastece del Sistema Papagayo II, el cual es posible de captar hasta 2000 lps, el agua es tomada directamente del río que alimenta un cárcamo de succión, donde se han instalado 11 equipos de bombeo verticales de 16" Ø en su descarga con motores de 400 HP, estos equipos se conectan a un múltiple de acero de 36" Ø, iniciando a partir de este múltiple la línea de conducción a presión de 60" Ø (CAPAMA, 2010).

CAPTACION SUPERFICIAL	**ACUEDUCTO:**
PAPAGAYO II	PAPAGAYO II
PRODUCCCION	**DIÁMETRO:**
2250 LPS	48"
EQUIPOS INSTALADOS	**MATERIAL:**
11	CONCRETO PRESFORZADO
MOTORES	**LONGITUD:**
400 HPS	22.4 KM
BOMBAS VERTICALES TIPO	**FLUJO EN LA LÍNEA:**
TURBINA	2,000 LPS
LUB. ACEITE	
250 LPS	

En la siguiente fotografía se observa justamente de manera general la toma directa, en primer plano la construcción de la toma y al fondo el río Papagayo.

Como se podrá observar cuando es la época de estiaje el nivel del río, tiene la cota más baja, por lo que es necesario encauzarlo mediante una serie de costales rellenos de arena, con la finalidad de tener captación.

Bien, cuando esta administración llego en octubre de 2018, de los once equipos que deberían estar instalados, solamente se encontraron seis, de los cinco restantes nunca nadie supo nada, de esos seis equipos instalados solo dos estaban en funcionamiento, se pueden contar fácilmente.

En la fotografía anterior se observan los seis equipos, dichos equipos se encontraban en pésimas condiciones para operar, incluso se observa el plástico que se colocó para evitar que la fuga de agua afecte el motor, además también se observa los cables amarrados al piso, con un riesgo latente, esto nos demuestra la gran falta de mantenimiento a los equipos, totalmente abandonados, lo increíble es como están, sobre todo el último de la fila es prácticamente medio equipo.

Bajo estas condiciones en **febrero de 2019**, elabore un diagnóstico al cual denomine ***"Programa Emergente y de Aplicación Inmediata"***, con el objetivo inicial de atender y solucionar los problemas de captación y de producción del vital líquido. Así, con el auxilio del personal de campo de las diferentes captaciones, la planta potabilizadora, del personal del taller eléctrico y mecánico, se llegó a la conclusión de la siguiente tabla resumen de lo faltante por suministrar en cuanto a materiales y equipo, el cual asciende a la cantidad de ***$ 54'891,200.00 (cincuenta y cuatro millones ochocientos noventa y un mil doscientos pesos 00/100 m.n.)***, como ven es una cantidad mínima requerida para de manera inicial empezar a solucionar los grandes problemas heredados por la falta de equipo en algunos casos, los cuales fueron prácticamente robados o se desaparecieron sin que existiera alguna explicación o justificación de ello, en otros casos en la inmensa mayoría de ellos una falta de mantenimiento o rehabilitación de los equipos, con la aplicación de estos recursos se iniciaría con una de las promesas de Adela Román.

SISTEMA	CANTIDAD	PRECIO UNITARIO	IMPORTE TOTAL
Papagayo I Pozo Ranney y Radial	8 Equipos	$ 1’200,000.00	$ 9’600,000.00
Papagayo II	11 Equipos	$ 1’380,000.00	$ 15’180,000.00
Sistema Chapultepec	8 Equipos	$ 1’370,000.00	$ 11’040,000.00
Rebombeo Planta Potabilizadora	7 Equipos	$1’200,000.00	$ 8’400,000.00
Subtotal equipos	**34 Equipos**		**$ 44’220,000.00**
Reparación de 20 fugas importantes detectadas en los sistemas de captación Papagayo I, Papagayo II y Lomas de Chapultepec, para recuperación de caudales.			$ 3’100,000.00
		Subtotal	$ 47’320,000.00
IVA			$ 7’571,200.00
GRAN TOTAL			**$ 54’891,200.00**

Con este presupuesto elaborado, se inició con las peticiones a los diferentes actores de gobierno para su atención, como recordaran en noviembre de 2018 se firmó un convenio de participación de mezcla de recursos pues parte de ello fue para el inicio de este programa.

En esta imagen ya estando en la Dirección general, se observan los 11 equipos instalados, los equipos de color gris son nuevos, los azules reconstruidos.

Cuatro motores nuevos listos para ser instalados en el sistema de captación Papagayo II, una de las primeras acciones como Director General fue la de conseguir apoyos para la adquisición, complementados con recursos propios, entiendo la gran problemática de contar con los instrumentos de captación y de su posterior distribución.

Este sistema de captación Papagayo II, por muchas razones es demasiado costoso para la operación del organismo, por lo que existe en proyecto, la sustitución de la toma directa por 4 pozos tipo radial, con esto se lograría que los equipos sean verdaderamente eficientes y de manera eficaz se mejore enormemente la captación y distribución del vital líquido, hablamos de una inversión cercana a los 950 MDP:

Vista de la toma directa un día después de Narda en octubre de 2019.

10.-SISTEMA LOMAS DE CHAPULTEPEC

En septiembre del 2013, se pone en marcha el Sistema Lomas de Chapultepec, trabajando a un 60 % de su capacidad, inaugurándose el día 4 de abril del 2014 trabajando al 100 %. Esta tercera captación sobre el Río Papagayo incrementa el caudal para Acapulco en 1,200 lps.

Es importante mencionar que al entrar en operación el Sistema Lomas de Chapultepec, se fortaleció el abasto de agua para el Puerto de Acapulco, pero se descuidó de manera irresponsable la operación y el mantenimiento de los Sistemas Papagayo I y Papagayo II.

La producción inicial de esta captación de 1,200 lps se ha visto reducida de manera importante debido a las múltiples fugas que se tienen en el acueducto, ya que este en algunos tramos fue mal diseñado, por ejemplo, existen algunos tramos dentro de la Laguna de Tres Palos, en constante contacto bajo el agua, lo cual se debió de haber previsto en su diseño y esto ha sufrido un constante deterioro ocasionando fugas en el acueducto inclusive con alguna sospecha de filtración del agua de la laguna por las fugas mismas.

Este sistema cuenta con dos pozos radiales denominados pozo Norte y Pozo Sur, localizados en la margen derecha del río Papagayo, en las inmediaciones del poblado de Lomas de Chapultepec, cada pozo cuenta con tres equipos, operando dos equipos por uno de reserva, cada equipo nos da 300 lps, por eso la capacidad instalada es de 1,200 lps. Sin embargo, durante la operación estos equipos sufren constantemente desperfectos que provoca una variación en la captación, en ocasiones disminuye hasta en un 50 %.

Es importante mencionar que este sistema de Lomas de Chapultepec, vino a fortalecer la captación de manera importante, pero hay que decirlo se descuidó de manera irresponsable, la operación, el mantenimiento, y sobre todo la distribución del vital líquido en el puerto, además de manera estrepitosa el descuido fue total para la planta potabilizadora.

Así, se observaron los pozos un día después de
la tormenta Narda en octubre de 2019.

El acueducto del sistema Lomas de Chapultepec, fue descuidado por mucho tiempo, según detecte durante los diversos recorridos que realice al mismo, se requiere de una intervención importante, para proporcionarle mantenimiento a uno de los principales abastecimientos que lleva el vital líquido a nuestro hermoso puerto, como se podrá ver esta estructura que soporta el acueducto.

Ahora bien, el sistema de captación denominado Papagayo I, el cual tiene una capacidad instalada de 1,000 lps, en realidad opera con una producción en un rango de entre 700 a 900 lps.

Básicamente, las colonias beneficiadas mediante el abasto del vital líquido con este sistema son: Zapata, Vacacional, Cayaco, Máquina, Coloso y parte de la costera.

Las zonas de abastecimiento del sistema papagayo I, se ilustran en el mapa siguiente de color azul.

El sistema de captación denominado Papagayo II, el cual tiene una capacidad instalada de 2,000 lps, en realidad opera con una producción en un rango de entre 600 a 850 lps.

Básicamente las colonias beneficiadas mediante el abasto del vital líquido con este sistema son: La Venta, Paso Limonero, Renacimiento, La Cima, Ruiz Cortines, Ejido, Zona Poniente, Caleta entre otros.

Las zonas de abastecimiento del sistema papagayo II se ilustran en el mapa de color verde.

Finalmente, el sistema de captación denominado Lomas de Chapultepec, el cual tiene una capacidad instalada de 1,250 lps, en realidad opera con una producción en un rango de entre 600 a 800 lps.

Básicamente, las colonias beneficiadas mediante el abasto del vital líquido con este sistema son: Zona Diamante, Escénica, Llano Largo, Puerto Marqués, Icacos, entre otros.

Las zonas de abastecimiento del sistema Lomas de Chapultepec, se ilustran en el mapa de color azul.

VISITA DE LA DRA. BLANCA JIMÉNEZ

Directora de CONAGUA

El día 1 de febrero de 2019, se programó la visita de la Directora General de la CONAGUA, la Dra. Blanca Jiménez, como lo he manifestado que fue una constante que el suscrito realizara la presentación, no hay que olvidar que llevaba escasos 15 días en la Dirección General, realicé una presentación en uno de los tanques, en el mismo sitio de ubicación del tanque en una de las colonias de la periferia del municipio, y posteriormente en casa Acapulco, con la presencia del Sr. Gobernador del Estado además de la alcaldesa, algunos invitados importantes y obviamente la Dra. Blanca Jiménez.

La presentación realizada en el campo físicamente en el tanque, fue dos acciones una acción estructural del agua potable y la otra de alcantarillado sanitario, así, como la rehabilitación de la planta de tratamiento de aguas residuales Miramar, la inversión solicitada fue de 370 MDP.

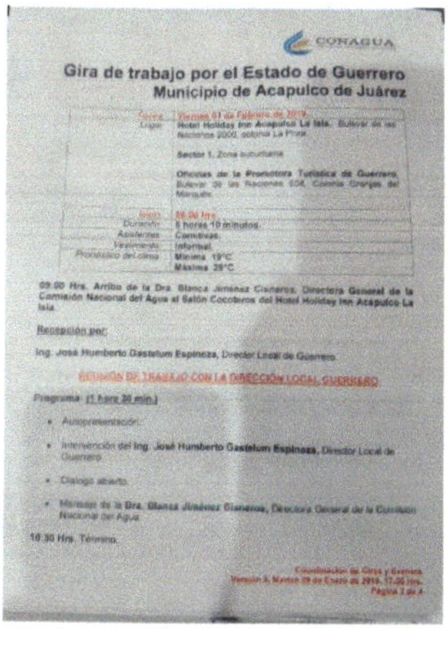
CONAGUA

Gira de trabajo por el Estado de Guerrero
Municipio de Acapulco de Juárez

Lugar	Hotel Holiday Inn Acapulco La Isla. Bulevar de las Naciones 2000, colonia La Poza. Sector 1, Zona suburbana. Oficinas de la Promotora Turística de Guerrero. Bulevar de las Naciones 538, Colonia Granjas del Marqués
Duración	5 horas 10 minutos.
Asistentes	Comitivas.
Vestimenta	Informal.
Pronóstico del clima	Mínima 19°C Máxima 29°C

09:00 Hrs. Arribo de la Dra. Blanca Jiménez Cisneros, Directora General de la Comisión Nacional del Agua al Salón Cocoteros del Hotel Holiday Inn Acapulco La Isla.

Recepción por:

Ing. José Humberto Gastelum Espinoza, Director Local de Guerrero.

REUNIÓN DE TRABAJO CON LA DIRECCIÓN LOCAL GUERRERO

Programa: (1 hora 30 min.)

- Autopresentación.
- Intervención del Ing. José Humberto Gastelum Espinoza, Director Local de Guerrero.
- Diálogo abierto.
- Mensaje de la Dra. Blanca Jiménez Cisneros, Directora General de la Comisión Nacional del Agua.

10:30 Hrs. Término.

Coordinación de Giras y Eventos

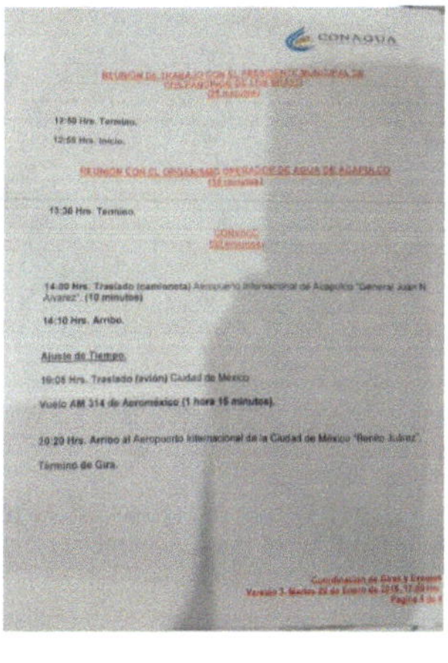
CONAGUA

12:50 Hrs. Término.

13:30 Hrs. Término.

14:00 Hrs. Traslado (camioneta) Aeropuerto Internacional de Acapulco "General Juan N. Álvarez". (10 minutos)

14:10 Hrs. Arribo.

Ajuste de Tiempo.

Traslado (avión) Ciudad de México

Vuelo AM 314 de Aeroméxico (1 hora 15 minutos).

Arribo al Aeropuerto Internacional de la Ciudad de México "Benito Juárez".

Término de Gira.

En el tanque de la Col. Del Pri, explicación en campo, presentes la Dra. Blanca Jiménez Directora de CONAGUA, Subsecretario de SEDATU, Arturo Palma Director de CAPASEG, Ing. Gastelum Director Local de CONAGUA en Gro. Adela Román Presidenta Municipal Acapulco, Gro.

Realizando la presentación del diagnóstico general en CAPAMA, en presencia el Sr. Gobernador del estado, la Directora de CONAGUA el Subsecretario de SEDATU y la Presidenta Municipal de Acapulco, Gro.

Como ejemplo de la falta de saneamiento en las diferentes zonas y colonias de la periferia se presentó el polígono denominado "Navidad de Llano Largo", se observa el color azul con la red existente de agua potable.

ACCIONES ESTRUCTURALES - AGUA POTABLE

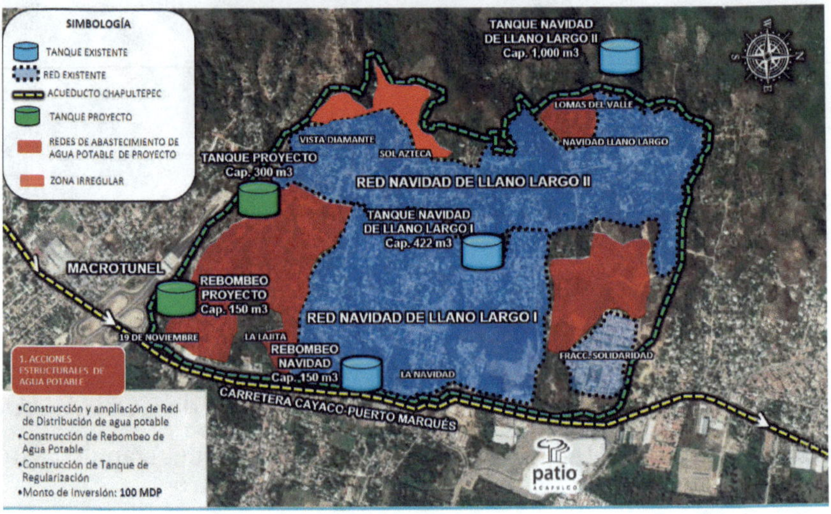

Como ejemplo de la falta de saneamiento en las diferentes zonas y colonias de la periferia se presentó el polígono denominado "Navidad de Llano Largo", se observa el color rojo la falta de saneamiento, todo lo marcado con ese color no existe drenaje.

Este ejemplo es ilustrativo ahí nos podemos dar cuenta de la gran falta del drenaje, luego entonces hacia donde se va todo el drenaje de esta zona, escurre hacia el río de la Sabana, para finalmente descargar en la Laguna de Tres Palos.

En la siguiente fotografía se ilustra en color rojo toda la zona que no cuenta con red de drenaje, que es prácticamente todo el polígono que seleccionamos para la presentación, como podrá observarse este ejemplo es la muestra de todo lo que ocurre en la zona conurbada y rural, por eso siempre he comentado que urge el saneamiento de todo el municipio.

ACCIONES ESTRUCTURALES - ALCANTARILLADO SANITARIO

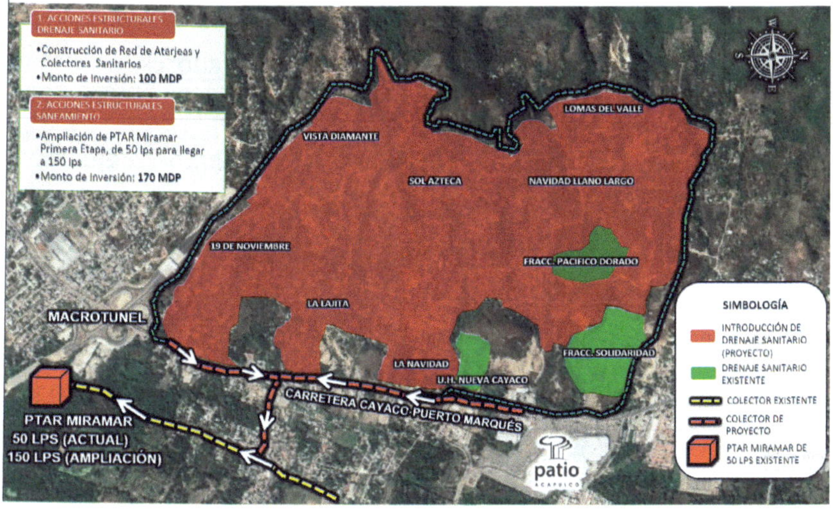

CONCEPTO	POLÍGONO NAVIDAD DE LLANO LARGO		
	ACCIONES ESTRUCTURALES	POBLACIÓN BENEFICIADA	MONTO DE INVERSIÓN (MDP)
AGUA POTABLE	1. Introducción y ampliación de red de agua potable. 2. Construcción de Rebombeo de 150 m3 3. Construcción de Tanque de regularización de 300 m3	5,745 Habitantes	100 MDP
ALCANTARILLADO SANITARIO	1. Introducción de red de atarjeas y de Colectores Sanitarios	15,045 Habitantes	100 MDP
SANEAMIENTO	1. Rehabilitación y ampliación de la PTAR Miramar, con capacidad de 50 lps para llegar a 150 lps	70,054 Habitantes	170 MDP
		MONTO DE INVERSIÓN TOTAL	370 MDP

11.-TANQUES

Continuando con el diagnóstico y la evaluación de la infraestructura hidráulica, existente en La Comisión de Agua Potable y Alcantarillado Sanitario del Municipio de Acapulco, la cual está compuesta por fuentes de captación, que ya lo comentamos brevemente, planta potabilizadora, estaciones de rebombeo, tanques reguladores, de almacenamiento y redes de distribución, ubicados en tres zonas: URBANA, CONURBADA Y RURAL. En general estos elementos requieren de incremento en su capacidad, rehabilitación, mantenimiento, reparación y en algunos casos, sustitución.

Dentro del análisis efectuado se determinó que la capacidad de una gran parte de los tanques ha sido rebasada debido al crecimiento de la población, así como también del desplazamiento de la mancha urbana, en algunos casos debiendo ser reubicados con una mayor capacidad de almacenaje, cubriendo la demanda actual.

De igual forma, muchos de estos, debido a su edad y tipo de construcción, algunos con muros de tabique, presentan fallas estructurales con desprendimiento de fragmentos de muros y losas, con varillas expuestas, con presencia de fugas importantes, ocasionando un enorme volumen importante del caudal perdido, (con la enorme falta del agua en algunas zonas) y poniendo en riesgo a la población adyacente además de taponamientos de redes de distribución y daños en los equipos de bombeo.

Durante mi periodo solicité la intervención de protección Civil del H, ayuntamiento para dictaminar 16 tanques, teniendo como resultado que la mitad de los inspeccionados deben ser sustituidos, ya que presentan un riesgo inminente de colapso.

Se revisaron 175 principales instalaciones en las zonas Urbana, Conurbada y Rural, entre los que se enlistan captaciones, tanques reguladores y de almacenamiento (175,344.00 M3) cuyas estructuras son de diferentes tipos, Tabique, mampostería, concreto armado y acero, que requieren atención inmediata.

El mantenimiento a estos elementos de la infraestructura hidráulica debe ser periódica procurando con ello que su estructura se conserve en óptimas condiciones, así mismo libre de sedimentos que reducen considerablemente su capacidad además con estas acciones se garantiza la salud de los usuarios del vital.

Estos factores promueven la implementación de la ejecución de un Proyecto basado en tres principales acciones básicas:

1. Rehabilitación y remozamiento de instalaciones
2. Rehabilitación de estructuras
3. Limpieza general de los tanques
4. Sustitución de tanques

La verdad de las cosas, levantar al organismo requiere de mucho trabajo, dedicación y sobre todo de un gran apoyo de recursos, ya sea del H. ayuntamiento, de Gobierno del Estado y sobre todo de la Federación, pero no nos detendrá el volumen de trabajo que hay por hacer, ni tampoco vamos al desánimo, por eso lo primero que hay que hacer es el diagnóstico general de todo el organismo para poder establecer las prioridades y realizar el programa emergente y de aplicación emergente.

TIPO DE ATENCION		**SIMBOLOGIA**	
A	REMOZAMIENTO, CHAPONA, DESAZOLVE DE TANQUE, LIMPIEZA EXTERIOR Y PINTURA.		ATENCIÓN URGENTE
B	REHABILITACIÓN DE LA ESTRUCTURA, INCLUYE CHAPONA, DESAZOLVE Y LIMPIEZA EXTERIOR E INTERIOR DEL TANQUE Y PINTURA.	45	UBICACIÓN DE LOS ELEMENTOS
C	REHABILITACIÓN DE LA ESTRUCTURA, CERCADO PERIMETRAL MEDIANTE BARDA, O MALLA CICLÓNICA, INCLUYE CHAPONA, DESAZOLVE Y LIMPIEZA EXTERIOR E INTERIOR DEL TANQUE Y PINTURA.	B	BOMBEO
D	CERCADO PERIMETRAL MEDIANTE BARDA, CHAPONA, DESAZOLVE Y LIMPIEZA EXTERIOR E INTERIOR DEL TANQUE Y PINTURA.	G	GRAVEDAD
E	**SUSTITUCIÓN DE TANQUE, ACCIÓN INMEDIATA Y URGENTE**		
F	REEQUIPAMIENTO DE BOMBEO		
G	REEQUIPAMIENTO DE EQUIPO DE AIRE ACONDICIONADO, EN INSTALACIONES DE CONTROLES.		
H	MANTENIMIENTO DE EQUIPO DE AIRE ACONDICIONADO.		
I	LIMPIEZA GENERAL EXTERIOR E INTERIOR.		

SITUACIÓN DE TANQUES DE REGULACION, ALMACENAMIENTO Y ESTACIONES DE BOMBEO Y REBOMBEO.

REBOMBEO ZONA URBANA

NO.	TANQUE	UBICACIÓN	TIPO	CAPACIDAD M³	SISTEMA LLEGADA		SISTEMA SALIDA		TIPO DE ATENCIÓN
					G	B	G	B	
1	20 DE NOVIEMBRE	20 DE NOV. RUMBO A LAS ANTENAS	CONCRETO	1800.00	B		G		A
2	**CUMBRES DE FIGUEROA**	**CALLE 2 DE ABRIL COL. R. FIGUEROA**	**CONCRETO**	**3000.00**	B		G-B		E
3	CASETA DE CLORO	AV. CHORRITO S/N	CONCRETO	190.00	B		G-B		B
4	1º DE MAYO INTERMEDIO	CALLE 14 DE MAYO	CONCRETO	100.00	B		G-B		B
5	1º DE MAYO	CALLE 14 DE MAYO	CONCRETO	500.00	B		G-B		B
6	**GARITA**	**AV. DEL TANQUE S/N COL. PROVIDENCIA**	**MAMPOSTERÍA**	**1200.00**	**B**		G		E

SITUACIÓN DE TANQUES DE REGULACIÓN, ALMACENAMIENTO Y ESTACIONES DE *REBOMBEO ZONA URBANA*

NO.	TANQUE	UBICACIÓN	TIPO	CAPACIDAD M³	SISTEMA LLEGADA		SISTEMA SALIDA		TIPO DE ATENCIÓN
					G	B	G	B	
7	CAJA ROMPEDORA 1 QUEBRADORA	AV. ACUEDUCTO COL. QUEBRADORA	CONCRETO	50.00	G		G		A
8	**CAJA ROMPEDORA 2 QUEBRADORA**	**AV. ACUEDUCTO COL. QUEBRADORA**	**CONCRETO**	**50.00**	**G**		**G**		E
9	ALTA LAJA	CALLE LAS ROSAS COL. LA LAJA	CONCRETO	150.00	G		G		B
10	**ALTAMIRA 1**	**CALLE: JUAN R. ESCUDERO**	**CONCRETO**	**50.00**	**G**		**B**		**E**
11	ALTAMIRA 2	CALLE JUAN R. ESCUDERO	CONCRETO	375.00	G-B		G-B		A

12	ALTAMIRA 3	CALLE JUAN R. ESCUDERO	CONCRETO	300.00	G-B	G	E
13	REB. INFONAVIT ALTA PROGRESO	PASEO DE LA CAÑADA S/N	CONCRETO	500.00	B	B	A
14	INFONAVIT 1	PASEO DE LA CAÑADA PARTE ALTA	CONCRETO	1200	B	G	E
15	INFONAVIT 2	ISOBÁRICA	CONCRETO	2280	B	G	A
16	INFONAVIT 3	PASEO DE LA CAÑADA 3ª ETAPA	CONCRETO	2280	G	G	E
17	INFONAVIT 4	PASEO DE LA CAÑADA 3ª ETAPA	CONCRETO	100	G	G	A
18	INFONAVIT 5	PASEO DE LA CAÑADA 4ª ETAPA	CONCRETO	150	G	G	E
19	PANORÁMI-CAS	PARQUE NA-CIONAL EL VELADERO	CONCRETO	500.00	B	G	A
20	REBOMBEO FRANCISCO VILLA	RUIZ CORTINEZ	CONCRETO	1000.00	G	B	E
21	FRANCISCO VILLA	CALLE: CAMPESINOS	CONCRETO	1500.00	B	G	A
22	HORNOS	HORNOS INSURG. AV. DEL TESORO PERDIDO	ACERO VIT.	5000.00	B	G	B (NUEVO)
23	MIRA	CALLE 13 DE SEPTIEMBRE	CONCRETO	1100.00	B	G	A
24	CIMA	C CIMA S/N FRACC LAS PALYAS	ACERO	3500	B	G	E
25	REBOMBEO FOVISSTE	PASEO DEL MAESTRO	CONCRETO	0.00	G	B	A
26	FOVISSTE 1	PASEO DEL MAESTRO	CONCRETO	2000	B	G-B	E
27	FOVISSTE 2	PASEO DEL MAESTRO	CONCRETO	670	B	G-B	A

SITUACIÓN DE TANQUES DE REGULACIÓN, ALMACENAMIENTO Y ESTACIONES DE *REBOMBEO ZONA URBANA*

NO.	TANQUE	UBICACIÓN	TIPO	CAPACIDAD M^3	SISTEMA LLEGADA		SISTEMA SALIDA		TIPO DE ATENCIÓN
					G	B	G	B	
28	FOVISSTE 2	PASEO DEL MAESTRO	CONCRETO	670	B		G-B		E
29	FOVISSTE 2	PASEO DEL MAESTRO	CONCRETO	900	B		G-B		A
30	FOVISSTE 2	PASEO DEL MAESTRO	CONCRETO	236	B		G		E

31	PALMA SOLA	CONSTITUY-ENTES ESQ. PALMA SOLA	CONCRETO	625	B	G-B	A
32	MORELOS 1	NICOLAS BRAVO S/N COL. MORELOS	CONCRETO	400	G-B	G-B	E
33	MORELOS 2	NICOLÁS BRAVO S/N COL. MORELOS	CONCRETO	200	G-B	G-B	C
34	MORELOS 3	NICOLÁS BRAVO S/N COL. MORELOS	CONCRETO	650	G-B	G-B	E
35	MORELOS 4 MIRADOR	ISOBÁRICA COL MIRADOR	ACERO VIT.	1500	B	G	I (NUEVO)
36	MARIA DE LA O	COL. MARÍA DE LA O	CONCRETO	650	G	G	E
37	GUADALUPE VICTORIA	COL. GUADALUPE VICTORIA	CONCRETO	650	G	G	C
38	SANTA CECILIA	COL. SANTA CECILIA	CONCRETO	650	G	G	E
39	4 JUAN R ESCUDERO	CALLE 16 SILVESTRE CASTRO	CONCRETO	400	G	G-B	A
40	5 JUAN R ESCUDERO	CALLE 15 ESQ LA RAZA COL J.R.E.	CONCRETO	270	B	G-B	E
41	TEHUACÁN	CARR NAL ACAPULCO ESQ. ANDADOR OREGANOS	CONCRETO	107	G	G-B	A
42	JARDÍN	AV. JARDÍN	CONCRETO	625	G-B	G-B	E
43	PITAHAYOS	C. ISOBÁRICA S/N	CONCRETO	90	B	G-B	A
44	PALMAS	AV. LAS PALMAS COL JARDÍN PALMAS	CONCRETO	450	G	G	E
45	ALCAN-FORES	CALLE ALCANFORES	CONCRETO	500	G	G	A
46	PIRULES	COLORINES JARDÍN AZTECA	CONCRETO	395	G	G	E
47	ALTAMIRA-NO	PARQUE NA-CIONAL EL VELADERO	CONCRETO	5000	B	G	C
48	PITAHAYOS 2	C. ISOBÁRICA S/N COL JARDÍN PALMAS	CONCRETO	1000	B	G	E
49	T. MANGOS	COL. JARDÍN	CONCRETO	200	G	G	A
50	TUNEL ALTO	RANCHO ACAPULCO COL. GARITA	CONCRETO	28	G	G	E

51	REBOMBEO TUNEL ALTO	CALLE TLÁLOC COL GARITA	ACERO		G	B	A
52	CAJA K	CALLE RIVERA COL GARITA	CONCRETO	90	G	G	E

SITUACIÓN DE TANQUES DE REGULACIÓN, ALMACENAMIENTO Y ESTACIONES DE *REBOMBEO ZONA URBANA*

NO.	TANQUE	UBICACIÓN	TIPO	CAPACIDAD M³	SISTEMA LLEGADA	SISTEMA SALIDA	TIPO DE ATENCIÓN
					G B	G B	
53	CAJA ROMPEDORA FARALLÓN	ÁFRICA AV. FARALLÓN S/N COL CENTRO	CONCRETO	25	G	G	A
54	MARROQUIN	CALLE AMILCAR FRACC MARROQUÍN	TABIQUE	340	G	G	E
55	LA MARINA	PARQUE IGUANA BARRIO LAS CRUCITAS	CONCRETO	1100	G	G	A
56	MOGOTE	AV DEL MOGOTE FRACC H. INSURGENTES	CONCRETO	10,000	B	G	E
57	REBOMBEO CLUB DEPORTIVO	CERRADA DEL VENADO SIN NUMERO	CONCRETO	50	G	B	A
58	IGUANA	CALLE CIMA BARRIO DEL HOSPITAL	MAMPOSTERÍA	2400	G	G	E
59	MOZIMBA 1	CALLE ALTAMIRA S/N	CONCRETO	375	G	G	A
60	MOZIMBA 2	CALLE ALTAMIRA S/N	CONCRETO	375	G	G	E
61	PALOMARES	JUAN N ALVAREZ LOS PALOMARES	CONCRETO	2750	B	G	B
62	ELEVADO PALOMARES	JUAN N ALVAREZ LOS PALOMARES	CONCRETO	2500	B	G-B	E
63	QUEBRADA	CERRADA 18 DE JULIO COL. LA MIRA	ACERO	5000	G	G	E
64	INF. LOPEZ PORTILLO	AND. MONTE ALBÁN FRACC MOZIMBA	CONCRETO	226	G	G	E
65	LA PINZONA	INALÁMBRICA FRACC LAS PLAYAS	ACERO	2800	G	G-B	A
66	CLUB DEPORTIVO	C. ANÁHUAC FRACC CLUB DEPORTIVO	CONCRETO	50	B	G	E

67	REBOMBEO PRADERAS DE COSTA AZUL	MONTE EVEREST PRADERAS C. AZUL	CONCRE-TO	60	G	G-B	A
68	PRADERAS DE COSTA AZUL	MONTEPÍO S/N PRADERAS DE C. AZUL	CONCRE-TO	250	B	G	E
69	CASTELÁN	CASTELÁN FRACC C. AZUL	CONCRE-TO	50	B	G	A
70	BANDERA	AV. ESCÉNICA	CONCRE-TO	10,000	B	G	E
71	TÚNEL BAJO	C. AMATES COL. JARDIN DE LOS AMATES	ACERO	1800	G	G-B	C
72	SUIZA	C. SUIZA FRACC LAS PLAYAS	MAMPOS-TERÍA	450	G	G-B	E

SITUACIÓN DE TANQUES DE REGULACIÓN, ALMACENAMIENTO Y ESTACIONES DE *REBOMBEO ZONA URBANA*

NO.	TANQUE	UBICACIÓN	TIPO	**CAPACIDAD M^3**	SISTEMA LLEGADA (G | B)	SISTEMA SALIDA (G | B)	TIPO DE ATENCIÓN
73	BARES FORD	CALLE BARES FORD	CONCRETO	6,900	G	G	E
74	BELLA VISTA (CASA DEL TRABAJADOR)	AV. SANTA CRUZ ENTRE CALLE 3 Y 4	CONCRETO	6,900	G	G	A
75	REBOMBEO ICACOS	CALLE ICACOS COL. ICACOS	CONCRETO	0.00	G	B	A y F
76	T CALLE 6	CALLE LAZARO CÁRDENAS	CONCRETO	90	G	G-B	E
77	T SAN ISIDRO	POBLADO SAN ISIDRO	MAMPOS-TERÍA	500	G	G	C
78	T PEDREGOSO	POBLADO EL PEDREGOSO	MAMPOS-TERÍA	500	G	G	E
79	MIRAMAR	COL MIRAMAR ZONA PONIENTE	CONCRETO	500	G	G	A
80	CHINAMECA	CALLE PARAÍSO COL. CHINAME-CA	CONCRETO	1000	B	G	E
81	ALTA CU-AUHTÉMOC	COL. ALTA CU-AUHTÉMOC	ACERO VIT	1000	B	G	NUEVO
82	HERMENEGIL-DO GALEANA	COL. HERMENE-GILDO GALEANA	CONCRETO	500	B	G	NUEVO
83	SILVESTRE CASTRO	COL. SILVESTRE CASTRO	ACERO VIT	1000	B	G	NUEVO

84	GEMELOS LLANO LARGO	CALLE 4 COL. LLANO LARGO	CONCRETO	710	B	G	A
85	PIRULES BRISAMAR	FRACC JOYAS DE BRISAMAR	CONCRETO	250	B	G-B	E
86	INTERMEDIO BRISAMAR	FRACC JOYAS DE BRISAMAR	CONCRETO	450	G	G	A
87	ICACOS 1	PARQUE NACIONAL EL VELADERO	MAMPOS-TERÍA	100	G	G	E
88	INTERMEDIO ALTAMIRA	JUAN R ESCUDERO COL. LA MIRA	CONCRETO	300	B	G	A
89	23 DE NOVIEMBRE	PARQUE NACIONAL EL VELADERO	CONCRETO	450	G	G	E
90	ICACOS 2	PARQUE NACIONAL EL VELADERO	MAMPOS-TERÍA	350	G	G	C
91	RANCHEROS	AV. ESCÉNICA S/N	CONCRETO	150	G	G-B	E
92	ESTACIÓN 2 ESCÉNICA	ESCÉNICA	ACERO	---			FUERA DE SERVICIO
93	ESTACIÓN 3 ESCÉNICA	ESCÉNICA ESCÉNICA	ACERO VIT	500	B	G	NUEVO
94	ESTACIÓN 4 ESCÉNICA	ESCENICA	ACERO VIT	500	B	G	NUEVO
95	ESTACIÓN DE REBOMBEO SILVESTRE CASTRO 1	COL. SILVESTRE CASTRO	CONCRETO	340	B	B	NUEVO
96	ESTACIÓN DE REBOMBEO SILVESTRE CASTRO 2	COL. SILVESTRE CASTRO	ACERO VIT	400	B	B	NUEVO
CAPACIDAD DE ALMACENAMIENTO ZONA URBANA M3 = 105,095							

UBICACIÓN DE LOS 6 TANQUES DE URGENTE SUSTITUCIÓN

SITUACIÓN DE TANQUES DE REGULACIÓN, ALMACENAMIENTO Y ESTACIONES DE *REBOMBEO ZONA CONURBADA*

NO.	TANQUE	UBICACIÓN	TIPO	**CAPACIDAD M³**	SISTEMA LLEGADA		SISTEMA SALIDA		TIPO DE ATENCIÓN
					G	B	G	B	
1	REBOMBEO PLANTA	CAYACO	CONCRETO	1500	B		B		F
2	RENACIMIENTO	CARRETERA VIEJA	CONCRETO	3600	B		G-B		A,C, y G
3	REBOMBEO CRUCES	CALLE MIGUEL HIDALGO	CONCRETO	1290	B		B		A
4	LIBERTAD 1	CALLE LÁZARO CÁRDENAS COL. LIBERTAD	CONCRETO	380	B		G-B		A-C
5	LIBERTAD 2	CALLE VICENTE GRO COL LIBERTAD	CONCRETO	330	B		G-B		C
6	HÉROES DE GUERRERO I	CALLE CUAUHTÉMOC COL. HÉROES DE GRO.	MAMPOSTERIA	540	B		G-B		C
7	HÉROES DE GUERRERO 2	CALLE2 ESQ 14	CONCRETO	290	B		G		C
8	ZAPATA 1	CALLE 2	CONCRETO	500	B		B		G-H
9	ZAPATA 2	CALLE2 ESQ 14	CONCRETO	1180	B		G-B		F
10	CÁRCAMO VENTA - ZPATA	AV. DE EL QUEMADO	CONCRETO	3000	B		B		C

SITUACIÓN DE TANQUES DE REGULACIÓN, ALMACENAMIENTO Y ESTACIONES DE *REBOMBEO ZONA CONURBADA*

NO.	TANQUE	UBICACIÓN	TIPO	**CAPACIDAD M³**	SISTEMA LLEGADA		SISTEMA SALIDA		TIPO DE ATENCIÓN
					G	B	G	B	
11	SIMÓN BOLÍVAR	CALLE COORDILLERA DE LOS ANDES	CONCRETO	320	B		G		I
12	EMPERADOR MOCTEZUMA	COL. MOCTEZUMA	CONCRETO	1200	B		G		C
13	SINAÍ	COL. SINAÍ	CONCRETO	830	B		G		C-D
14	INDUSTRIAL	CALLE CENTRAL CAMPESINA	CONCRETO	500	B		G		A
15	CÁRCAMO PASO LIMONERO	AV. PRINCIPAL DE LA VENTA	CONCRETO	100	B		B		F

16	MIRADOR COLOSO 1	AV DE LAS TORRES COLOSO	CONCRETO	8000	B	G-B	C
17	SAN JOSE	CALLE JOSE LOPEZ PORTILLO	CONCRETO	880	B	G-B	A
18	PARAISO	COL AMP PARAÍSO	CONCRETO	860	B	G	A
19	5 DE MAYO 1	AV. CD PERDIDA COL 5 DE MAYO	MAMPOS-TERÍA	320	B	G-B	E
20	5 DE MAYO 2	CALLE VILLA RICA COL 5 DE MAYO	CONCRETO	300	B	B	A
21	TÚNEL ALTO	PORTAL ENTRADA CARRETERA VIEJA	CONCRETO	6650	B	G	D
22	REBOMBEO COLOSO	BLVD CRUCES CAYACO	CONCRETO	500	B	G	F
23	COLOSO 7	AV TEC-NOLÓGICO	CONCRETO	840	G	G	C
24	COLOSO 8	AV PEÑA BLANCA	CONCRETO	260	G	G	C
25	COLOSO 9	AV PEÑA BLANCA	CONCRETO	780	G	G	C
26	COLOSO 10	ETAPA 6	CONCRETO	740	G	G	C
27	COLOSO 12	ETAPA 44	CONCRETO	900	G	G	C
28	COLOSO 26	PARTE ALTA COLOSO	CONCRETO	900	G	G	C
29	MIRAMAR	FRACC NAVIDAD CAYACO -PTO MARQUÉS	CONCRETO	50	G	G	C
30	COLOSO 13	ETAPA 51 B	CONCRETO	780	G	G	C
31	CÁRCAMO DE LLANO LARGO	FRACC NAVIDAD CAYACO -PTO MARQUÉS	CONCRETO	100	G	B	BUEN ESTADO
32	ALTOS DE MIRAMAR	FRACC MIRAMAR	MAMPOS-TERÍA	100	G	B	B y F
33	COLOSO 25	PARTE ALTA COLOSO	CONCRETO	900	G	B	C
34	NAVIDAD DE LLANO LARGO	FRACC NAVIDAD DE LLANO LARGO	MAMPOS-TERÍA	200	G	G	C
35	EST DE REB PTO MARQUÉS 1	BLVD MARQUÉS CAYACO	CONCRETO	700	B	G	C
36	LA VENTA	AV DEL TANQUE	CONCRETO	90	B	G	C
37	PASO LIMONERO	AV. LA VENTA	CONCRETO	400	B	G	A
38	VENTA ZAPATA	AV. DEL QUEMADO	CONCRETO	2800	B	B	C

SITUACIÓN DE TANQUES DE REGULACIÓN, ALMACENAMIENTO Y ESTACIONES DE *REBOMBEO ZONA CONURBADA*

NO.	TANQUE	UBICACIÓN	TIPO	**CAPACIDAD M^3**	SISTEMA LLEGADA		SISTEMA SALIDA		TIPO DE ATENCIÓN
					G	**B**	**G**	**B**	
39	ARROYO SECO	CALLE EL QUEMADO	MAMPOSTERÍA	400	B		G		C,D
40	REBOMBEO ARROYO SECO	CALLELA CEIBA	MAMPOSTERÍA	90	G		B		F
41	PRI-COLOSO	CALLE CENTRAL	CONCRETO	330	B		B		C
42	COLOSO #24	COL PRI COLOSO PARTE ALTA COLOSO	CONCRETO	1460	B		G		A,F
43	DIAMANTE	DRAGOS	CONCRETO	10,000	B		G		A
44	UNIDOS POR GUERRERO	UNIDOS POR GUERRERO	CONCRETO	1,000	B		G		A
45	IZAZAGA	COL IZAZAGA	CONCRETO	1,000	B		G		BUEN ESTADO
46	LA MICA	LA MICA	CONCRETO	1,000	B		B		E
47	LA FRONTERA	COL. FRONTERA	CONCRETO	1,000	B		B		F
48	24 OCTUBRE	COL 24 OCTUBRE	CONCRETO	1,000	B		B		D
49	LOMAS VERDES	COL LOMAS VERDES	CONCRETO	1,000	B		B		D
50	GENARO VÁZQUEZ	COL. SOL AZTECA	CONCRETO	1,000	B		B		F
CAPACIDAD DE ALMACENAMIENTO ZONA CONURBADA M3 = 67,990									

UBICACIÓN DE LOS TANQUES DE URGENTE SUSTITUCIÓN

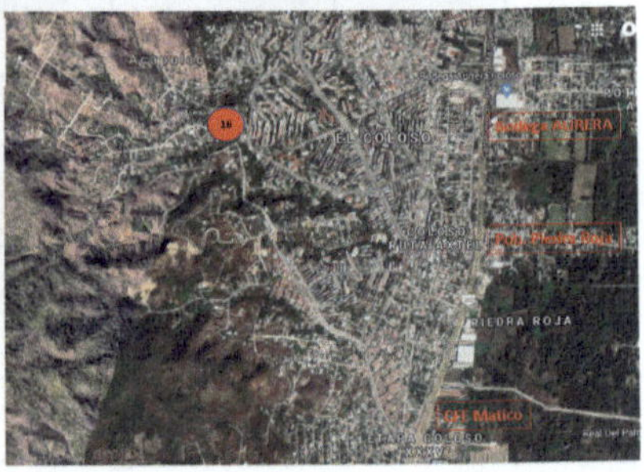

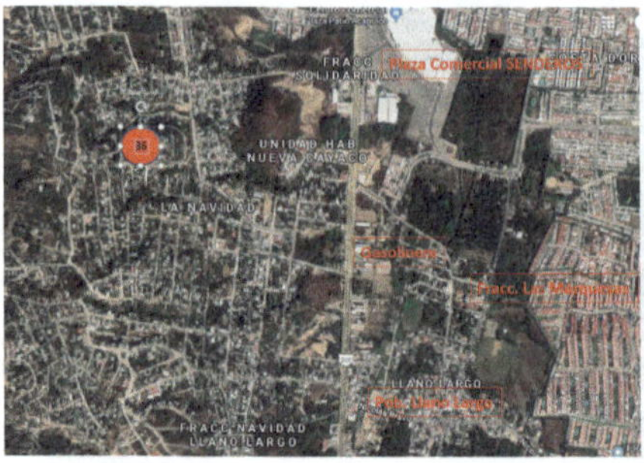

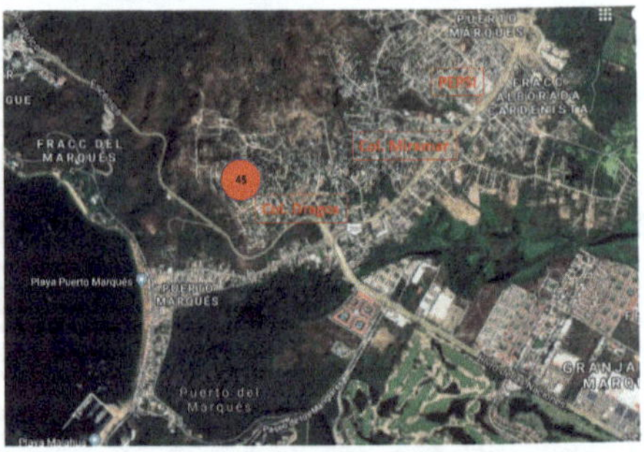

SITUACIÓN DE TANQUES DE REGULACIÓN, ALMACENAMIENTO Y ESTACIONES DE *REBOMBEO ZONA RURAL*

NO.	TANQUE	UBICACIÓN	TIPO	**CAPACIDAD M³**	SISTEMA LLEGADA	SISTEMA SALIDA	TIPO DE ATENCIÓN
					G / B	G / B	
1	TUNCINGO	CASITAS POB TUNCINGO	CONCRETO	50	B	G	F
2	TRES PALOS	POB TRES PALOS	CONCRETO	50	B	G	C
3	CÁRCAMO 10 DE ABRIL	POB 10 DE ABRIL	CONCRETO	50	B	G	A
4	SAN PEDRO CACAHUATEPEC	POB SAN PEDRO CACAHUATEPEC	CONCRETO	100	B	G	A
5	AMATILLO	POB AMATILLO	CONCRETO	100	B	G	B-A
6	LA CONCEPCIÓN	POB LA CONCEPCIÓN	CONCRETO	200	B	G	A
7	AGUA DEL PERRO	POB AGUA DEL PERRO	CONCRETO	50	B	G	A
8	CACAHUATEPEC	POB CACAHUATEPEC	CONCRETO	100	B	G	A
9	EL CANTÓN	POB EL CANTÓN	CONCRETO	100	B	G	A
10	ESPINALILLO	POB. ESPINALILLO	CONCRETO	100	G	G	A
11	REBOMBEO LA CANTERA	KM 30	CONCRETO	0	B	G	F
12	REBOMBEO EL BORBOLLÓN	KM 30	CONCRETO	30	B	G	C-F

SITUACIÓN DE TANQUES DE REGULACIÓN, ALMACENAMIENTO Y ESTACIONES DE *REBOMBEO ZONA RURAL*

NO.	TANQUE	UBICACIÓN	TIPO	**CAPACIDAD M³**	SISTEMA LLEGADA	SISTEMA SALIDA	TIPO DE ATENCIÓN
					G / B	G / B	
13	TANQUE KM 30	POB KM 30	CONCRETO	200	B	G	A
14	TANQUE 10 DE ABRIL	POB 10 DE ABRIL	CONCRETO	100	B	G	A
15	TANQUE CHAPULTEPEC	POB LOMAS DE CHAPULTEPEC	POZO DE CONCRETO	0.00	B	G	A/F
16	TANQUE ELEVADO CHAPULTEPEC 1	POB LOMAS DE CHAPULTEPEC	CONCRETO	50	B	G	D
17	TANQUE ELEVADO CHAPULTEPEC 02	POB LOMAS DE CHAPULTEPEC	CONCRETO	50	B	G	A

18	CISTERNA COLOSIO 1	COLOSIO	CONCRETO	200	B	G	A
19	CISTERNA COLOSIO 2	COLOSIO	CONCRETO	200	B	G	A
20	CISTERNA COLOSIO3	COLOSIO	CONCRETO	200	B	G	A
21	CISTERNA COLOSIO 4	COLOSIO	CONCRETO	200	B	G	A
22	CAPTACIÓN TASAJERAS	POB TASAJERAS	POZO ADEME ACERO	0.00	--	B	F
23	TANQUE TASAJERAS	POB TASAJERAS	MAMPOS- TERÍA	50	B	G	E
24	CAPTACIÓN SAN ISIDRO GALLINERO	POB SAN ISIDRO GALLINERO	CONCRETO	0.00	B	G	C
25	TANQUE SAN ISIDRO GALLINERO	POB SAN ISIDRO GALLINERO	CONCRETO	50	B	G	F
26	CAPTACIÓN LOS MANGOS EL QUEMADO	POB EL QUEMADO	POZO ADEME ACERO	0.00	--	B	A
27	TANQUE EL QUEMADO	POB EL QUEMADO	CONCRETO	30	B	G	A
CAPACIDAD DE ALMACENAMIENTO ZONA RURAL M3 = 2,260							

Listado de ubicaciones, Rebombeos

No.	Nombre	Latitud	Longitud
1	LA VENTA - ZAPATA	16.9108	-99.8183
2	PAPAGAYO I	16.8388	-99.6437
3	PAPAGAYO II	16.8877	-99.6437
4	LOMAS DE CHAPULTEPEC	16.7301	-99.6211
5	PPOT CAYACO	16.8652	-99.8113
6	PUERTO MARQUEZ	16.8060	-99.8248
7	LAS CRUCES	16.8850	-99.8837
8	RENACIMIENTO	16.8860	-99.8424
9	TUNEL ALTO	16.8737	-99.8639

PRESUPUESTO PARA SUSTITUCIÓN DE TANQUES

Existen **6 tanques** que requieren de manera urgente ser sustituidos, debido a que presentan fallas estructurales importantes, por otro lado, aprovechando la sustitución se contempla el aumento de su capacidad de almacenamiento, el monto de esta inversión se contempla en un monto total de $ 385 MDP, con estas acciones se estima mejorar la capacidad de distribución del vital líquido en unos 100 mil habitantes.

CONCEPTO	CAPACIDAD	UBICACION	IMPORTE C/IVA MDP
1.- CUMBRES DE FIGUEROA	De 3,000 a 5,000 m3	Col. Rubén Figueroa	$55
2.- LA CIMA	De 3,600 a 5,600 m3	Fracc. Las playas	$75
3.-LA IGUANA	*De 2,400 a 5,000 m3*	*Barrio del Hospital*	*$55*
4.-LA QUEBRADA	De 5,000 a 5,000 m3	Col. La Mira	$55
5.-LA BANDERA	De 10,000 a 10,000 m3	Av. Escénica	$95
6.- TASAJERAS	De 50 a 5,000 m3	Pob. Tasajeras	$50
		TOTAL	**$385 MDP**

PRESUPUESTO PARA REHABILITACIÓN Y MANTENIMIENTO DE 11 TANQUES.

Existen 11 **tanques** que requieren de manera urgente ser rehabilitados, en sus áreas exteriores y parte de su estructura, así como de renovar su equipamiento, debido a que presentan algunas anomalías importantes otras hay que realizar un cercado perimetral para protegerlos, el monto de esta inversión se contempla en un monto total de $ 30 MDP, con estas acciones se estima mejorar la capacidad de distribución del vital líquido en unos 80 mil habitantes.

CONCEPTO	UBICACIÓN	ACCIONES	IMPORTE C/ IVA MDP
1.- ICACOS	COL ICACOS	REHABILITACIÓN DEL TANQUE Y ÁREAS EXTERIORES	1.5
2.- HÉROES DE GUERRERO I	COL. HÉROES DE GUERRERO	REHABILITACIÓN DEL TANQUE, ÁREAS EXTERIORES Y EQUIPAMIENTO	3.0
3.- REBOMBEO VENTA -ZAPATA	AV. DE EL QUEMADO	REHABILITACIÓN DEL TANQUE Y ÁREAS EXTERIORES	1.5
4.-TANQUE EMPERADOR MOCTEZUMA	COL. MOCTEZUMA	REHABILITACIÓN DEL TANQUE, ÁREAS EXTERIORES Y EQUIPAMIENTO	3.0
5.-MIRADOR COLOSO I	AV. DE LAS TORRES (COLOSO)	REHABILITACIÓN DEL TANQUE, ÁREAS EXTERIORES Y EQUIPAMIENTO	3.5
6.- TANQUE CINCO DE MAYO I	COL. CINCO DE MAYO	REHABILITACIÓN DEL TANQUE, ÁREAS EXTERIORES Y EQUIPAMIENTO	3.5
7.-NAVIDAD DE LLANO LARGO	FRACC. NAVIDAD DE LLANO LARGO	REHABILITACIÓN DEL TANQUE Y ÁREAS EXTERIORES	1.5
8.-TANQUE DIAMANTE	COL DRAGOS	REHABILITACIÓN DEL TANQUE Y ÁREAS EXTERIORES	1.5
9.-CÁRCAMO 10 DE ABRIL	COL. 10 DE ABRIL	REHABILITACIÓN DEL TANQUE, ÁREAS EXTERIORES Y EQUIPAMIENTO, CON LA SUSTITUCIÓN DE LA CASETA	5.0
10.- REBOMBEO EL BORBOLLÓN	POB. KM 30	REHABILITACIÓN DEL TANQUE, ÁREAS EXTERIORES Y EQUIPAMIENTO	3.0
11.-CAPTACIÓN LOS MANGOS EL QUEMADO	POB. EL QUEMADO	REHABILITACIÓN DEL TANQUE, ÁREAS EXTERIORES Y EQUIPAMIENTO	3.0
	TOTAL		$30 MDP

Realiza CAPAMA limpieza en tanques, filtros e instalaciones hidráulicas.

En los meses de noviembre y diciembre de 2019, efectuamos unas acciones necesarias de mantenimiento a tanques, filtros e instalaciones hidráulicas de la CAPAMA, dichas acciones causaron turbiedad en la distribución de agua potable en algunas zonas del puerto, incidencias que quedaron concluidas con el flujo de abastecimiento del vital líquido que se está normalizando tras la puesta en operación del sistema Lomas de Chapultepec.

El director general de la CAPAMA, Leonel Galindo González, informó, que el organismo ha dado seguimiento a algunos reportes ciudadanos sobre turbiedad en el agua potable, eventualidad que se explica por las recientes maniobras de mantenimiento y limpieza en sistemas hidráulicos del organismo, como filtros de la planta potabilizadora y tanques de almacenamiento en colonias populares, acciones urgentes y necesarias que se ejecutaron en los días previos a la reactivación del sistema Lomas de Chapultepec, aprovechando los bajos niveles de captación.

"En la planta potabilizadora hicimos algunos retrolavados, también lavamos todos los filtros, se realizó un lavado de todo el sistema y es probablemente la causa de la turbiedad presentada

en algunos casos, pero nuestro sistema de distribución del agua, almacenamiento y distribución fueron verificados recientemente y en todos estamos dentro de la norma", explicó el director general.

Galindo González recalcó, que los sistemas de potabilización, distribución y almacenamiento de agua en Acapulco son monitoreados de manera permanente para garantizar la calidad del vital líquido que se distribuye a los acapulqueños, cumpliendo con las normas establecidas.

Asimismo, mencionó, que el muestreo del pasado 11 de noviembre fue realizado de manera conjunta por personal de la CAPAMA, CAPASEG y CONAGUA, participando también el secretario de Salud en Guerrero, Carlos de la Peña Pintos y la titular de la Comisión para la Protección contra Riesgos Sanitarios del estado de Guerrero (COPRISEG) Irma Figueroa Romero, obteniendo resultados favorables para el organismo y sus procedimientos de potabilización del agua que se distribuye en Acapulco.

"Nosotros tenemos un control, vino recientemente la secretaria de salud estatal, hicimos un monitoreo de todos nuestros sistemas de distribución del agua y salimos todos dentro de norma", reiteró el director de la CAPAMA.

Finalmente, Leonel Galindo destacó, que la limpieza en los sistemas hidráulicos de la CAPAMA era una cuestión urgente y necesaria, que en el caso de algunos tanques de almacenamiento no se había realizado en 20 o 30 años y de lo que hoy se ocupa el organismo, siendo una tarea que también deben hacer de forma periódica los ciudadanos en sus hogares con sus sistemas de almacenamiento como tinacos, tanques y piletas.

12.-TALLER MECÁNICO Y ELÉCTRICO

Estando en la Dirección General, como ya lo he comentado, una de mis prioridades fue realizar un diagnóstico general de todas las áreas del organismo, al llegar a revisar el taller, platicando con los trabajadores de esa área me externaron que la misma fue olvidada por muchos funcionarios, no le dieron su real valía, a continuación presento algunas imágenes que reflejan la deficiente operación del taller electromecánico, donde se acumulan las piezas de columnas y motores de las bombas de todo el sistema, el cálculo aproximado es en más de 200 piezas las que se encuentran tiradas y en completo abandono. Lo que hace indispensable recuperar las funciones de este taller electromecánico para la respuesta pronta y oportuna a los problemas de reparación de fugas mayores para el abasto del servicio de agua potable y tratamiento de las aguas residuales.

En esta área, tengo que reconocer que me falto mucho por hacer, el tiempo no me alcanzo para modernizarla y equiparla como debe ser este taller, el cual se debe de convertir en uno de los ejes principales del mantenimiento de los equipos, una de las principales razones fue la falta de apoyo en inversión por parte de las autoridades municipales, estatales y federales.

13.-PLANTA POTABILIZADORA CAYACO

La Planta Potabilizadora "EL CAYACO" recibe las aguas del sistema Papagayo II, para ser tratadas y enviadas a las principales líneas de conducción que a su vez abastecen a los sub-sistemas secundarios localizados en distintos sitios de la ciudad de Acapulco.

La planta potabilizadora es una planta con proceso fisicoquímico, construida en el año 1976, misma que ha sido rehabilitada en 3 ocasiones y tiene una capacidad de producción de 2,000 lps, al momento de llegar a la Dirección general, el registro de su producción es incierto estimándose en unos 500 a 1000 lps.

El crecimiento poblacional que ha tenido el Municipio de Acapulco, requiere que la infraestructura mediante la cual se entrega a los hogares acapulqueños, agua de calidad, tenga un mantenimiento sostenible en sus procesos de potabilización; y no obstante la necesidad de ello, en los últimos años no se han realizado las inversiones importantes necesarias por lo que el organismo no se ha fortalecido en sus áreas de manutención y mucho menos en realizar obras de rehabilitación en el ya deteriorado equipo de la planta.

Es importante comentar que la última vez que se realizó una rehabilitación a la planta fue en el año de 2013, debido a las afectaciones que sufrió al paso de Ingrid y Manuel, actualmente la planta trabaja a un 60 % de su capacidad debido a la falta de mantenimiento correctivo y preventivo, la verdad, es increíble la falta de atención a estas instalaciones, es por eso que desde mi llegada me di a la tarea de elaborar el proyecto de rehabilitación de los módulos sedimentadores, este proyecto fue presentado en CONAGUA en la CDMX, me acompañaron a la entrega del proyecto, el Ing. Nájera de CAPASEG y el Ing. Ignacio

Martínez, de la CONAGUA local, dichos trabajos de rehabilitación se llevaron a cabo en el mes de enero a mayo del 2020, con esta inversión cercana a los 14 MDP, se incrementó la producción en 1000 lps, además de presentar significativos ahorros en la utilización de los químicos y de la energía eléctrica.

La rehabilitación llevada a cabo fue la reconstrucción de los módulos 2 y 3, con lo que se garantiza una producción de 1000 lps, 500 en cada uno de los módulos rehabilitados.

Es conveniente mencionar que se dejaron todos los estudios técnicos y el proyecto para la rehabilitación de los módulos 1 y 4, con lo que la planta potabilizadora estaría produciendo los 2000 lps de diseño.

La rehabilitación de los módulos 1 y 4, se llevó a cabo durante los meses de enero a julio de 2021, por lo que no debe de existir ningún inconveniente ni pretexto, para producir los 2000 lps.

Brinda CAPAMA mantenimiento a la planta potabilizadora Cayaco

Recorre el director del organismo, Leonel Galindo González, dichas instalaciones y constata su funcionamiento adecuado.

Para constatar el funcionamiento adecuado de la planta potabilizadora Cayaco, el director general de la Comisión de Agua Potable y Alcantarillado del Municipio de Acapulco (CAPAMA), Leonel Galindo González, acompañado por directores de área del organismo, realizó un recorrido de supervisión por dichas instalaciones, prioritarias para distribuir el vital líquido, bajo las condiciones pertinentes para uso de la población.

Después de visitar todas las zonas que componen la planta potabilizadora, Galindo González indicó, que su funcionamiento es adecuado al tratar el agua que se manda al puerto de Acapulco, informando que, de manera reciente, la CAPAMA brindó mantenimiento a sus instalaciones, destinando recursos propios a las labores que tenían poco más de 10 años sin realizarse, hoy se ejecutaron de manera responsable por instrucciones de la alcaldesa, Adela Román Ocampo.

"Hacía 10 años que no se le daba mantenimiento a todo el sistema de cloro-gas nosotros ahorita con una inversión propia de 2 millones de pesos realizamos el mantenimiento a estas instalaciones. Estas instalaciones manejan el cloro-gas de una manera peligrosa, es una manera de trabajar, de potabilizar el agua, altamente peligrosa las instalaciones. Nosotros haciendo un esfuerzo hemos invertido 2 millones de pesos para darle mantenimiento y repito, tenía 10 años que no se tocaba ninguna de esas piezas de la instalación", recalcó el funcionario.

Leonel Galindo añadió, que además del mantenimiento necesario que se realizó en la planta potabilizadora Cayaco, la CAPAMA está reparando el filtro número 7 que colapsó tras el paso de la tormenta tropical Narda, precisando que ese filtro es uno de un total de 10, lo que permite a la planta operar la potabilización del agua a pesar del equipo dañado.

El director de CAPAMA recalcó, que la planta Cayaco opera de forma adecuada y garantiza que el agua que se abastece a las colonias de Acapulco llega potabilizada para las familias del puerto.

"Que estén conscientes, claro, que el agua que estamos enviando de la planta está potabilizada, con toda la confianza se los digo y está potabilizada el agua".

Para garantizar la óptima calidad del agua que se distribuye a la población, la CAPAMA lleva a cabo en los procesos de desinfección y tratamiento del vital líquido el uso de Gas Cloro.

El Gas Cloro es una de las sustancias químicas marcadas dentro de la Norma Oficial Mexicana NOM127-SSA-2000, la cual proporciona los parámetros de su utilización dentro de las redes del sistema de distribución de agua potable del municipio y por tal motivo se maneja como un producto fundamental para los principales procesos de tratamiento.

En el recorrido a la planta potabilizadora Cayaco estuvieron el director de Operación, Alfonso Clavel Espinobarros; el director Técnico, Jorge Sánchez Rodríguez y el subdirector de Construcción, Iván Serna.

A continuación, les presento el levantamiento de las condiciones en las que operaba la planta potabilizadora "CAYACO", en el mes de marzo del 2019, nos encontramos las instalaciones en un total abandono.

PLANTA POTABILIZADORA EL CAYACO

- **Tanques de almacenamiento de Hipoclorito de Sodio:** Este producto se utiliza para la potabilización de los sistemas de nuevos desarrollos diamante, Planta Pedregoso, Programa Agua Limpia. (Secretaria de Salud , servicios generales CAPAMA.

Capacidad 30,000 lts cada tanque

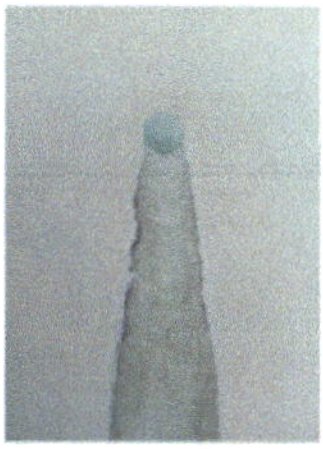

Tanque no. 1 *Tanque no. 2*

Situación actual:

- *Tanque no. 1: Requiere una rehabilitación integral.*
- *Tanque no. 2: Requiere la adquisición de un nuevo tanque.*
- *Se requiere la rehabilitación de las tuberías de carga y descarga de los tanques de hipoclorito de sodio.*

PLANTA POTABILIZADORA EL CAYACO

- **Módulos: Clarificadores/ Sedimentadores**

Desprendimiento de Estructura de acero que sostiene los sedimentadores

Piezas de sedimentadores en mal estado por desprendimiento de la Estructura

- **Almacenamiento de Reactivos Químicos**

4 tqs sulfato de aluminio

2 tqs. sulfato de aluminio, 2 tqs. de hipoclorito de Sodio

Caseta de Cilindros de Coro Gas 908 kg c/u 30 pza

Almacén y espacios donde se disponen los Reactivos Químicos en la planta Potabilizadora

- **Línea de Dosificación de Sulfato de Aluminio**

Equipo no. 1

Equipo no. 2

Equipo no. 3

Equipo no. 4

Válvula de llenado

Situación actual:

- ***Equipo no. 1: No funciona.***
- ***Equipo no. 2: En servicio, pero no gobierna la válvula de volante de 4 pulgadas de diámetro.***
- ***Equipo no. 3: En servicio.***
- ***Equipo no. 4: Desacoplada se necesita rehabilitar la línea de pvc cedula 80.***
- ***Linea de llenado: Se requiere el cambio de la válvula de 1 pulgada de diámetro cedula 80 de llenado del tanque de dilución de Sulfato de Aluminio.***

- **Línea de Dosificación de Polímero: este producto se utiliza en la Planta Potabilizadora "Cayaco"**

Válvula de llenado

Equipo no. 2

Situación actual:

- ***Línea de llenado: Se requiere cambio de válvula de 2" de diámetro cedula 80***
- ***Equipo no. 1: Mantenimiento preventivo y calibración.***
- ***Equipo no. 2: Mantenimiento preventivo y calibración.***

- **Escaleras de acceso por Módulos y Acceso a Sifones**

Situación actual:

- ***Mantenimiento general a las escaleras de acceso de la planta potabilizadora (módulos y sifones)***

- **Casetas de Cloración Planta y Rebombeo:** Cloración de Planta Potabilizadora y Rebombeo Planta

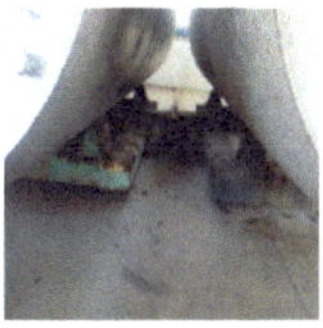

Situación actual:

- *Cambio tubería de manómetro, ya que presenta fuga.*
- *Reparación de cloradores no. 1 de planta y rebombeo.*
- *Cambio de válvulas y serpentines de la línea de cloración.*
- *Reparación de válvulas y bases con abrazaderas omega, línea de cloración de los módulos de floculadores y filtros de 1" de PVC cedula 80*
- *Mantenimiento y reparación de los rieles de carga y descarga, así como de los polipastos.*

Capacidad para almacenar 15 cilindros de cloro gas de 908 kg cada uno

- **Válvulas de Vaciado, Purgas de Clarificadores y Espesadores**

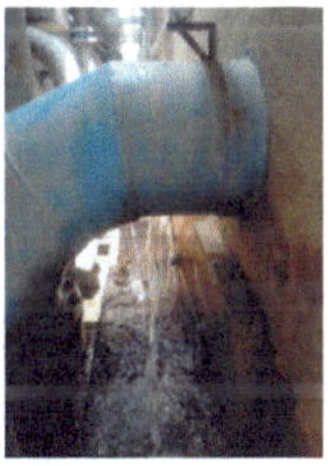

Situación actual:

- *Reparación de fuga de la tubería de vaciado del filtro no. 8.*
- *Mantenimiento y/o reparación de válvulas de mariposa de purgas del área de los módulos de clarificadores y espesadores.*
- *Mantenimiento preventivo de compuertas de vástago saliente de vaciado de los clarificadores.*

- **Área de sifones**

Situación actual:

- *Mantenimiento y reparación de las actuadores de llenado, vaciado y producción del área de sifones, así como mantenimiento de válvulas solenoides.*
- *Cambio de la línea de cloración de 2" de diámetro de los sifones 6 y 7.*
- *Reparación de fuga en línea de 2" de diámetro de la línea de dosificación de hipoclorito de sodio entre el sifón 7 y 8.*
- *Reparación de fuga en tubería de 14" de diámetro .*

- **Cárcamo de Circulación de Lodos y Área de Sopladores y Aereadores**

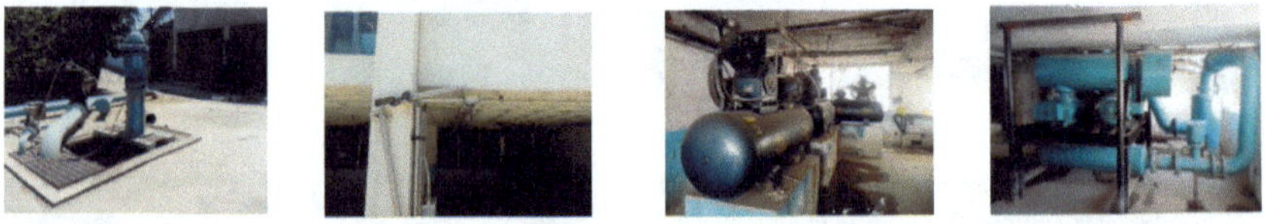

Situación actual:

- ***Se requiere limpieza del cárcamo de recirculación de lodos, así como el mantenimiento de las bombas verticales y sumergibles.***
- ***Reposición del cableado de la bomba sumergible de recirculación de lodos.***
- ***Mantenimiento preventivo a los aereadores y sopladores (Cambio de válvulas de desfogue)***

- **Módulos: Clarificadores/ Sedimentadores**

Desprendimiento de Estructura de acero que sostiene los sedimentadores

Piezas de sedimentadores en mal estado por desprendimiento de la Estructura

- Sistemas de Rastras

El sistema de Rastras se encarga del acarreo de los lodos evitando así el acumulamiento/estancamiento del mismo.

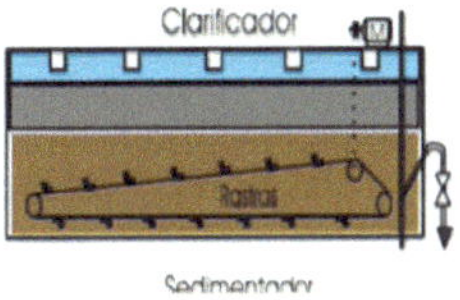

POR MAL FUNCIONAMIENTO DEJARON DE OPERAR, INCREIBLE¡¡¡¡¡

Necesidades Varias

Situación actual:

- ***Se requiere cambio de válvula de globo de 2" de la línea de llenado de polímero.***
- ***Recarga de extinguidores de la planta potabilizadora.***
- ***Reparación/modificación de las luminarias de la bodega de reactivos químicos, del área de módulos, desarenador y zonas de las cisternas de planta y rebombeo.***

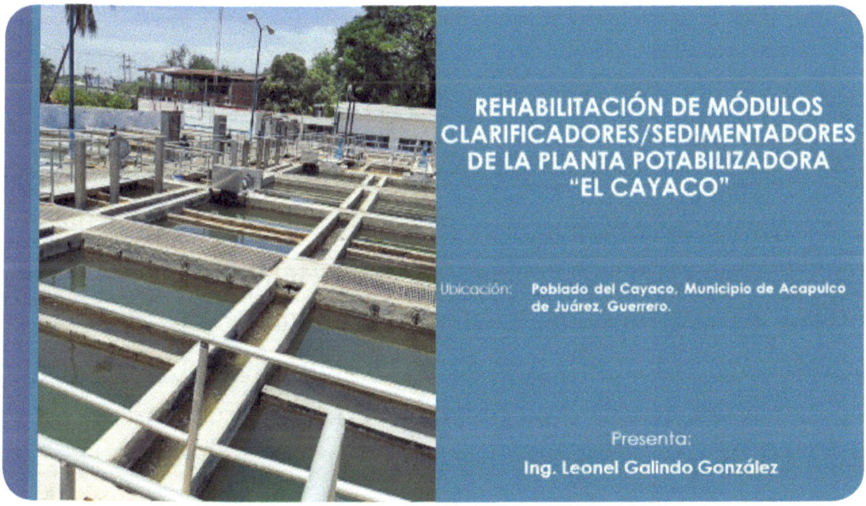

PLANTA POTABILIZADORA CAYACO

GENERALIDADES:

- La planta potabilizadora fue diseñada para tratar 2,000 lps
- Las áreas de tratamiento son:

-Pretratamiento

1.-Caja de llegada
2.-Desarenador

-Tratamiento Fisicoquímico

1.-Coagulación
2.-Floculación
3.-Sedimentación
4.-Filtración
5.-Dosificación de químicos
6.-Sulfato de Aluminio
7.-Dosificación de Polímero

PRETRATAMIENTO

El pretratamiento consta de una caja de llegada y un tanque desarenador con seis canales desarenadores en su interior.

El objetivo de esta área es la recepción del agua de influente y la remoción de partículas pesadas como: arena, grava y partículas minerales más o menos finas y flotantes voluminosos con capacidad de sedimentar y evitar así, la producción de sedimentos en canales y conducciones, además de proteger equipos de bombeo y otros equipos contra la abrasión y desgaste de partes.

TRATAMIENTO FÍSICO-QUÍMICO

- Consiste en realizar una buena coagulación y floculación para con ello lograr la sedimentación. Las variables más importantes que intervienen durante el proceso de coagulación floculación son entre otros pH, caudal, tiempo de retención, temperatura, concentración de sólidos, dosis de coagulante, dosis de floculante, y gradiente de velocidad.
- PH.- Los niveles de Ph del agua de influente se ubican en un rango adecuado para el proceso de coagulación floculación sin que sea necesario la dosificación de reactivos para ajustar este parámetro.
- Tiempo de Retención. Mantener el tiempo de retención cercano a los valores de diseño: Cámara de mezcla rápida: 7.8 minutos; cámara de mezcla lenta: 7.8 minutos.
- La temperatura es una variable que afecta directamente al proceso fisicoquímico de coagulación floculación, sin embargo, el operador no ejerce control sobre este parámetro.
- Concentración de sólidos suspendidos. El parámetro indicador de la concentración de sólidos suspendidos es la turbiedad, con la cual se obtiene información más rápidamente para el control del proceso.

ESTADO ACTUAL:

Durante los meses de enero a mayo del 2020, se realizaron los trabajos correspondientes a: "rehabilitación y acondicionamiento de módulos clarificadores/sedimentadores de la planta potabilizadora el "Cayaco", los cuales consisten en la rehabilitación del módulo 2 y 3 de la planta, los cuales garantizan una producción de 1000 lps, adicionales a los que actualmente se producen, en óptimas condiciones.

Trabajos que consisten en la instalación de un nuevo sistema recolector de lodos denominado "Polychem", de alta tasa para sedimentación de lodos.

Rastras no metálicas y largueros recolectores en fondo de módulo sedimentador.

Instalación de motores   Instalación de módulos “Polychem”.

Actualmente se tienen colapsado el filtro núm. 07.

Se requiere de una rehabilitación electromecánica a los módulos floculadores, la mayoría **no está** operando en óptimas condiciones por el daño a motores existentes.

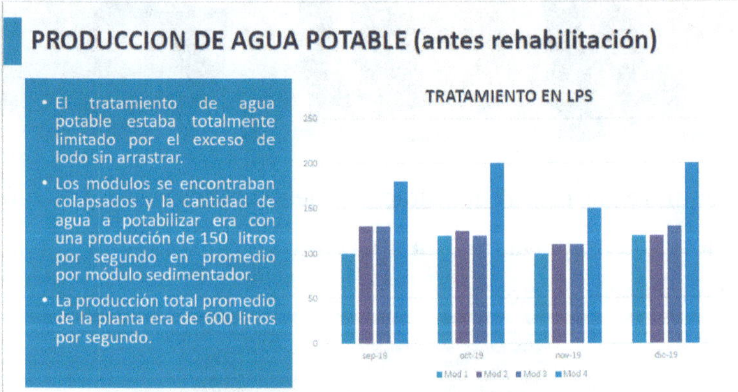
PRODUCCION DE AGUA POTABLE (antes rehabilitación)
• El tratamiento de agua potable estaba totalmente limitado por el exceso de lodo sin arrastrar.
• Los módulos se encontraban colapsados y la cantidad de agua a potabilizar era con una producción de 150 litros por segundo en promedio por módulo sedimentador.
• La producción total promedio de la planta era de 600 litros por segundo.
TRATAMIENTO EN LPS
250
200
150
100
50
0
sep-19
oct-19
nov-19
dic-19
Mod 1
Mod 2
Mod 3
Mod 4

Condiciones en las que operaba la PPOT (Antes de Rehabilitación)
Módulos sedimentadores completamente saturados de lodo.
Módulos sedimentadores completamente saturados de lodo.

Condiciones en las que operaba la PPOT (Antes de Rehabilitación)

Estructura soporte colapsada por acumulación de lodos.

Estructura soporte colapsada por acumulación de lodos.

Condiciones en las que operaba la PPOT (Antes de Rehabilitación)

Paneles sedimentadores saturados por lodo acumulado

Paneles sedimentadores saturados por lodo acumulado

Limpieza de módulos sedimentadores/clarificadores

Limpieza de módulos

Limpieza de módulos

Desmontaje de estructura metálica de soporte

Desmontaje de estructuras

Desmontaje de estructura

Colocación y montaje de estructura de soporte

ESTRUCTURA METÁLICA SOPORTE, SISTEMA DE ANCLAJE EN MUROS DE CONCRETO A BASE DE ESPÁRRAGOS DE ACERO INOXIDABLE DE 3/4" DE DIÁMETRO Y RESINA HILTI HIT-RE 500 SD, MÉNSULAS DE CARGA.

ESTRUCTURA METÁLICA SOPORTE, SISTEMA DE ANCLAJE EN MUROS DE CONCRETO A BASE DE ESPÁRRAGOS DE ACERO INOXIDABLE DE 3/4" DE DIÁMETRO Y RESINA HILTI HIT-RE 500 SD, MÉNSULAS DE CARGA.

SISTEMA DE RECOLECCIÓN DE LODOS (POLYCHEM)

SUMINISTRO DE SISTEMA POLYCHEM PARA RECOLECCIÓN DE LODOS, FABRICADO EN MATERIAL 100% NO-METÁLICO

SUMINISTRO DE SISTEMA POLYCHEM PARA RECOLECCIÓN DE LODOS, FABRICADO EN MATERIAL 100% NO-METÁLICO

SISTEMA DE RECOLECCIÓN DE LODOS (POLYCHEM)

SUMINISTRO DE SISTEMA POLYCHEM PARA RECOLECCIÓN DE LODOS, FABRICADO EN MATERIAL 100% NO-METÁLICO

SUMINISTRO DE SISTEMA POLYCHEM PARA RECOLECCIÓN DE LODOS, FABRICADO EN MATERIAL 100% NO-METÁLICO

Rehabilitación de consola de mando para proceso de retrolavado

SUMINISTRO E INSTALACION DE CONTROLADOR PROGRAMABLE MICROLOGIX 1200 176-L40AWA

SUMINISTRO E INSTALACION DE CONTROLADOR PROGRAMABLE MICROLOGIX 1200 176-L40AWA

Módulos sedimentadores/clarificadores en operación

Puesta en marcha de los modulos

Puesta en marcha de los modulos

Módulos sedimentadores/clarificadores en operación

Puesta en marcha de los modulos

Puesta en marcha de los modulos

PRODUCCION DE AGUA POTABLE (despues rehabilitación)

- El tratamiento de agua potable mejoro considerablemente ya que los módulos están tratando en promedio 500 litros por segundo, por módulo.
- La producción total promedio de la planta es actualmente de 1400 litros por segundo.

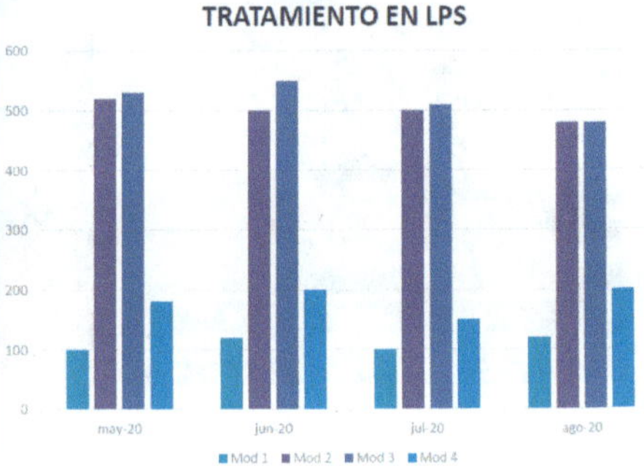

INVERSIÓN DE LA REHABILITACIÓN ($12,039,956.13)

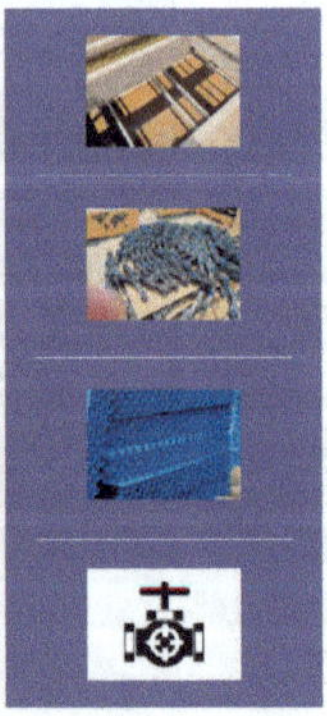

DESMONTAJE Y COLOCACION DE ESTRUCTURA SOPORTE

$1,860,543.56

INSTALACION DE SISTEMA RECOLECTAR DE LODOS (POLYCHEM)

$5,219,705.20

INSTALACION DE MODULOS SEDIMENTADORES (POLYCHEM) Y PUESTA EN OPERACION

$3,526,875.24

DESMONTE, RETIRO Y COLOCACION DE VALVULAS DE 18", 16", 12" Y 8", PARA INYECCION DE AIRE

$1,432,832.13

Una vez que ya se tenga en óptimas condiciones la planta potabilizadora el siguiente paso será realizar una modernización y equipamiento de los sistemas de rebombeo ligados a esta planta, ya que estos se encuentran en malas condiciones y repercute en la perdida de caudal del vital líquido.

Los equipos de bombeo montados sobre el cárcamo general del agua ya potabilizada distribuyéndola a las plantas de rebombeo "Cruces" y "Renacimiento" para el suministro correspondiente.

Ahora bien, es aquí donde resalta la importancia de que los funcionarios de CAPAMA, deben profesionalizarse, es decir que los directivos deben ser técnicos, no deben ser nombrados por afinidad política, como sucedió en esta administración, ya que al organismo llego gente por cubrir las cuotas de posiciones.

NO PODÍA FALTAR EL HUMOR

REPARTO DE HIPOCLORITO DE SODIO Y CLORACIÓN EN TANQUES.

Amatillo

Comunidad: Amatillo suministro de hipoclorito de sodio para la cloración del tanque de almacenamiento y distribución de agua potable en la comunidad.

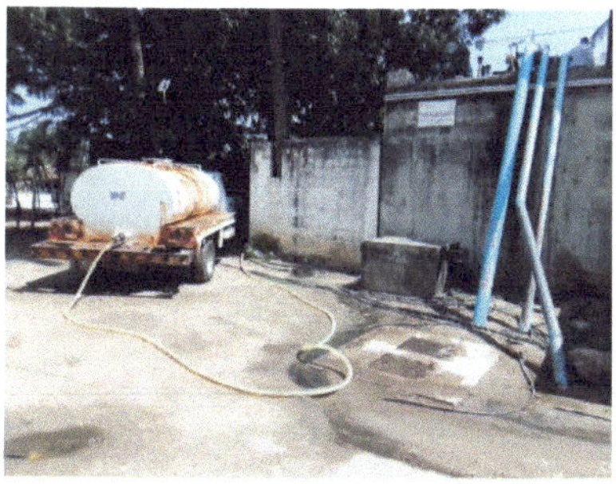

Oaxaquillas

Centro de Salud del poblado de Oaxaquillas suministro de hipoclorito de sodio en el centro de salud para repartir a los vecinos y el mantenimiento de la limpieza y desinfección de diversas áreas.

Tasajeras

Suministro de hipoclorito al poblado tasajeras se deja el reactivo en casa del operador del tanque para que realice la cloración y esta quede de manera adecuada.

Vista Alegre

Suministro de hipoclorito de sodio en la casa encargada para repartir el reactivo y se realice la cloración en los recipientes en sus casas particulares del poblado.

El Ranchito

Suministro de hipoclorito en casa de operador para realizar cloración en depósitos de los pobladores

Agua caliente

Se realiza suministro de hipoclorito de sodio al centro de salud para realizar la cloración en el poblado.

San Pedro las Playas

Se realiza suministro de hipoclorito de sodio en casa del operador para que sea él quien efectúe la cloración.

CAPÍTULO III

14.-DRENAJE SANITARIO

ANTECEDENTES

Tomando en cuenta la información existente en el organismo, así como entrevistando al personal de campo con mayor antigüedad, complementados con recorridos a los sitios, se elaboró el presente diagnóstico del drenaje sanitario.

COLECTORES: Se tienen instalados 15 colectores principales, con una longitud total de 92 km, en su mayoría con tuberías de concreto y diámetro que varían desde 45 a 213 cm, su estado físico está muy deteriorado, ya que tienen más de 40 años de servicio, lo que ha provocado grandes colapsos de algunos tramos importantes, en temporada de lluvias hemos tenido presencia de socavones importantes, en las principales calles y avenidas del municipio.

En redes de atarjeas se tienen instalados 2,044 km de tuberías de 20 y 30 cm de diámetro, la gran mayoría de estas, sobre todo en colonias de mayor antigüedad son de concreto simple, se encuentran afectadas por el ataque que sufren por los gases que libera el drenaje, además del escaso diámetro que reduce de manera importante el fluido.

Es importante mencionar que a partir del año 2013 se inició la aplicación de los recursos del Fondo Español, en zonas de alta marginación del Valle de la Sabana, a la fecha los resultados no fueron los esperados, ya que las obras no están operando al 100 %, este tema está muy complicado de diagnosticar, ya que en el organismo no existe en realidad información acerca del beneficio de la población de varias colonias, el drenaje de Cd. Renacimiento fue renovado tanto en colectores como en su red de atarjeas, así mismo se está beneficiando los polígonos Zapata, Paso limonero, la venta, Lázaro Cárdenas, la Mica, Nopalitos, Industrial, entre muchas otras colonias, que incluyo el fondo español.

Se atendieron socavones constantes que se presentaron, aunque no fuera época de lluvias, sino por el colapso de la tubería de drenaje.

CÁRCAMOS DE BOMBEO

Se tienen 14 cárcamos construidos, 5 en la zona urbana y el resto en la zona conurbada. De estos cárcamos se bombean las aguas hacia los colectores principales para su conducción hacia las plantas de tratamiento de aguas residuales. Por falta de mantenimiento requieren una urgente rehabilitación dentro de los más apremiantes son los cárcamos Nao Trinidad (durante mi gestión fue mejorado una parte del equipo de bombeo) y Malaespina, requieren desde sustitución de nuevas bombas y líneas de conducción, rehabilitación de desarenadores, temas estructurales, etc.

Durante una de las presentaciones, realice el siguiente Programa de Obra Anual 2019, 2020, **emergente** para satisfacer las necesidades mínimas, para mejorar el drenaje sanitario.

En la tabla resumen siguiente se presenta las cantidades estimadas, la verdad de las cosas, no encontré apoyo, con el ramo XXXIII, se podían haber realizado muchas mejoras al organismo.

Obviamente, no se contó con el apoyo del ayuntamiento para ser incluidos en su presupuesto de egresos.

OBRA PROPUESTA	MONTO SOLICITADO 2019 (MDP)	MONTO SOLICITADO 2020 (MDP)
1.-REHABILITACIÓN DE PRINCIPALES COLECTORES SANITARIOS EN ZONAS URBANA Y CONURBADA.	$150	
2.-SUSTITUCIÓN DE 4 km DE LA LÍNEA DE BOMBEO DE 36" DE CÁRCAMO NAO TRINIDAD A COLECTOR III CUAUHTÉMOC	$100	
3.-SUSTITUCIÓN DE LA LÍNEA DE BOMBEO DE 40" DE CÁRCAMO MALAESPINA A PTAR AGUAS BLANCAS		$50
4.-CONSTRUCCIÓN DE INFRAESTRUCTURA PARA INCREMENTO DE COBERTURA	$100	$100
5.-REHABILITACIÓN DE 14 CÁRCAMOS DE BOMBEO DE AGUAS RESIDUALES.	$100	$100
PROYECTOS A EJECUTAR POR CAPAMA		
6.-ELABORACIÓN DE PROYECTOS	$40	$50
TOTAL	$490	$300

En la gráfica anterior se describen de manera general los colectores II y III, así como los cárcamos de rebombeo Nao Trinidad y Mala espina, de igual manera se ubican los colectores, cumbres, Papagayo y Ruiz Cortines.

15.-COLECTOR COSTERO TRAMO BASE NAVAL A CÁRCAMO NAO TRINIDAD.

PROBLEMÁTICA

El Colector sanitario II, que comienza en el Fraccionamiento Las Brisas y descarga en el Cárcamo de Nao Trinidad, debido a que se encuentra en una zona baja constantemente presenta acumulación de azolves, lo que reduce su capacidad hidráulica, provocando desbordamiento en la Av. Costera Miguel Alemán. Asimismo, es un colector que tiene más de 30 años en operación, lo que lo hace obsoleto para la creciente demanda de la población 7,047 viviendas, INEGI 2010, con una tasa de crecimiento estimada del 2.0 %, tendríamos una población de aproximadamente 7,200 viviendas, cada vivienda ocupada por mínimo 4 personas tendíamos una población del orden de 28,800.

Este colector se tiene que estar desazolvando al inicio de cada temporada vacacional

Por lo anterior, se propone rehabilitar el tramo comprendido entre la Base Naval hacia el Cárcamo Nao Trinidad.

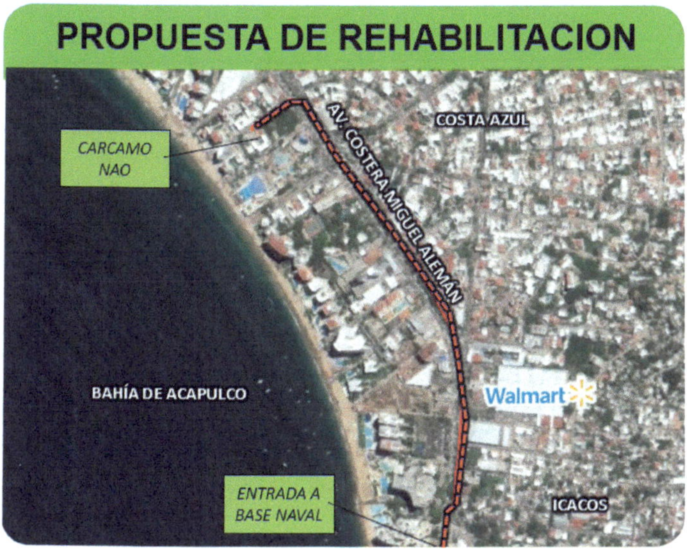

16.- LÍNEA DE CONDUCCIÓN DE AGUAS RESIDUALES EN TUBERÍA DE 36" DE DIÁMETRO DEL CÁRCAMO NAO TRINIDAD A LA AVENIDA CUAUHTÉMOC ESQUINA AVENIDA UNIVERSIDAD.

PROBLEMÁTICA

Se requiere aumentar el diámetro de la línea de conducción a 36", debido a que su capacidad de conducción ya no es suficiente para la creciente aportación de aguas residuales por parte de la población. La zona de influencia comprende desde la Col. Condesa hasta el Fracc. Las Brisas (12,836 viviendas, INEGI 2010), por lo que se requiere su atención inmediata para evitar desbordamientos de aguas residuales hacia las Playas Condesa e Icacos esta última playa cuenta con la certificación Blue Flag, ya que la vida útil del colector existente se encuentra actualmente rebasada, considerando que su vida útil ha concluido.

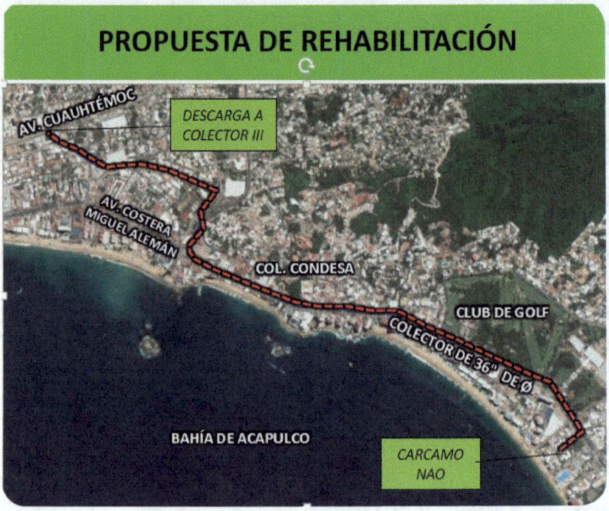

CÁRCAMOS DE BOMBEO

1. **MALAESPINA:** Requiere sustitución de sistema de retiro de sólidos y desarenador, así como la rehabilitación de cárcamo, Subestación, CCM, sustitución de 5 bombas de 250 lps cada una, accesorios de succión y descarga y la modernización de instalaciones.

2. **PTO. MARQUÉS:** Requiere la rehabilitación de rejillas y sustitución de 3 bombas de 15 lps cada una.

3. **LAS AMÉRICAS**: Requiere, construcción de rejillas y sustitución de 3 bombas de 30 lps cada una.

4. **FOVISSSTE PALOMARES**: Requiere, construcción de rejillas y sustitución de 3 bombas de 20 lps cada una.

5. **NAO TRINIDAD**: Requiere sustitución de sistema de retiro de sólidos y desarenador, así como la sustitución de 4 bombas de 300 lps cada una.

6. **PIEDRA ROJA**: Requiere la rehabilitación del cárcamo, rejillas, pozos de visita y desvío y sustitución de 3 bombas de 50 lps cada una.

7. **CAYACO**: Requiere la rehabilitación del cárcamo, rejillas, subestación, CCM y rediseño electromecánico de acuerdo con las necesidades actuales de gasto.

8. **ALEJO PERALTA**: Requiere la rehabilitación de rejillas y sustitución de 3 bombas de 10 lps cada una.

9. **MISIÓN DEL MAR**: Requiere la rehabilitación de cárcamo, rejillas y sustitución de 3 bombas de 20 lps cada una.

10. **GAVIOTAS II**: Requiere la rehabilitación de cárcamo, rejillas y sustitución de 3 bombas de 20 lps cada una.

11. **JOYAS DEL MARQUÉS**: Requiere la rehabilitación de cárcamo, rejillas y sustitución de 3 bombas de 20 lps cada una.

12. **GAVIOTAS I**: Requiere la rehabilitación de cárcamo, rejillas y sustitución de 3 bombas de 20 lps cada una.

13. **COSTA DORADA**: Requiere la rehabilitación de cárcamo, rejillas y sustitución de 3 bombas de 20 lps cada una.

14. **MARQUESA**: Requiere la rehabilitación de cárcamo, rejillas y sustitución de 3 bombas de 20 lps cada una.

17.-DERIVACIÓN DE COLECTOR SANITARIO DE 1.52 M DE DIÁMETRO DE CALLE GÓMEZ MORÍN A CALLE JUAN SEBASTIÁN ELCANO Y VASCO NÚÑEZ DE BALBOA

PROBLEMÁTICA

El colector Papagayo que actualmente se incorpora al interior del Parque en la Calle Gómez Morín y que tiene salida hacia la calle Sebastián Elcano, no ha recibido mantenimiento, ya que el acceso a las instalaciones del Parque se ha restringido al personal de la CAPAMA. Aunado a esto se propone desviar el Colector por la Costera y aumentar el diámetro a 1.52 m para la creciente aportación de aguas residuales de la zona. La zona de influencia del Colector comprende desde la Col. Condesa hasta el Fracc. Magallanes.

18.-PROBLEMÁTICA DE UBICACIÓN DE COLECTORES SANITARIOS Y OPERACIÓN MANTENIMIENTO DE INFRAESTRUCTURA DEL PARQUE PAPAGAYO

El parque Papagayo es un OPD (organismo público descentralizado), una instalación de recreación familiar del Estado, y cuenta con instalaciones propias de distribución de agua potable suministrada por el municipio así como también de alcantarillado sanitario y planta de tratamiento de sus aguas residuales diseñada para satisfacer su propia demanda de riego de áreas verdes, al paso de los años dejo de operar, su planta de tratamiento de aguas residuales, por la falta de inversión en su mantenimiento; el desalojo de sus aguas servidas no se vio afectada toda vez que desde su construcción, debido al paso a desnivel vial que existió hasta el año de 1997 sobre la avenida costera, se integró al parque el colector sanitario de 91 cm, de diámetro que conduce las aguas negras desde la zona de la condesa hasta el cárcamo de rebombeo Malaespina.

A través de los años se fueron construyendo nuevas instalaciones invadiendo el trazo de este colector, dificultando y en algunos puntos imposibilitando su mantenimiento preventivo y correctivo, ocasionando derrames de aguas residuales sobre la avenida costera en puntos anteriores a la ubicación del parque e incluso en la propia bahía.

En el año de 1995 fue construido el colector sanitario de 91 cm de diámetro que conduce las aguas negras desde la colonia Cumbres de Figueroa y de igual forma su destino el cárcamo de rebombeo Malaespina, y por la topografía natural de la zona se vio la necesidad de cruzar también por las instalaciones del parque.

El 13 de diciembre de 2018 se presentó un abundante escurrimiento hacia la bahía, se realizó una inspección donde se observó que una cantidad importante provenía de las instalaciones del parque, encontrando que el origen de estas se debió a que se estaba realizando el achique del espejo de agua del lago (estanque) intermedio para su mantenimiento previo a la temporada turística, el volumen aproximado extraído de 4,120 m^3, rebaso la capacidad de conducción de nuestro colector toda vez que este prácticamente trabaja a tubo lleno, derramándose hacia el canal pluvial y finalmente descargar la mezcla de los estanques con aguas negras a la bahía en el punto conocido como

TRAYECTORIA DE COLECTOR SANITARIO DE 91 CMS.

Imágenes del trazo del colector sanitario de 91 cms. de diámetro, de concreto simple, ubicado al interior del parque Papagayo cuyas instalaciones fueros construidas por encima de dicha tubería, y precisamente dada la edad de la misma y la complejidad para su respectivo mantenimiento es que se propone la sustitución total, aumento del diámetro y trazo.

UBICACIÓN DE COLECTORES EN EL INTERIOR DEL PARQUE PAPAGAYO

TRAYECTORIA DE COLECTOR SANITARIO DE 76 CMS

Imágenes del trazo del colector Cumbres de 91 cms. De diámetro, de concreto reforzado y con junta hermética, ubicado en andadores al interior del Parque Papagayo.

PROPUESTA DE MODIFICACIÓN DE UBICACIÓN DE COLECTOR

CROQUIS DE ELEMENTOS DEL PARQUE PAPAGAYO

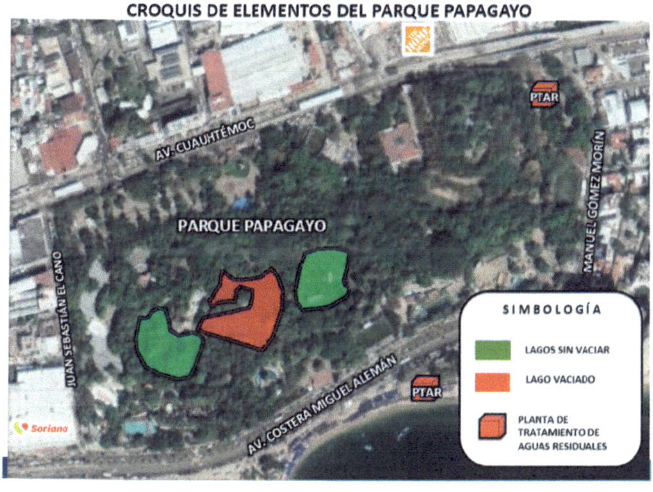

LAGO INTERMEDIO VACIADO

Achique de espejo de agua de lago intermedio para fines de mantenimiento, desalojando un área aproximada de 6870.0 m2 equivalente a 4,120.0 m3 al colector sanitario.

PLANTA DE TRATAMIENTO DE AGUAS RESIDUALES

Aspecto de los elementos e instalaciones que conforman la planta de tratamientos de aguas residuales del Parque Papagayo fuera de servicio.

TRAYECTORIA DE COLECTOR SANITARIO DE 91 CMS.

Imágenes del trazo del colector sanitario de 91 cms. de diámetro, de concreto simple, ubicado al interior del parque Papagayo cuyas instalaciones fueros construidas por encima de dicha tubería, y precisamente dada la edad de la misma y la complejidad para su respectivo mantenimiento es que se propone la sustitución total, aumento del diámetro y trazo.

19.- CRECIMENTO DE LA MANCHA URBANA

Otro de los grandes problemas que atraviesa el municipio es el crecimiento de la mancha urbana, el cual ha estado desarrollándose sin control alguno, en las siguientes fotos se puede observar como ejemplo este fenómeno, en que afecta, bueno, pues, el diseño de su drenaje ya quedo rebasado por mucho al duplicarse prácticamente el número de habitantes.

La población existente en 1981 en la zona de Condesa, Chinameca, Costa Azul, Icacos y Fraccionamiento Las Brisas, era de 32,000 habitantes aproximadamente, sobre ese número de la población seguramente se efectuó el diseño de los colectores de drenaje.

Sin embargo, estas condiciones han quedado rebasadas y por mucho, esto nos lleva a que el sistema de drenaje, este constantemente colapsado y sea insuficiente.

La población actual (2020), se presenta que hay un evidente crecimiento por colonias y fraccionamientos de nueva creación, como Hermenegildo Galeana, Alta Icacos, Balcones de Costa Azul, Ampliación Praderas de Costa Azul, Pedregal de Guadalupe, Reforma de Costa Azul, Ejército Nacional, Nuevo Centro Población 23 de noviembre,

Unidad Habitacional La Marina, XXVII Zona Militar y su unidad Habitacional, Joyas de Brisamar, Escénica, actualmente los habitantes son de aproximadamente 65,000.

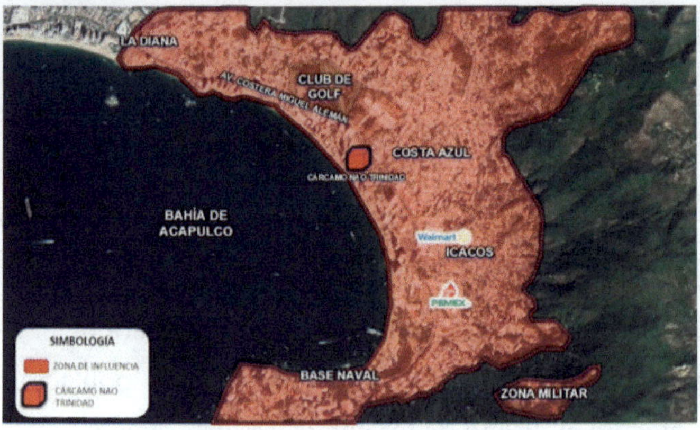

DRENAJE COLAPSADO EN COSTA AZUL

20.-PLANTAS DE TRATAMIENTO DE AGUAS RESIDUALES

Para resolver el problema de las aguas residuales de las distintas redes de atarjeas y colectores que integran el sistema de alcantarillado sanitario, es necesario sean canalizadas a las plantas de tratamiento para el debido saneamiento y sean posteriormente depositadas en cuerpos receptores o su reúso correspondiente.

El municipio de Acapulco cuenta con 19 plantas de tratamiento, las cuales requieren rehabilitación y mantenimiento para su adecuado funcionamiento, a continuación se describen cada una de las plantas de tratamiento, su estado actual y los requerimientos necesarios para su óptimo funcionamiento, es necesario comentar que en este 2020, se entregaron por parte de CAPASEG al organismo, dos PTAR adicionales a las existentes, la de Tres Palos y la Colosio aunque esta última con muchos detalles de construcción, equipamiento y mal funcionamiento.

NOMBRE DE LA PTAR	DISEÑO (LPS)	OPERACIÓN (LPS)	STATUS ACTUAL	AÑO DE CONSTRUCCIÓN
1.- AGUAS BLANCAS	1350	550	41 %	1990
2.-COLOSO	90	45	50 %	1983
3.-JABONERA	40	30	75 %	1983
4.-KM 30	20	12	60 %	2005
5.-LA MIRA	20	6	30 %	
6.-LÍMITE SUR	**15**	**0**	**0 %**	**1983**
7.-LOS ARCOS	20	20	100 %	
8.- MIRAMAR	**50**	**0**	**0 %**	**2005**
9.-PASO LIMONERO	**20**	**0**	**0 %**	**2005**
10.-PIE DE LA CUESTA	50	9	18 %	2005
11.-PUERTO MARQUÉS	10	10	100 %	1985
12.-PUENTE DEL MAR	7	7	100 %	2007
13.-REAL HACIENDA	20	20	100 %	1996
14.-RENACIMIENTO	475	215	45 %	1984
15.-RINCONADA DEL MAR	12	0	0%	
16.- SAN AGUSTÍN	40	0	0 %	
17.-TECNOLÓGICO	40	25	63 %	
18.-VICENTE GRO.	14	0	0	
19.-XALTIANGUIS	12.5	7	56 %	2008
20.- TRES PALOS				2020
21.-COLOSIO				2020

Planta de Tratamiento de Aguas Residuales "Aguas Blancas"

CARACTERISTICAS

LOCALIDAD:	Acapulco de Juárez
MUNICIPIO:	Acapulco de Juárez
TIPO DE TRATAMIENTO:	AEREACION EXTENDIDA
GASTO DE DISEÑO:	1,350 LPS
AÑO DE CONSTRUCCION:	1990
POBLACION SERVIDA:	600,000 HABITANTES
GASTO DE OPERACION:	550 LPS

SITUACIÓN ACTUAL

La planta esta operando con 550 lps, una calidad de agua de entrada de 228 mg/l de DBO5 y 274 mg/l de SST. Una remoción del 91% en ambos parámetros. Con una producción de lodos deshidratados de 2100 toneladas mensuales aprox.

PROBLEMÁTICA

Presenta problemas de diseño en el pretratamiento que pone en riesgo el equipo electromecánico, hay equipos fuera de servicio, como cribas, bombas de agua cruda, requiere mantenimiento correctivo al sistema de lodos, sopladores, utiliza camiones rentados para el retiro de lodos y arenas.

Planta de Tratamiento de Aguas Residuales "Pie de la Cuesta"

CARACTERISTICAS

LOCALIDAD:	Acapulco de Juárez
MUNICIPIO:	Acapulco de Juárez
TIPO DE TRATAMIENTO:	AEREACION EXTENDIDA
GASTO DE DISEÑO:	50 LPS
AÑO DE CONSTRUCCION:	2005
POBLACION SERVIDA:	23750 HABITANTES
GASTO DE OPERACION:	35 LPS

SITUACION ACTUAL

La planta esta operando con 35 lps, una calidad de agua de entrada de 290 mg/l de DBO5 y 295 mg/l de SST. Una remoción del 91% en ambos parámetros. Y una producción de lodos deshidratados de 21, 200 kg mensuales aprox.

DIAGNOSTICO

Se requiere la reparación de un aereador de 25 HP, y la reparación de dos bombas sumergible de aguas crudas de 25 HP, y la compra de una bomba de recirculación de lodos de 10 HP, sustitución de equipos de agua cruda por equipo tragasolidos.

Planta de Tratamiento de Aguas Residuales "Puerto Marqués"

CARACTERISTICAS

LOCALIDAD:	Acapulco de Juárez
MUNICIPIO:	Acapulco de Juárez
TIPO DE TRATAMIENTO:	AEREACION EXTENDIDA
GASTO DE DISEÑO:	10 LPS
AÑO DE CONSTRUCCION:	1985
POBLACION SERVIDA:	4750 HABITANTES
GASTO DE OPERACION:	9 LPS

SITUACION ACTUAL

La planta esta operando con 9 lps, una calidad de agua de entrada de 285 mg/l de DBO5 y 292 mg/l de SST. Una remoción del 91% en ambos parámetros. Y una producción de lodos deshidratados de 5, 900 kg mensuales aprox.

DIAGNOSTICO

Se requiere la rehabilitación de tres aereadores de 7.5 HP, el motor del puente del clarificador de ¾ de HP, la reparación de dos bombas de aguas crudas 5 HP. Reparación de dos bombas de recirculación de lodos de 7.5 HP

Planta de Tratamiento de Aguas Residuales "Coloso"

CARACTERISTICAS

LOCALIDAD:	Acapulco de Juárez
MUNICIPIO:	Acapulco de Juárez
TIPO DE TRATAMIENTO:	AEREACION EXTENDIDA
GASTO DE DISEÑO:	90 LPS
AÑO DE CONSTRUCCION:	1983
POBLACION SERVIDA:	42750 HABITANTES
GASTO DE OPERACION:	60 LPS

SITUACION ACTUAL

La planta esta operando con 60 lps, una calidad de agua de entrada de 279 mg/l de DBO5 y 292 mg/l de SST. Una remoción del 91% en ambos parámetros. Y una producción de lodos deshidratados de 51,700 kg mensuales aprox.

DIAGNOSTICO

Se requiere rehabilitación de los equipos electromecánicos: Tres aireadores de 30 HPs, Dos sopladores de 15 HPs y la adquisición de dos bombas de aguas crudas de 10 HPs, tres de recirculación de lodos de 7.5 HPs, Dos sopladores de 15 HPs, y tres bombas dosificadoras de hipoclorito de sodio. Así como mantenimiento al sistema de difusores de aire del reactor biológico y mantenimiento al sistema de rastras de los tres sedimentadores secundarios.

Planta de Tratamiento de Aguas Residuales "Jabonera"

CARACTERISTICAS

LOCALIDAD:	Acapulco de Juárez
MUNICIPIO:	Acapulco de Juárez
TIPO DE TRATAMIENTO:	AEREACION EXTENDIDA
GASTO DE DISEÑO:	40 LPS
AÑO DE CONSTRUCCION:	1983
POBLACION SERVIDA:	19000 HABITANTES
GASTO DE OPERACION:	35 LPS

SITUACION ACTUAL

La planta esta operando con 35 lps, una calidad de agua de entrada de 274 mg/l de DBO5 y 292 mg/l de SST. Una remoción del 91.6% en ambos parámetros. Y una producción de lodos deshidratados de 21, 724 kg mensuales aprox.

DIAGNOSTICO

Se requiere rehabilitación de los equipos electromecánicos, como son : un aereador, 1 soplador y la adquisición de una bomba de aguas crudas de 5 HPs, dos de recirculación de lodos de 7.5 HPs, dos sopladores de 15 HPs y dos bombas dosificadoras de hipoclorito de sodio. Así como mantenimiento al sistema de difusores de aire del reactor biológico y mantenimiento al sistema de rastras de los dos sedimentadores secundarios.

Planta de Tratamiento de Aguas Residuales "Kilometro 30"

CARACTERISTICAS

LOCALIDAD:	Acapulco de Juárez
MUNICIPIO:	Acapulco de Juárez
TIPO DE TRATAMIENTO:	AEREACION EXTENDIDA
GASTO DE DISEÑO:	**25 LPS**
AÑO DE CONSTRUCCION:	**2005**
POBLACION SERVIDA:	**6301 HABITANTES**
GASTO DE OPERACION:	**10 LPS**

SITUACION ACTUAL

La planta esta operando con 15 lps, una calidad de agua de entrada de 284 mg/l de DBO5 y 292 mg/l de SST. Una remoción del 93% en ambos parámetros. Y una producción de lodos deshidratados de 13, 000 kg mensuales aprox.

DIAGNOSTICO

Se requiere rehabilitación de los equipos electromecánicos, como son : Dos aereadores de 30 HPs, dos bomba de recirculación de lodos de 7.5 HPs y la adquisición de dos aereadores de 30 HPs, unja bomba sumergible de 1 HP, dos bomba de recirculación de lodos de 7.5 HPs, y Una bomba dosificadora de hipoclorito de sodio.
Así como la rehabilitación del filtro banda .

Planta de Tratamiento de Aguas Residuales "Limite Sur"

CARACTERISTICAS

LOCALIDAD:	Acapulco de Juárez
MUNICIPIO:	Acapulco de Juárez
TIPO DE TRATAMIENTO:	AEREACION EXTENDIDA
GASTO DE DISEÑO:	**15 LPS**
AÑO DE CONSTRUCCION:	**1983**
POBLACION SERVIDA:	**7125 HABITANTES**
GASTO DE OPERACION:	**8 LPS**

SITUACION ACTUAL

La planta esta operando con 8 lps, una calidad de agua de entrada de 276 mg/l de DBO5 y 292 mg/l de SST. Una remoción del 90% en ambos parámetros. Y una producción de lodos deshidratados de 7, 000 kg mensuales aprox.

DIAGNOSTICO

Se requiere rehabilitación de los equipos electromecánicos, como son : Dos aireadores, dos bombas de recirculación de lodos y la adquisición de dos bomba de aguas crudas de 5 HPs, dos de recirculación de lodos de 3 HPs, dos aireadores de 15 HPs y una bomba dosificadora de hipoclorito de sodio . Así como mantenimiento al sistema de rastras del sedimentador secundario. Reposición del cableado del CCM al aereador.

Planta de Tratamiento de Aguas Residuales "Paso Limonero"

CARACTERISTICAS

LOCALIDAD:	Acapulco de Juárez
MUNICIPIO:	Acapulco de Juárez
TIPO DE TRATAMIENTO:	AEREACION EXTENDIDA
GASTO DE DISEÑO:	**25 LPS**
AÑO DE CONSTRUCCION:	**2005**
POBLACION SERVIDA:	**11875 HABITANTES**
GASTO DE OPERACION:	**22 LPS**

SITUACION ACTUAL

La planta esta operando con 22 lps, una calidad de agua de entrada de 286 mg/l de DBO5 y 293 mg/l de SST. Una remoción del 91% en ambos parámetros. Y una producción de lodos deshidratados de 13, 000 kg mensuales aprox.

DIAGNOSTICO

Se requiere rehabilitación de los equipos electromecánicos, como son : un aereadores de 30 HPs, dos bomba de recirculación de lodos de 5 HPs y una bomba de aguas crudas de 15 HPs y la adquisición de dos aireadores de 30 HPs, dos bomba de aguas crudas de 15 HPs, dos bomba de recirculación de lodos de 5 HPs, y Una bomba dosificadora de hipoclorito de sodio. Así como mantenimiento al sistema de rastras del sedimentador secundario.

Planta de Tratamiento de Aguas Residuales "Miramar"

CARACTERISTICAS

LOCALIDAD:	Acapulco de Juárez
MUNICIPIO:	Acapulco de Juárez
TIPO DE TRATAMIENTO:	AEREACION EXTENDIDA
GASTO DE DISEÑO:	50 LPS
AÑO DE CONSTRUCCION:	2005
POBLACION SERVIDA:	23750 HABITANTES
GASTO DE OPERACION:	0 LPS

SITUACION ACTUAL

La planta esta Fuera de servicio con una calidad de agua de entrada de 285 mg/l de DBO5 y 292 mg/l de SST.

DIAGNOSTICO

Fuera de servicio por robo de cableado de toda la planta, además de tener adeudo con la CFE, se requiere rehabilitación de dos equipos de aguas crudas de 25 HP, 3 bombas de recirculación de lodos de 7.5 HP, 2 bombas de aguas tratada verticales de 25 HP.

Planta de Tratamiento de Aguas Residuales "Puente del Mar"

CARACTERISTICAS

LOCALIDAD:	Acapulco de Juárez
MUNICIPIO:	Acapulco de Juárez
TIPO DE TRATAMIENTO:	AEREACION EXTENDIDA
GASTO DE DISEÑO:	12 LPS
AÑO DE CONSTRUCCION:	2007
POBLACION SERVIDA:	5700HABITANTES
GASTO DE OPERACION:	4 LPS

SITUACION ACTUAL

La planta esta operando con 4 lps. una calidad de agua de entrada de 292 mg/l de DBO5 y 296 mg/l de SST. Una remoción del 92% en ambos parámetros. Y una producción de lodos deshidratados de 5, 169 kg mensuales aprox.

DIAGNOSTICO

Se requiere rehabilitación de los equipos electromecánicos, como son : Dos sopladores de 15 HPs, y una bomba sumergible para aguas crudas de 7.5 HPs y la adquisición de dos sopladores de 15 HPs, una bomba sumergible de aguas crudas de 7.5 HPs, y una bomba dosificadora de hipoclorito de sodio. Así como mantenimiento al sistema de difusores de aire del reactor biológico.

Planta de Tratamiento de Aguas Residuales Real Hacienda

CARACTERISTICAS

LOCALIDAD:	Acapulco de Juárez
MUNICIPIO:	Acapulco de Juárez
TIPO DE TRATAMIENTO:	AEREACION EXTENDIDA
GASTO DE DISEÑO:	20 LPS
AÑO DE CONSTRUCCION:	1996
POBLACION SERVIDA:	9500 HABITANTES
GASTO DE OPERACION:	14 LPS

SITUACION ACTUAL

La planta esta operando con 14 lps. una calidad de agua de entrada de 289 mg/l de DBO5 y 296 mg/l de SST. Una remoción del 91% en ambos parámetros. Y una producción de lodos deshidratados de 12, 218 kg mensuales aprox.

DIAGNOSTICO

Se requiere rehabilitación de los equipos electromecánicos, como son : Dos sopladores de 20 HPs, una bomba de recirculación de lodos de 3 HPs y la bomba de agua cruda de 15 HPs y la adquisición de dos sopladores de 20 HPs, dos bombas de aguas crudas de 15 HPs, dos de recirculación de lodos de 3 HPs y una bomba dosificadora de hipoclorito de sodio. Así como mantenimiento al sistema de difusores de aire del reactor biológico y mantenimiento al sistema de rastras de los dos sedimentadores secundarios.

Planta de Tratamiento de Aguas Residuales "Renacimiento"

CARACTERISTICAS

LOCALIDAD:	Acapulco de Juárez
MUNICIPIO:	Acapulco de Juárez
TIPO DE TRATAMIENTO:	AEREACION EXTENDIDA
GASTO DE DISEÑO:	**475 LPS**
AÑO DE CONSTRUCCION:	**1984**
POBLACION SERVIDA:	**256,756 HABITANTES**
GASTO DE OPERACION:	**320 LPS**

SITUACION ACTUAL

La planta esta operando con 320 lps, una calidad de agua de entrada de 251 mg/l de DBO5 y 290 mg/l de SST. Una remoción del 91% en ambos parámetros. Y una producción de lodos deshidratados de 360, 000 kg mensuales aprox.

PROBLEMATICA

Se requiere rehabilitación de los equipos electromecánicos, como son : dos rejillas mecánicas, el tornamesa del desarenador #2, bomba extractora de arenas #2 de 15 HP, clasificador de arenas,3 aereadores de 40HP, 3 aereadores de 30 HP, bomba de recirculación de lodos de 25 HP vertical y una sumergible de 20HP, centro de giro del clarificador #2, bomba de aguas crudas sumergible de 60HP, motor de ¾ HP, urge la compra de un filtro banda #1 y 2,bombas de lavado de bandas de 20y10HP, bombas dosificadores de hipoclorito de sodio, caseta de cloro-gas, bombas moyno de lodos 2 de 10HP y 1 de 15 HP, motorreductor de 1HP y la adquisición de 1 bomba sumergible de aguas crudas de 40HP,2 aereadores de 40HP, y 2 de 30HP, 1 bomba de recirculación de lodos de 25HP, 1 bomba extractora de arenas de 15HP,1 motor de ¾ HP, y otro de 1HP, bomba moyno de 15HP, 2 bombas de hipoclorito de sodio, 1 motobomba vertical de 20HP,2 juegos de bandas superior e inferior de 2.2 mtr. de ancho, bomba sumergible de 3HP.

Rehabilitación de laboratorio de Control y la compra de reactivos químicos.

Planta de Tratamiento de Aguas Residuales "Xaltianguis"

CARACTERISTICAS

LOCALIDAD:	Acapulco de Juárez
MUNICIPIO:	Acapulco de Juárez
TIPO DE TRATAMIENTO:	AEREACION EXTENDIDA
GASTO DE DISEÑO:	**9 LPS**
AÑO DE CONSTRUCCION:	**2008**
POBLACION SERVIDA:	**4275HABITANTES**
GASTO DE OPERACION:	**6 LPS**

SITUACION ACTUAL

La planta esta operando con 9 lps, una calidad de agua de entrada de 292 mg/l de DBO5 y 298 mg/l de SST. Una remoción del 91% en ambos parámetros. Y una producción de lodos deshidratados de 5, 000 kg mensuales aprox.

DIAGNOSTICO

Se requiere rehabilitación de los equipos electromecánicos, como son : Dos sopladores de 15 HPs, y una bomba de agua cruda de 10 HPs y la adquisición de dos sopladores de 15 HPs, dos bombas de aguas crudas de 10 HPs, y una bomba dosificadora de hipoclorito de sodio. Así como mantenimiento al sistema de difusores de aire del reactor biológico.

Planta de Tratamiento de Aguas Residuales "La Mira"

CARACTERISTICAS

LOCALIDAD:	Acapulco de Juárez
MUNICIPIO:	Acapulco de Juárez
TIPO DE TRATAMIENTO:	AEREACION EXTENDIDA
GASTO DE DISEÑO:	**25 LPS**
AÑO DE CONSTRUCCION:	**2005**
POBLACION SERVIDA:	**11875 HABITANTES**
GASTO DE OPERACION:	**10 LPS**

SITUACION ACTUAL

La planta esta operando con 10 lps, una calidad de agua de entrada de 284 mg/l de DBO5 y 292 mg/l de SST. Una remoción del 90% en ambos parámetros. Y una producción de lodos deshidratados de 13, 000 kg mensuales aprox.

DIAGNOSTICO

Se requiere rehabilitación de los equipos electromecánicos, como son : Dos aereadores de 30 HPs, dos bomba de recirculación de lodos de 7.5 HPs y la adquisición de dos aereadores de 30 HPs, unja bomba sumergible de 1 HP, dos bomba de recirculación de lodos de 7.5 HPs, y Una bomba dosificadora de hipoclorito de sodio. Así como mantenimiento al sistema de rastras del sedimentador secundario.

Planta de Tratamiento de Aguas Residuales "Rinconada del Mar"

CARACTERISTICAS

LOCALIDAD:	Acapulco de Juárez
MUNICIPIO:	Acapulco de Juárez
TIPO DE TRATAMIENTO:	AEREACION EXTENDIDA
GASTO DE DISEÑO:	**9 LPS**
AÑO DE CONSTRUCCION:	**1993**
POBLACION SERVIDA:	**4275 HABITANTES**
GASTO DE OPERACION:	**0 LPS**

SITUACION ACTUAL

La planta esta Fuera de servicio, una calidad de agua de entrada de 295 mg/l de DBO5 y 298 mg/l de SST.

DIAGNOSTICO

Se requiere rehabilitación de los equipos electromecánicos, como son : Cuatro sopladores de 10 HPs, y Dos bomba sumergible para aguas crudas de 5 HPs y la adquisición de cuatro sopladores de 10 HPs, dos bomba sumergible de aguas crudas de 5 HPs, y una bomba dosificadora de hipoclorito de sodio. Así como mantenimiento al sistema de difusores de aire del reactor biológico y de sedimentador.

Se requiere la rehabilitación completa de la planta.

Planta de Tratamiento de Aguas Residuales "San Agustín"

CARACTERISTICAS

LOCALIDAD:	Acapulco de Juárez
MUNICIPIO:	Acapulco de Juárez
TIPO DE TRATAMIENTO:	AEREACION EXTENDIDA
GASTO DE DISEÑO:	**40 LPS**
AÑO DE CONSTRUCCION:	**2011**
POBLACION SERVIDA:	**19000 HABITANTES**
GASTO DE OPERACION:	**0 LPS**

SITUACION ACTUAL

La planta esta Fuera de Servicio, una calidad de agua de entrada de 293 mg/l de DBO5 y 295 mg/l de SST.

DIAGNOSTICO

Se requiere rehabilitación de los equipos electromecánicos, como son : Tres sopladores de 20 HPs, Dos bombas de recirculación de lodos de 5 HPs y Dos bombas de agua cruda de 15 HPs y la adquisición de Dos sopladores de 20 HPs, dos bombas de aguas crudas de 15 HPs, Dos bombas de recirculación de 5 HPs y una bomba dosificadora de hipoclorito de sodio. Así como mantenimiento al sistema de difusores de aire del reactor biológico y mantenimiento al sistema de rastras de los dos sedimentadores secundarios.
Falta el cableado de bombas de aguas crudas, sopladores y recirculación de lodos.

Planta de Tratamiento de Aguas Residuales "Tecnológico"

CARACTERISTICAS

LOCALIDAD:	Acapulco de Juárez
MUNICIPIO:	Acapulco de Juárez
TIPO DE TRATAMIENTO:	AEREACION EXTENDIDA
GASTO DE DISEÑO:	**40 LPS**
AÑO DE CONSTRUCCION:	**1981**
POBLACION SERVIDA:	**19000 HABITANTES**
GASTO DE OPERACION:	**20 LPS**

SITUACION ACTUAL

La planta esta operando con 20 lps, una calidad de agua de entrada de 275 mg/l de DBO5 y 293 mg/l de SST. Una remoción del 90% en ambos parámetros. Y una producción de lodos deshidratados de 23000 kg mensuales aprox.

PROBLEMATICA

Se requiere rehabilitación de los equipos electromecánicos, como son: Un aereador, dos sopladores y la adquisición de una bomba de aguas crudas de 10 HPs, dos de recirculación de lodos de 7.5 HPs y dos bombas dosificadoras de hipoclorito de sodio. Así como mantenimiento al sistema de difusores de aire del reactor biológico y mantenimiento al sistema de rastras de los dos sedimentadores secundarios.

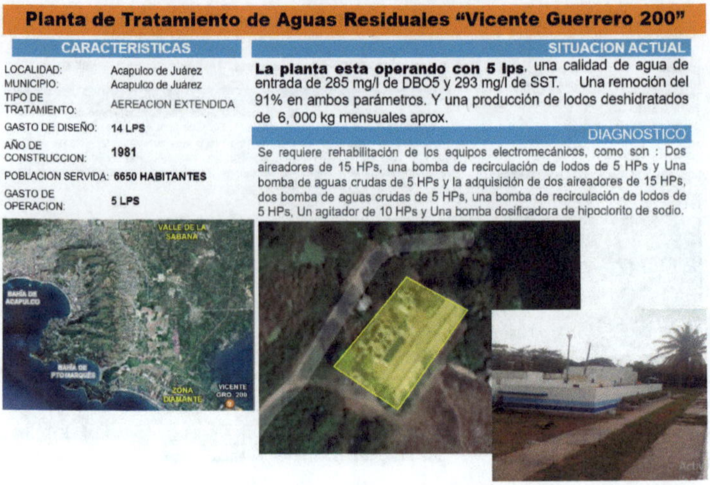

Bien, como lo hemos estado comentando, una vez que tenía la evaluación y diagnóstico completo, en lo que se refiere a la rehabilitación y construcción de obra civil de las mismas, preparé el siguiente Programa de Obra, este presupuesto sirvió de base para elaborar el proyecto que se presentó en ONU Hábitat, 2020 en Abu Dabi, del cual hablaremos más adelante en un capítulo especial.

NO.	DENOMINACIÓN DEL PROYECTO	RECURSO PROGRAMADO	COMENTARIOS
1	AMPLIACIÓN DE LA PTAR "PIE DE LA CUESTA", UN MÓDULO ADICIONAL DE 100 LPS PARA LLEGAR A UNA CAPACIDAD DE 150 LPS	$ 111.8 MDP	AMPLIACIÓN DE UN MÓDULO ADICIONAL
2	AMPLIACIÓN DE LA PTAR SAN AGUSTÍN, UN MÓDULO ADICIONAL DE 80 LPS PARA LLEGAR A UNA CAPACIDAD DE 120 LPS	$ 88.4 MDP	AMPLIACION DE UN MODULO ADICIONAL
3	REHABILITACIÓN DEL EQUIPAMIENTO ELECTROMECÁNICO Y OBRA CIVIL DE 18 PTAR	$ 675.87 MDP	
3.1	PTAR AGUAS BLANCAS	$ 28.8 MDP	REHABILITACIÓN EQUIPO ELECTROMECÁNICO Y OBRA CIVIL

3.2	PTAR RENACIMIENTO	**$ 91.37 MDP**	REHABILITACIÓN EQUIPO ELECTROMECÁNICO Y OBRA CIVIL
3.3	PTAR TECNOLÓGICO	**$ 28.3 MDP**	REHABILITACIÓN EQUIPO ELECTROMECÁNICO Y OBRA CIVIL
3.4	PTAR COLOSO	**$ 56.9 MDP**	REHABILITACIÓN EQUIPO ELECTROMECÁNICO Y OBRA CIVIL
3.5	PTAR JABONERA	**$ 24.6 MDP**	REHABILITACIÓN EQUIPO ELECTROMECÁNICO Y OBRA CIVIL
3.6	PTAR LÍMITE SUR	**$16.8 MDP**	REHABILITACIÓN EQUIPO ELECTROMECÁNICO Y OBRA CIVIL
3.7	PTAR PUERTO MARQUÉS	**$ 19.2 MDP**	REHABILITACIÓN EQUIPO ELECTROMECÁNICO Y OBRA CIVIL
3.8	PTAR REAL HACIENDA	**$ 18.5 MDP**	REHABILITACIÓN EQUIPO ELECTROMECÁNICO Y OBRA CIVIL
3.9	PTAR PASO LIMONERO	**$18.8 MDP**	REHABILITACIÓN EQUIPO ELECTROMECÁNICO Y OBRA CIVIL
3.10	PTAR KM 30	**$ 19.1 MDP**	REHABILITACIÓN EQUIPO ELECTROMECÁNICO Y OBRA CIVIL
3.11	PTAR LA MIRA	**$ 19.5 MD9**	REHABILITACIÓN EQUIPO ELECTROMECÁNICO Y OBRA CIVIL
3.12	PTAR PIE DE LA CUESTA	**$ 31.1 MDP**	REHABILITACIÓN EQUIPO ELECTROMECÁNICO Y OBRA CIVIL

3.13	PTAR XALTIANGUIS	**$ 14.6 MDP**	REHABILITACIÓN EQUIPO ELECTROMECÁNICO Y OBRA CIVIL
3.14	PTAR RINCONADA	**$ 7.3 MDP**	REHABILITACIÓN EQUIPO ELECTROMECÁNICO Y OBRA CIVIL
3.15	PTAR PUENTE DEL MAR	**$ 6.8 MDP**	REHABILITACIÓN EQUIPO ELECTROMECÁNICO Y OBRA CIVIL
3.16	PTAR VICENTE GRO 200	**$ 91.4 MDP**	REHABILITACIÓN EQUIPO ELECTROMECÁNICO Y OBRA CIVIL
3.17	PTAR MIRAMAR	**$ 91.4 MDP**	REHABILITACIÓN EQUIPO ELECTROMECÁNICO Y OBRA CIVIL
3.18	PTAR SAN AGUSTÍN	**$ 91.4 MDP**	REHABILITACIÓN EQUIPO ELECTROMECÁNICO Y OBRA CIVIL
4	**CONSTRUCCIÓN DE NUEVAS PTAR**	**$ 735 MDP**	
4.1	CUMBRES DE LLANO LARGO, MÓDULO DE 100 LPS	**$ 105.0 MDP**	CONSTRUCCIÓN PLANTA NUEVA
4.2	POBLADO BARRA VIEJA, MÓDULO DE 100 LPS	**$ 105.0 MDP**	CONSTRUCCIÓN PLANTA NUEVA
4.3	POBLADO LA BONFIL, MÓDULO DE 100 LPS	**$ 105.0 MDP**	CONSTRUCCIÓN PLANTA NUEVA
4.4	POBLADO LA POZA, MÓDULO DE 100 LPS	**$ 105.0 MDP**	CONSTRUCCIÓN PLANTA NUEVA
4.5	LLANO LARGO, MÓDULO DE 100 LPS	**$ 105.0 MDP**	CONSTRUCCIÓN PLANTA NUEVA
4.6	LA SABANA, MÓDULO DE 100 LPS	**$ 105.0 MDP**	CONSTRUCCIÓN PLANTA NUEVA
4.7	FCO. VILLA, PALMA SOLA, MORELOS, MÓDULO DE 100 LPS.	**$ 105.0 MDP**	CONSTRUCCIÓN PLANTA NUEVA
		GRAN TOTAL	**$ 1,611.07 MDP**

Rehabilitarán la planta tratadora Miramar; CAPAMA

Acapulco, Gro., 2 de noviembre de 2019.- *Derivado de las gestiones encabezadas por la alcaldesa, Adela Román Ocampo, ante la federación, se rehabilitará la planta tratadora Miramar, informó el director de la Comisión de Agua Potable y Alcantarillado de Acapulco (CAPAMA), Leonel Galindo González.*

Galindo González indicó que la CAPAMA ha participado en mesas y reuniones de trabajo con funcionarios estatales y federales para atender la problemática de los ejidatarios de Cayaco y Llano Largo, a quienes se les ha explicado la situación que atraviesa dicha planta tratadora y las soluciones alternativas que se han implementado como el canalizar las aguas negras a otras instalaciones de saneamiento.

"Hemos estado participando en reuniones tanto en su comunidad como en Protur, hemos estado ahí con autoridades, federales, estatales y municipales y obviamente CAPAMA atendiendo esas solicitudes y a raíz de todas estas gestiones, de todas estas peticiones se solicitó a SEDATU y ahorita afortunadamente me acabo de enterar alrededor de 15 días de que está incluida la rehabilitación de Miramar".

El titular de CAPAMA destacó que la presidenta municipal, Adela Román Ocampo, ha instruido buscar una solución definitiva a la problemática, misma que llegará en los próximos meses, mediante un proyecto de rehabilitación a la planta en mención, con recursos federales a través de la Secretaría de Desarrollo Agrario, Territorial y Urbano (SEDATU).

Galindo González añadió que, "gracias a la gestión de nuestra presidenta municipal, la licenciada Adela Román Ocampo, se incluyó que la planta Miramar, el proyecto, la rehabilitación, fuera con recursos federales a través de SEDATU. Va a invertir ahorita en estos meses, a fin de año va a invertir una cantidad de dinero, ya empezó en las partes altas con algunas calles, dentro de su propuesta está la rehabilitación de la planta Miramar".

Leonel Galindo dijo que, en cumplimiento a las indicaciones, el equipo técnico y operativo de CAPAMA, buscará solucionar las diversas problemáticas hidráulicas y sanitarias que arrastra Acapulco desde hace muchos años.

Las gestiones realizadas, fueron ante la SEDATU, debido a que, desde la inauguración de la planta tratadora en el 2004, no ha tenido un óptimo funcionamiento debido a que fue vandalizada.

21.-COMPLEJOS INMOBILIARIOS MARINA DIAMANTE Y TULIPANES

Respecto a los complejos inmobiliarios de la empresa MARINA DIAMANTE Y TULIPANES, desarrollos que fueron construidos por la empresa GEO, se sabe que dicha persona moral se ha declarado en quiebra y consecuentemente no finalizó el proceso de entrega recepción al organismo CAPAMA.

No obstante, lo anterior, la empresa GEO intentó hacer entrega de las instalaciones hidráulicas y de tratamiento de aguas residuales sin que fuesen aceptadas por parte de la Dirección Técnica de este organismo, toda vez que no cumplieron con los requisitos exigidos por la norma.

La Dirección Técnica del Organismo, realizó varias observaciones que fueron detalladas en el expediente técnico que obra en las oficinas de área.

La planta de tratamiento de aguas residuales de la empresa GEO, solo era una planta provisional de muy poca capacidad para tratar los desechos de las aguas residuales, por lo que no era apta para tratar la cantidad de residuos producidos por dicho complejo inmobiliario.

Ante dicha problemática, la empresa GEO hizo la promesa por parte de los desarrolladores de construir una planta de tratamiento que tuviera la suficiente capacidad para procesar los desechos producidos y no contaminar los cuerpos de agua de esa localidad.

No obstante, a los esfuerzos y las gestiones realizadas por el personal de este organismo, a la fecha no ha sido posible que la empresa desarro-

lladora cumpla con la obligación de entregar de manera satisfactoria las instalaciones de forma adecuada.

Actualmente, la empresa desarrolladora GEO, ha abandonado las instalaciones de los complejos MARINA DIAMANTE Y TULIPANES, dejando los equipos sin el funcionamiento adecuado.

Así mismo, el organismo no cuenta con la documentación correspondiente para fincar responsabilidad alguna en contra de dicha empresa o desarrolladores, por la falta de entrega de las propias instalaciones.

De igual manera, en la entrevista realizada con el personal de la empresa GEO, nos manifestó que originalmente dicha empresa aportó la cantidad de $9,000,000.00 (NUEVE MILLONES DE PESOS 00/100 MN), a la PROTUR, dependencia del Gobierno del Estado, para ser incorporado al colector que descargaría a la planta de aguas residuales "Diamante", en construcción.

Acapulco Gro; 07 de octubre de 2019

PLANTA DE TRATAMIENTO DE MARINA DIAMANTE

Informe de la situación en la operación de la Planta de Tratamiento de Aguas Residuales en el Fraccionamiento Marina Diamante, este se agravo derivado del corte de energía eléctrica, ya que CFE suspendió el servicio por un adeudo de casi $2, 000,000.00 de Casas Geo y no se pudo continuar con el Tratamiento de las Aguas Residuales.

Ante esta situación se solicitó a quienes se ostentaron como los representantes de los desarrolladores quienes ***realizaban trámites para la realización de acta de Entrega –Recepción*** *del fraccionamiento a* *la Paramunicipal CAPAMA; que realizaran de inmediato las gestiones para la reconexión de la electricidad y dar continuidad al tratamiento de aguas residuales.*

Además, de llevar a cabo la construcción de una Planta de tratamiento de Aguas Residuales con las características y especificaciones de acuerdo a la capacidad habitacional del fraccionamiento.

El proyecto de dicha planta de Tratamiento fue entregado a esta Paramunicipal con fecha 28 de agosto de 2019 y fue turnado a las aéreas de Operación y Técnica para la revisión correspondiente.

Se continuó haciendo hincapié en la reconexión de la energía eléctrica para reanudar la operación de la Planta de Tratamiento de Aguas Residuales que se tiene instalada y evitar se siga vertiendo aguas residuales sin tratar.

El día 30 de septiembre de 2019 el administrador regional de "BIENESTAR" quien administra el condominio informa el retiro del personal que representaba a los desarrolladores.

RECORRIDO

14 DE MAYO DEL 2019

En dicho recorrido se verificaron las condiciones en las que se encuentra la Planta de Tratamiento, de la cual CAPAMA está pidiendo la recepción para la operación de la misma, cabe resaltar que actualmente se encuentra fuera de operación y sin energía eléctrica. A consecuencia de esto, se está vertiendo el agua residual sin el tratamiento adecuado a la Laguna de Tres Palos, prácticamente cruda.

Por lo cual es necesario la rehabilitación de la PTAR o la construcción de una nueva para que pueda cumplir con los parámetros que marcan las normas establecidas por la CONAGUA, puesto que la actual no cumple con la capacidad requerida para el número de habitantes que cuenta el fraccionamiento en temporada alta, donde se habla de una ocupación del 95%.

Con el objetivo de contar con la aprobación de los desarrolladores para la construcción de la planta de tratamiento, CAPAMA, elaboro les presento el anteproyecto de la planta.

22.-Problemática Cárcamos de Aguas Negras Gaviotas

La problemática del Fraccionamiento Las Gaviotas, localizada en la zona suburbana de Acapulco, en las inmediaciones de la populosa Col. Colosio, en referencia a los cárcamos de aguas negras, de los 4 cárcamos que cuenta este fraccionamiento, únicamente se tiene problema en uno de ellos (Gaviotas 3, Cárcamo 3), el cual requiere una libranza por parte de la CFE para el cambio de unos fusibles de media tensión del transformador, para energizar la bomba y poder bajar los niveles de aguas.

En los 4 cárcamos del Fraccionamiento Gaviotas les hace falta una bomba sumergible (3 de 15, y 1 de 5 Hps), con sus respectivos arrancadores, esta problemática lleva más de 6 años que solo se cuenta con una sola bomba en cada uno de los cárcamos. Corriendo el riesgo de que en algún momento se derramen los cárcamos por la falla de una de las bombas instaladas.

La problemática en el Fraccionamiento Marquesa que se tiene actualmente es muy fuerte, ya que desde hace más de tres años, se han presentado problemas de derramamiento de aguas negras en el cárcamo No. 3 de Marquesa V, ahí se presume que puede ser por el colapso del colector que atraviesa el poblado de Llano Largo a la altura del puente vehicular que comunica a dicha población, se realizaron varias inspecciones, sin que se encontrara la falla en un principio y esto finalmente se agravó en la temporada Decembrina 2019, por la cantidad de visitantes que llegan a los Fraccionamientos, de la zona de la colonia Colosio, aunado a la inoperancia de la planta de Miramar que está totalmente desmantelada, desde hace algunos años.

Al igual que en los Fraccionamientos Misión del Mar, Costa Dorada, Joyas del Marqués y Las Garzas (esta última aún no ha sido entregada al organismo).

23.- PROYECTO DE REHABILITACIÓN DEL COLECTOR COSTERO

"BRISAS GUITARRÓN- BASE NAVAL"

Derivado de los constantes derrames de aguas residuales, directas a la bahía, en la playa denominada el olvido a un costado de un hotel, se realizaron trabajos de mantenimiento y de rehabilitación del colector, así como también se han hecho levantamientos físicos y topográficos de la trayectoria del colector, en donde a través de 31 propiedades, revisadas a detalle, muchas de estas se encuentran invadiendo el paso de dicho colector, además de que los diámetros del mismo varían entre los 20 y 61 cm

En virtud de lo antes mencionado, y con los antecedentes con que este organismo operador cuenta se precisa la construcción de un nuevo colector sanitario con una longitud total de 2.8 km de 45 y 61 cm de diámetro cimentado sobre un muro de mampostería y encofrado con concreto armado.

ACTIVIDADES DE MANTENIMIENTO Y REPARACIÓN EN COLECTOR COSTERO – GUITARRÓN.

Con recursos propios que totalizaron un monto de $ 2,009,095.71 se realizó el siguiente mantenimiento:

1. Trabajos de limpieza, mantenimiento y rehabilitación de tubería colapsada 12 m.l. de 24" Ø (61 cm) del colector Costero en su tramo comprendido de la casa del Temerario a casa 5.

2. Trabajos para evitar los escurrimientos de aguas negras ocasionados por tubería colapsada de 24" Ø (61 cm) entre villas 5 y Refugio del Marqués, mediante la rehabilitación de la tubería.

3. Trabajos de desazolve realizado en el transcurso del año (2019), en coordinación con la Administración del Fracc. Guitarrón.

PROBLEMÁTICA

1. El colector en algunas residencias, no es factible dar mantenimiento debido a que sus registros o pozos de visita han quedado ocultos e inaccesibles.

2. En diferentes puntos de su trayectoria, el colector ha quedado bajo construcciones como albercas, palapas y zonas de concreto con acabados de lujo.

3. Modificación de trayectoria y disminución de diámetro del colector, lo cual impide que el mismo opere de manera eficiente para la aportación de la zona, generando derrames de aguas residuales en puntos bajos del mismo.

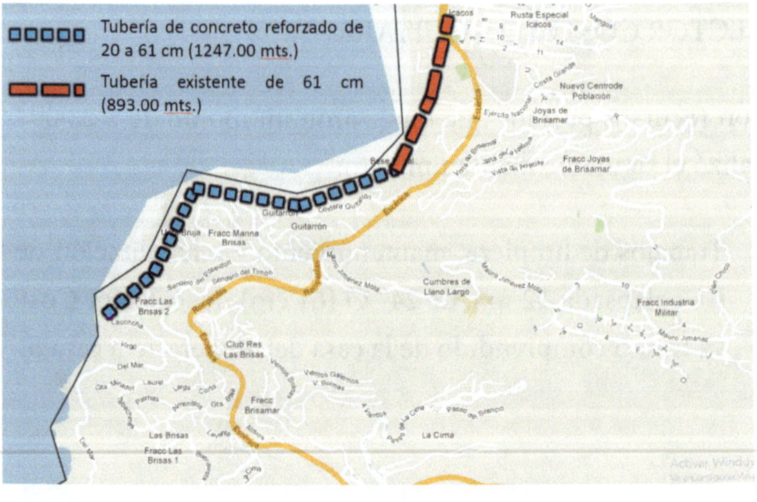

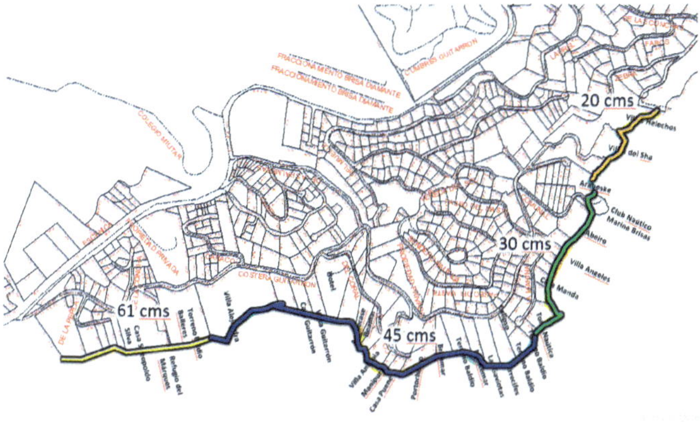

INSPECCIÓN DE TRAYECTORIA ACTUAL DEL COLECTOR COSTERO

PROPIEDAD	COMENTARIOS
CASA HELECHOS	EL COLECTOR NO ESTÁ EN SERVICIO, LA CASA CUENTA CON PLANTA DE TRATAMIENTO. DEBE VERIFICARSE EN QUE CONDICIONES SE ENCUENTRA EL COLECTOR. COLECTOR VISIBLE SIN INVASIONES.
VILLA DEL SHA.	COLECTOR INVADIDO POR ALBERCA, TERRAZA Y PALAPA. DESCARGA AGUAS TRATADAS AL COLECTOR. NO CUENTA CON REGISTROS VISIBLES.
VILLA ARABESQUE	CONSTRUCCIÓN SOBRE EL COLECTOR CON TRAZO Y DIÁMETRO MODIFICADO. NO CUENTA CON REGISTROS VISIBLES.
TERRENO BALDÍO ENTRE ARABESQUE Y CLUB MARINA BRISAS.	COLECTOR CON REGISTROS VISIBLES. SE APRECIA DETERIORO Y PRESENCIA DE FUGAS EN EL MISMO. CUENTA CON REGISTROS PARA SU LIMPIEZA.
CLUB MARINA BRISAS	COLECTOR NO VISIBLE, SIN REGISTROS Y SE DESCONOCE EL ESTADO FÍSICO DEL MISMO.
CONDOMINIO ABEIRO	SE OBSERVA SOBRE EL COLECTOR, LA CONSTRUCCIÓN DE TERRAZA Y ALBERCA. SIN POSIBILIDADES DE DAR MANTENIMIENTO.
VILLA ANGELES	COLECTOR CON VARIOS REGISTROS. MANTENIMIENTO A CARGO DEL ADMINISTRADOR. TRAMO OPERANDO EFICIENTEMENTE.
CASA MANDARINAS	* EL COLECTOR ESTA VISIBLE.
CASA PUNTA GUITARRON	TRAMO DEL COLECTOR ESTA VISIBLE. UNA SECCIÓN DEL COLECTOR SE APRECIA DETERIORADO, POR OLEAJE. UNA SECCIÓN ESTA BAJO EL MUELLE.

INSPECCIÓN DE TRAYECTORIA ACTUAL DEL COLECTOR COSTERO

PROPIEDAD	COMENTARIOS
TORRE NAÚTICA	SE OBSERVA SOBRE EL COLECTOR, LA CONSTRUCCIÓN DE TERRAZA Y ALBERCA. UNA SECCIÓN VISIBLE, TRAMO DETERIORADO POR EL OLEAJE. NO SE ENCUENTRAN REGISTROS.
TERRENO BALDIO COLINDANDO CON TORRE NAUTICA	COLECTOR VISIBLE Y EN BUEN ESTADO. UNA SECCIÓN ESTÁ BAJO TERRENO NATURAL
VISTA GUITARRON LOTE 5D AV. COSTERA GUITARRON	EN PROCESO DE REHABILITACIÓN, CAPAMA CONSTATA QUE LA OBRA QUE REALIZARÁN ES CORRECTA.
ARRECIFE	UN TRAMO DEL COLECTOR SE ENCUENTRA VISIBLE Y MUESTRA DETERIORO TRAMO BAJO LA ALBERCA SIN NINGÚN REGISTRO PARA SU LIMPIEZA. OTRO TRAMO SE ENCUENTRA BAJO EL EDIFICIO DEL CONDOMINIO.
LAS GAVIOTAS	UN TRAMO VISIBLE CON REGISTROS. OTRO TRAMO BAJO UNA CONSTRUCCIÓN.
MONTEMAR	EXISTE UN TRAMO VISIBLE Y OTRO BAJO UNA CONSTRUCCIÓN, CON REGISTROS VISIBLES.
TERRENO BALDÍO.	SE ENCUENTRA TOTALMENTE VISIBLE CON REGISTROS PARA SU MANTENIMIENTO.
BRISAMAR	LA MAYOR PARTE DE LA SECCIÓN DEL COLECTOR SE ENCUENTRA VISIBLE Y CON REGISTROS.
COND. PORTOCHERVO	EXISTEN DOS REGISTROS VISIBLE. LA OTRA SECCIÓN RESTANTE SE ENCUENTRA INVADIDO CON TERRAZA Y ALBERCA.
CASA PUENTE	NO SE LOCALIZO VISUALMENTE EL COLECTOR, APARENTEMENTE QUEDÓ BAJO UN JARDÍN O UNA CONSTRUCCIÓN DE UN BAR.
VILLA ANTONIA	PARTE DEL TRAMO DEL COLECTOR ESTA LIBRE CON REGISTROS EN EL PRIMER TRAMO EXISTE TERRENO BALDÍO, DONDE SE PIERDEN LOS REGISTROS. POSTERIORMENTE EL COLECTOR QUEDA BAJO UNA CONSTRUCCIÓN Y AL FINAL EXISTE ÁREA DE JARDÍN LIBRE SIN CONSTRUCCIÓN, CON REGISTROS VISIBLES.

INSPECCIÓN DE TRAYECTORIA ACTUAL DEL COLECTOR COSTERO

PROPIEDAD	COMENTARIOS
CASA BEAMAR	*EN ESTE TRAMO NO SE APRECIA EL COLECTOR, SIN REGISTROS VISIBLES.
COND. ANCORAGE	*EN ESTE TRAMO SOLO EXISTE UN REGISTRO EN COLINDANCIA CON EL HOTEL, SE CONSIDERA QUE EL COLECTOR PASA BAJO UNA ALBERCA.
HOTEL PARK ROYAL	COLECTOR VISIBLE, CON REGISTROS ESTRATÉGICAMENTE UBICADOS SOLO SE SUGIERE DARLE UN TRATAMIENTO A LAS AGUAS QUE LLEGAN AL COLECTOR TAPONAMIENTOS Y DESBORDAMIENTO DE LAS AGUAS RESIDUALES EN DICHO TRAMO.
VISTA GUITARRON	*EN TODO EL FRENTE DE ESTA PROPIEDAD, SE REHABILITÓ DEJANDO REGISTRABLE DOS REGISTROS, PARA SU LIMPIEZA Y MANTENIMIENTO.
CASA GUITARRÓN	SE ENCUENTRA UBICADO UN REGISTRO Y LA MAYOR PARTE DEL COLECTOR ESTA VISIBLE, SOLO UN TRAMO ESTÁ DENTRO DEL CUARTO DE MAQUINAS, PERO VISIBLE.
RESIDENCIAL V. ALEJANDRA	COLECTOR MODIFICADO, REUBICÁNDOLO HACIA EL FRENTE DE LA PLAYA, QUEDANDO BAJO EL JARDÍN Y UNA SECCIÓN DE LA TERRAZA, DEJANDO SOLO UN REGISTRO ES NECESARIO SE UBIQUEN Y REHABILITEN MAS REGISTROS
CASA VILLA KARIN	EN DICHO TRAMO DEL COLECTOR, CORRESPONDIENTE AL FRENTE DE LA PROPIEDAD, EN UN TRAMO NO SE UBICA EL COLECTOR QUEDANDO BAJO UN ÁREA DE JARDÍN, TERRAZA Y ALBERCA, EN OTRA SECCIÓN, SI EXISTEN REGISTROS LOCALIZADOS, DE AHÍ SU TRAYECTORIA SE CONDUCE BAJO UNA CONSTRUCCIÓN COLINDANTE DE VILLA ALEJANDRA.
CASA VILLA ALEJANDRA	EN ESTE TRAMO, EL COLECTOR SE ENCUENTRA OBSTRUIDO POR LA ALBERCA, Y EN OTRO EXTREMO SE ENCUENTRA DENTRO DE UNA BODEGA Y SE UBICAN DOS REGISTROS VISIBLES

INSPECCIÓN DE TRAYECTORIA ACTUAL DEL COLECTOR COSTERO

PROPIEDAD	COMENTARIOS
TERRENO BALDÍO	COLECTOR VISIBLE, CON VARIOS REGISTROS
REFUGIO DEL MARQUÉZ	TRAMO MUY REDUCIDO, NO CUENTA CON REGISTROS.
CASA 5	3 OLLAS REGISTRABLES, SE UBICA EL COLECTOR.
CASA MANIPURA 1	ESTE TRAMO FUE REHABILITADO HACE APROXIMADAMENTE 5 AÑOS, POR EL PROPIETARIO, CON LAS SUPERVISIÓN DE CAPAMA, ENCONTRÁNDOSE LIBRE Y CUENTA CON REGISTROS VISIBLES.
CONJUNTO LA PERLA	TODO EL TRAMO CORRESPONDIENTE AL FRENTE DEL TERRENO, SE ENCUENTRA TOTALMENTE VISIBLE Y LIBRE DE CONSTRUCCIONES.
VILLA DEL MAR	COLECTOR VISIBLE, UN TRAMO SE ENCUENTRA BAJO UN FIRME DE CONCRETO DE UN BAÑO Y LA OTRA SECCIÓN SE ENCUENTRA BAJO UN ÁREA DE TERRACERÍA, Y EN EL TRAYECTO NO SE LOCALIZAN NINGÚN REGISTRO, AL FINAL EN COLINDANCIA CON LA BASE NAVAL SE UBICA UN REGISTRO.
BASE NAVAL.	HASTA AQUÍ DESEMBOCA EL COLECTOR. SIGUIENDO LA TRAYECTORIA POR EL INTERIOR DELA BASE NAVAL, DEL COLECTOR RECIÉN RESTAURADO.

CONDICIONES ACTUALES DE COLECTOR COSTERO

CONDICIONES ACTUALES DE COLECTOR COSTERO

CONDICIONES ACTUALES DE COLECTOR COSTERO

CONDICIONES ACTUALES DE COLECTOR COSTERO

CONDICIONES ACTUALES DE COLECTOR COSTERO

CONDICIONES ACTUALES DE COLECTOR COSTERO

CONDICIONES ACTUALES DE COLECTOR COSTERO

CONDICIONES ACTUALES DE COLECTOR COSTERO

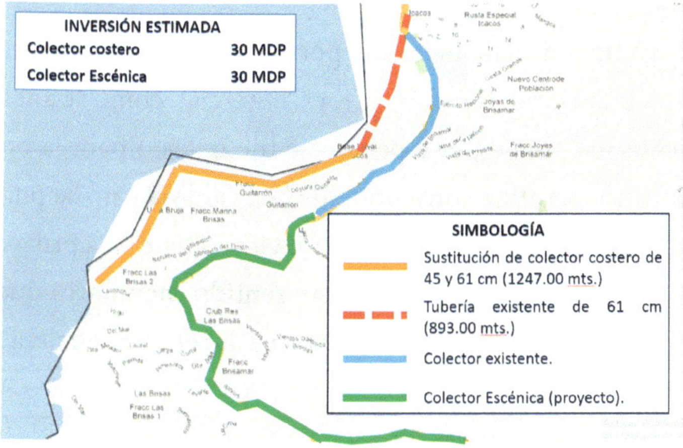

PROPUESTA DE SOLUCIÓN

Sustitución del colector costero, con el diámetro necesario en función de su aportación, siguiendo la trayectoria actual y en donde sea factible, modificar su trazo para afectar lo menor posible las construcciones actuales.

Prolongación del colector Escénica, para interceptar las aguas residuales de los asentamientos de las zonas altas.

CAPÍTULO IV

1.-INFORMÁTICA LIGADA AL ÁREA COMERCIAL

Algo que declare a mi llegada a la DG, fue que el organismo debería ser analítico y modernizarse, por lo cual esta área adquiere una importante relevancia, que desafortunadamente no se le ha prestado mucha atención, será, que todo el personal directivo que ha llegado, ¿fue rebasado por la tecnología?, como el Director General que me reemplazo.

Por ejemplo, un personaje que, por decisiones ajenas a esta DG, le ocasiono mucho daño fue el Director Comercial, como se analizará en los comentarios, finales, este personaje fue nefasto para la operación del organismo, pero fue consentido de la alcaldesa y no se pudo hacer nada, así que personalmente desde la DG, yo atendí los proyectos que le competían a esta Dirección, en este sentido manifiesto que el personal directivo debe profesionalizarse, para ser más eficiente en sus funciones.

Problemática

- Poca inversión en Infraestructura, que con el paso del tiempo se ha deteriorado cada vez más generando infinidad de fugas en la red, día con día.
- El robo del preciado vital líquido por parte de los usuarios.
- Clandestinaje importante en todos los sentidos, medidores, lecturistas, generación de recibos, etc.
- Usuarios morosos y una alta cartera vencida.
- Falta de medición (No pagan lo que realmente Consumen).

- Deudas anteriores y actuales.
- Alto costo de energía eléctrica. (Falta inversión en generación de energía).
- Proceso de facturación deficiente (hasta 30 días para entregar recibo al usuario, no se tienen las lecturas correctas, se realizan ajustes, sujeto a corrupción).
- Falta de compromiso del Director Comercial, este puesto requiere de funcionarios comprometidos con el organismo, así como una preparación adecuada, con visión administrativa, técnica, financiera y comercial.

Actualmente, el organismo pierde un 35 % de agua producida en instalaciones o derivaciones clandestinas, un 15 % en fugas y solo se factura la mitad de lo producido de ese 50 % tiene medidor solo en el 10 % de nuestro padrón de usuarios.

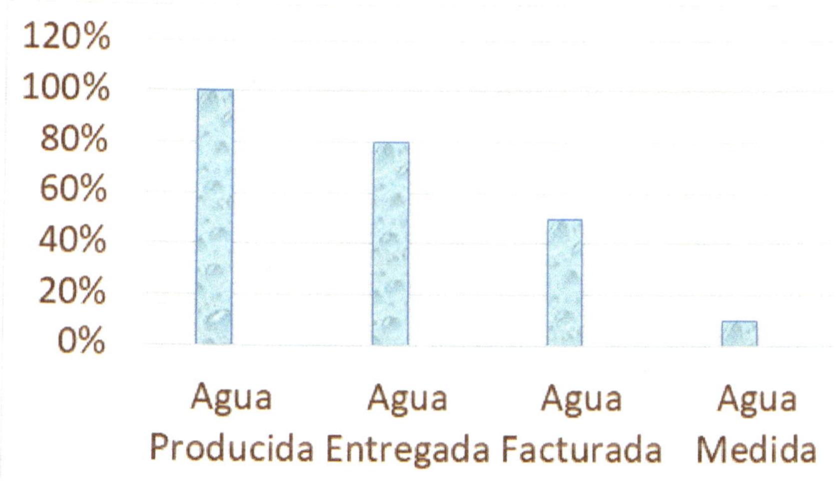

La gráfica anterior muestra de manera clara, las estadísticas de la nula capacidad del director comercial, el agua medida está en un escaso 12 %, producto de administraciones anteriores, no se incrementó en esta administración.

Además, de que justamente el área comercial no ejecuta su trabajo, esta DG, realizo un estudio de los grandes deudores de una mínima parte en el mes de junio 2020, encontrando lo siguiente, los datos encontrados son alarmantes:

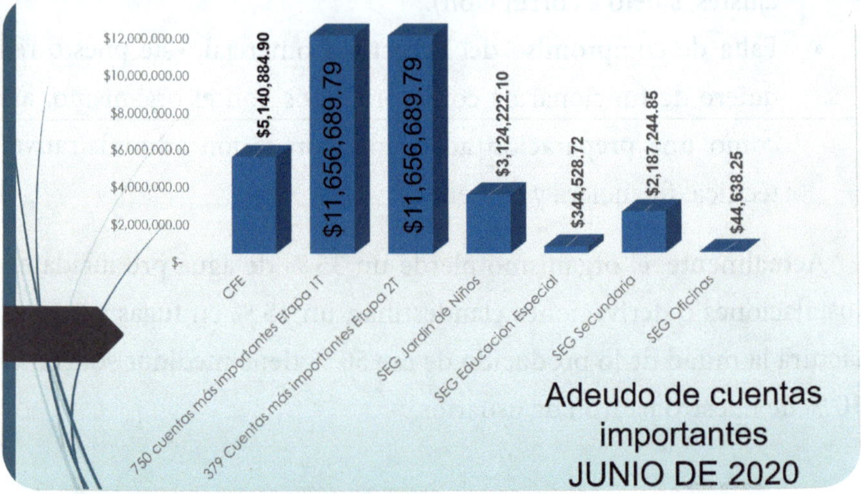

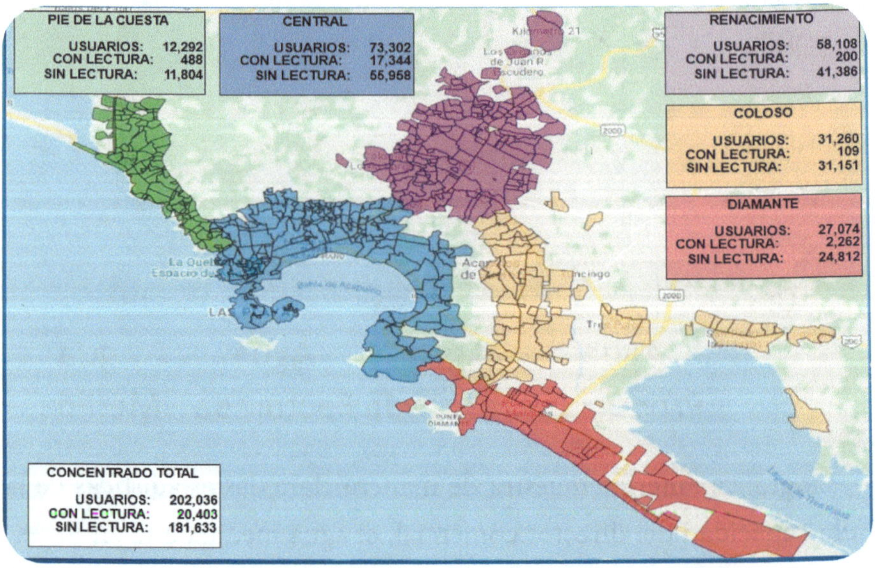

Como se puede observar se cuenta con un padrón de usuarios del orden de 202 mil, cuando llegamos el padrón oscilaba entre 198 mil, lo que nos demuestra que falta penetración del área comercial, tenemos que con lectura son 20 mil usuarios el resto está sin lectura, ya sea por inexistencia de medidores, o que estos estén en malas condiciones. Sin embargo, a pesar de toda esta situación, se logró instalar los siguientes medidores en el año de 2019 y hasta marzo de 2020.

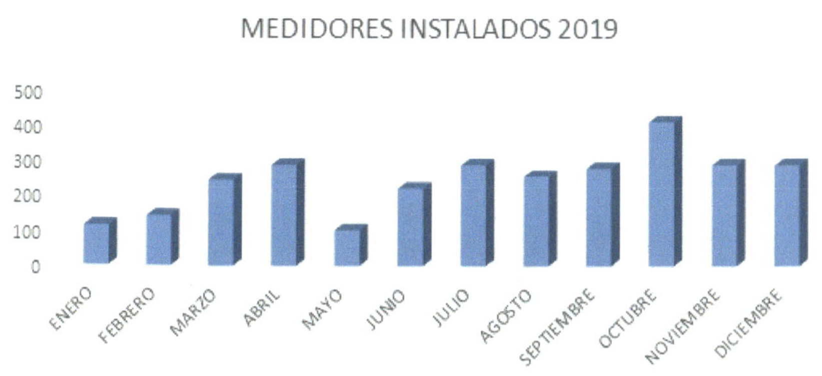

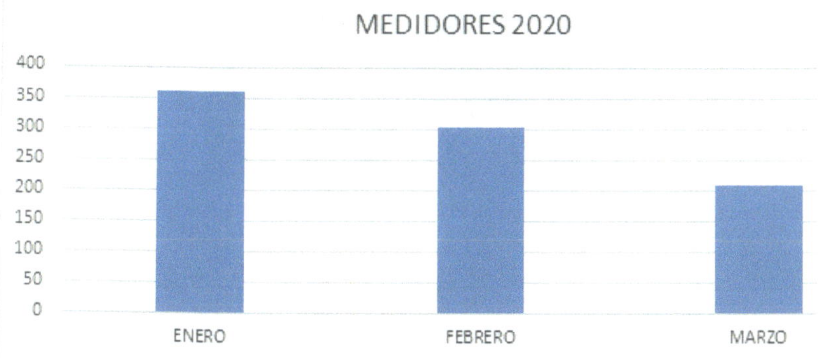

Es muy importante mencionar que, como he mencionado, esta DG, trato de modernizar en todos los controles que se implementaron, todo con la finalidad de estar en posibilidades de diagnosticar de manera inmediata, del porqué de la falta de agua. Así, implemente un control donde se observan las zonas con servicio regular, las de servicio irregular y sobre todo importantísimo identificar en tiempo real las zonas con problemas de abasto de agua.

Para lo cual se realizó una zonificación de las partes del municipio de Acapulco, algo verdaderamente de un intenso trabajo de campo y gabinete.

Proyecto de Digitalización del Catastro de la Comisión de Agua Potable y Alcantarillado del Municipio de Acapulco

Proyecto de Digitalización del Catastro de la Comisión de Agua Potable y Alcantarillado del Municipio de Acapulco.

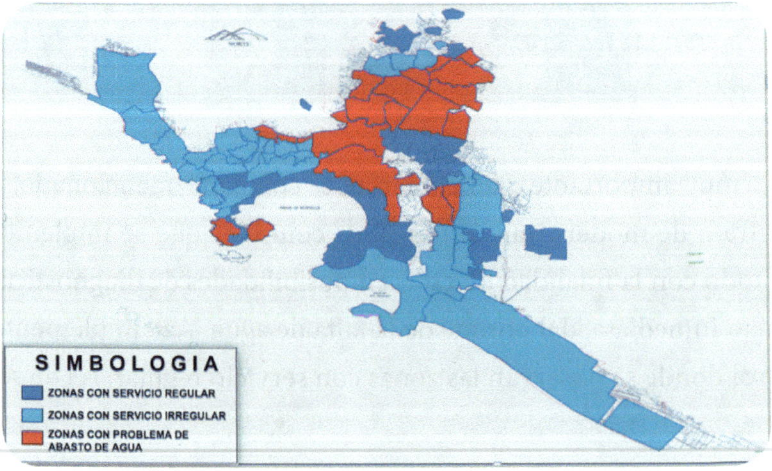

ANTECEDENTES

Actualmente, la CAPAMA cuenta con un área de asignación de números de cuenta para nuevos contratos, así también la localización de predios y ubicación de usuarios que se tengan que notificar o realizar alguna gestión administrativa como, por ejemplo; inspecciones, notificaciones de corte o entrega de Recibos.

PROBLEMÁTICA

La problemática que existe es que toda la información geográfica está plasmada en planos heliográficos muy antiguos, el rezago tecnológico y administrativo es considerable, provocando trámites tardíos y la actividad en campo se vuelva complicada tanto que en ocasiones no encuentran la ubicación de las viviendas o medidores de agua potable.

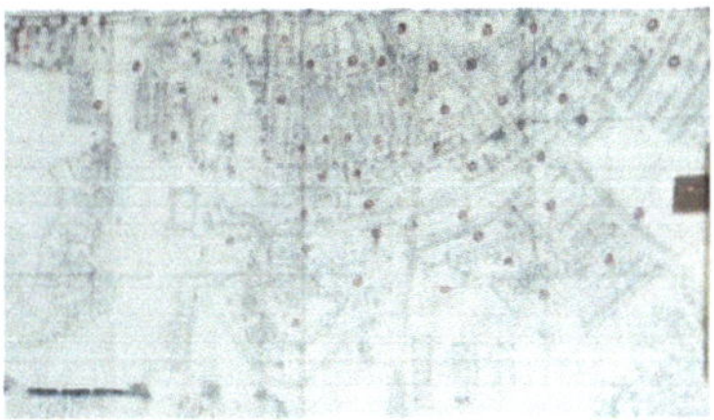

En administraciones anteriores se han iniciado proyectos para resolver esta problemática y avanzar tecnológicamente creando áreas específicas como el departamento de GEO INFORMÁTICA, sin embargo, se han quedado solo en proyectos, cabe mencionar que este departamento existe en la gaceta municipal de la CAPAMA, pero hasta el momento no ha funcionado por la falta de interés de sus funcionarios anteriores.

PROYECTO CARTOGRAFÍA DIGITAL

Proyecto de Digitalización del Catastro de la Comisión de Agua Potable y Alcantarillado del Municipio de Acapulco.

Ejes Estratégicos para desarrollar el proyecto:

- **Plataforma Adecuada:** Encontrar la tecnología que se adapte a los requerimientos y necesidades del organismo.

- **Integrar la información existente**: Actualmente existen planos en papel los cuales son los más utilizados porque contienen información precisa y confiable para el personal de campo, así también se cuenta con un plano de todo el municipio se tiene capturadas el 30 % de las cuentas de usuario, pero no tiene el número de lote.

- Contar equipos adecuados para el personal que participara en la innovación tecnológica por lo menos uno por gerencia concentrados en un área asignada.

- Captura y mapeo: Una vez definido el software y estándar de diseño, se establecerán grupos de trabajo Para la importación de la información existente, mapeo de lotes y captura de información.

- Brigadas de campo: Deberá organizarse por lo menos una brigada por gerencia para la revisión en campo y recolección de datos.

- Áreas involucradas: dirección general, informática, dirección comercial, actualización al padrón, padrón de usuarios, gerencias comerciales, dirección de operación y dirección técnica.

AVANCE A LA FECHA ENERO 2020

En AutoCAD Se lleva un avance de 14 sectores lotificados con número de cuenta solo de la gerencia central.

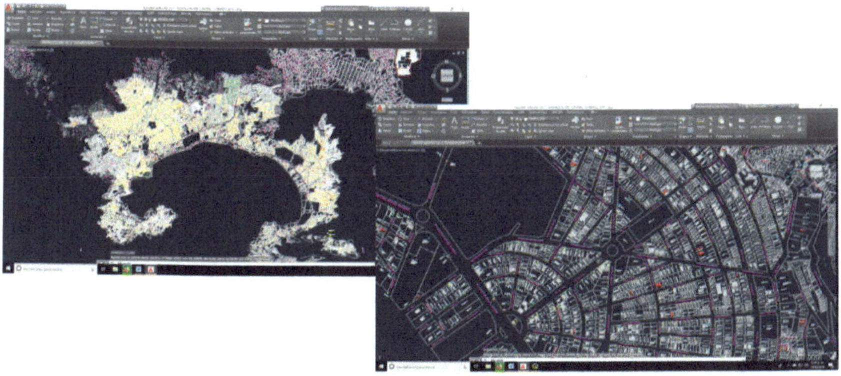

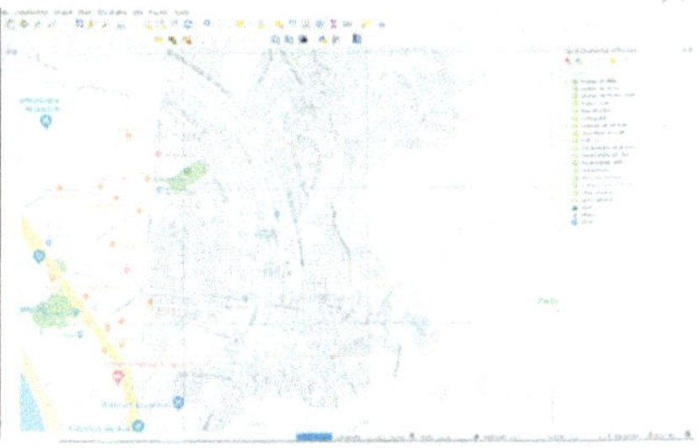

EJEMPLO DE SECTOR 01

(CUENTAS, MEDIDOR Y TUBERÍAS)

CONTROL Y AUTOMATIZACIÓN DE DISTRIBUCIÓN DE AGUA POTABLE

Objetivo General.

Implementar un sistema de control y adquisición de datos con una interfaz de usuario en tiempo real, para reducir y controlar pérdidas de agua potable en los tanques Altamira I y Altamira II, de la Comisión de Agua Potable y Alcantarillado del Municipio de Acapulco (CAPAMA).

Objetivo Específico.

Análisis de requerimientos.

Desarrollar sistema de control e instrumentación con la implementación de microcontrolador ARM Cortex.

Desarrollar software interfaz de usuario en tiempo real (Visor) con ASP.NET Core, SignalR y C# y PHP.

Implementar sistema de instrumentación y control en las oficinas de telemetría de CAPAMA.

Planteamiento del Problema.

Se estima que del 100 % de agua potable que llega a un tanque de almacenamiento y distribución de agua, el 25 % del agua se pierde por derramamiento, debido al deficiente control de encendido de las bombas.

La destrucción de infraestructura material o averías en los sistemas de bombeo de agua, tanques de almacenamiento de agua en mal estado o en su defecto daños ocasionados por fenómenos naturales como huracanes, que también generan el colapso del sistema de captación de agua potable.

Por lo que la implementación de SCADA tenía el objetivo de minimizar las perdidas en los tanques de agua almacenamiento y distribución, pero a la fecha la implementación no ha sido exitosa.

Dado que en la actualidad la Comisión de Agua Potable y Alcantarillado del Municipio de Acapulco (CAPAMA) tiene implementado SCADA en 53 sitios, de los cuales solo 2 sitios están en funcionamiento con dicho sistema, si no se resuelve el control del encendido de bombas se seguirá desperdiciando mucha agua.

Diagrama del Primer Sistema para el Control y Automatización.

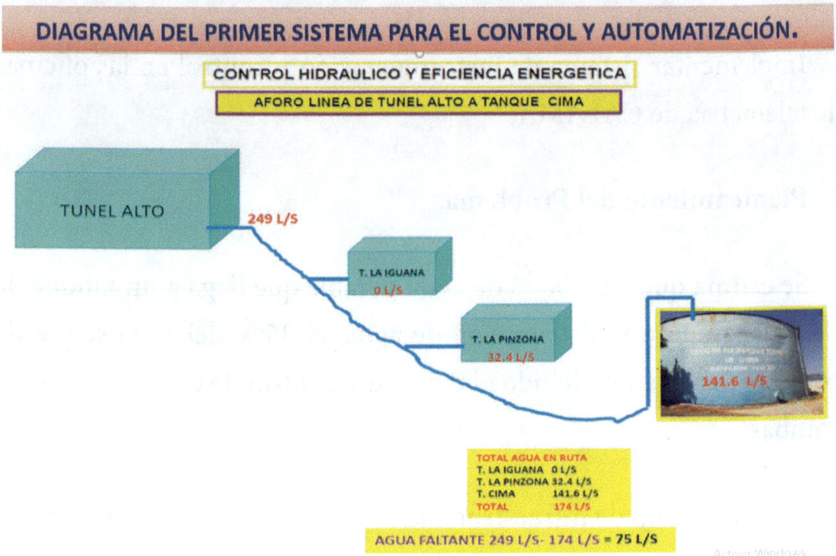

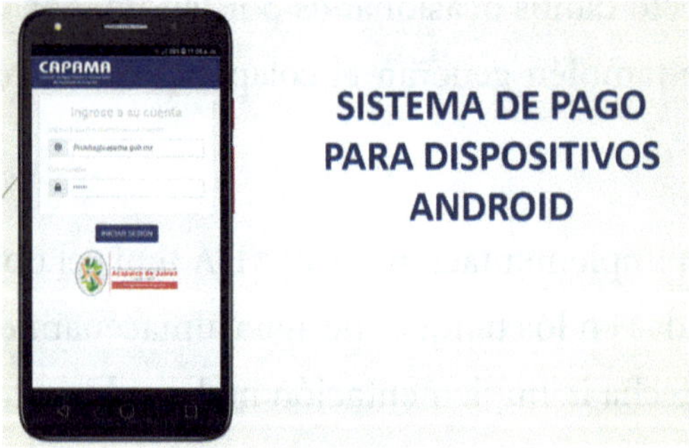

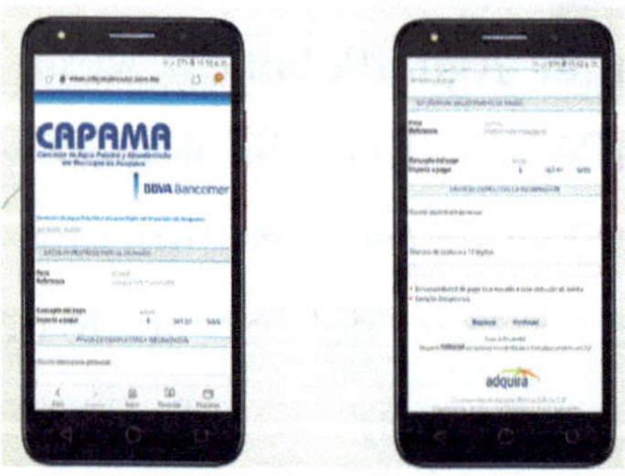

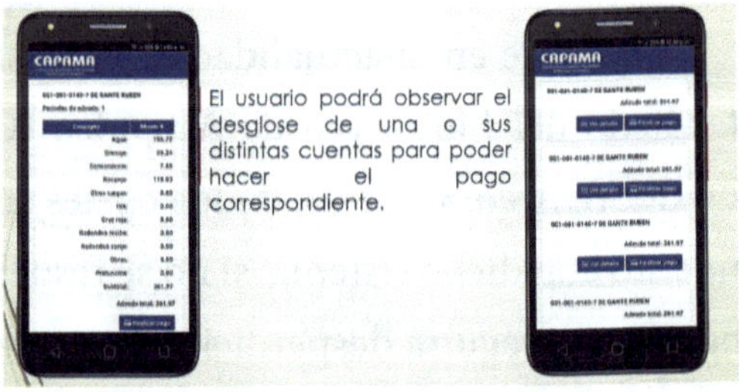

Faltaría realizar el levantamiento de la red de Agua Potable y Drenaje con todas las características de las redes y pozos de visita.

Finalmente, llegamos a establecer mapa de tandeos diarios, con eso se pretendía tener en tiempo real como estaba el abasto del vital líquido.

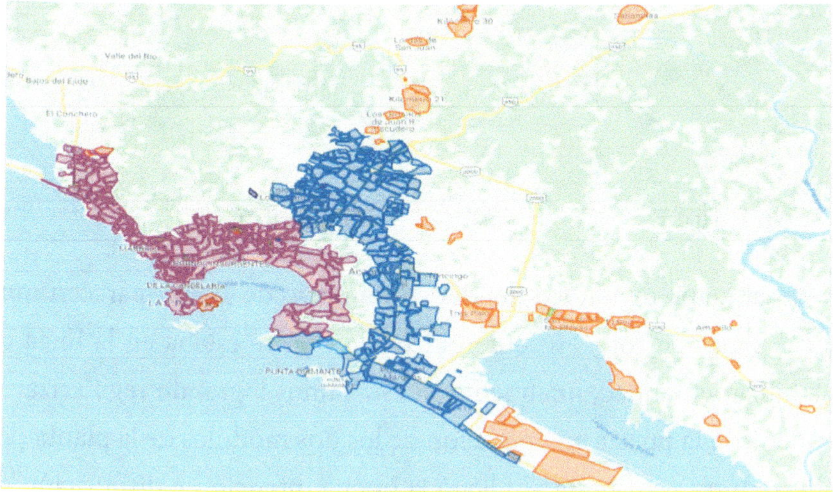

Reporte de Tandeo 23 de Mayo

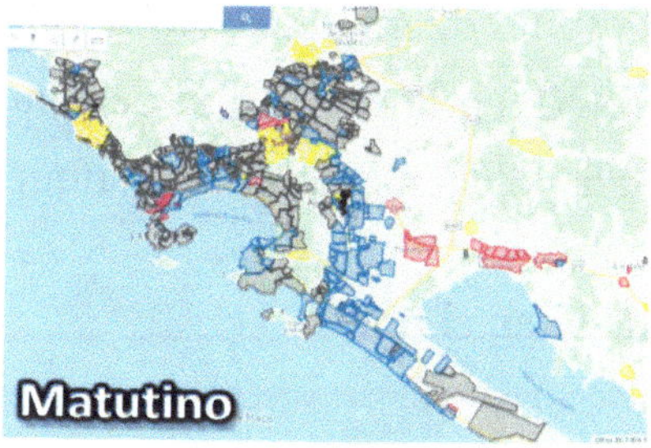

Reporte de Tandeo 25 de Mayo

Reporte de Tandeo 26 de Mayo

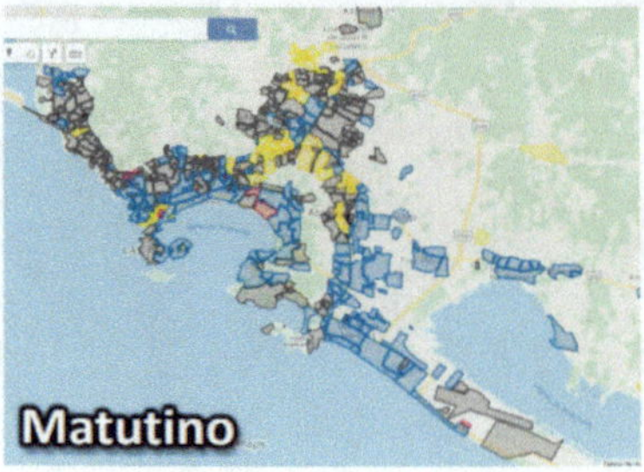

En el mapa de tandeo del día 26 de mayo de 2020, aparecen muy pocas zonas en rojo, eso quiere decir que ya se estaba en la línea de estabilizar el tandeo, finalmente ya estábamos logrando regularizar el tandeo con la puesta en operación de los dos módulos de la planta potabilizadora, pero hasta ahí llegó la buena intención y disposición de todo mi equipo de trabajo.

Los dos directores que llegaron después de mí destrozaron todo lo que se había logrado levantar, **¡EN FIN!**, en la conciencia de alguien quedara el perjuicio que afecto a toda la población noble Acapulqueña.

¡Imagínense que chulada!!!; se quedó en el tintero.

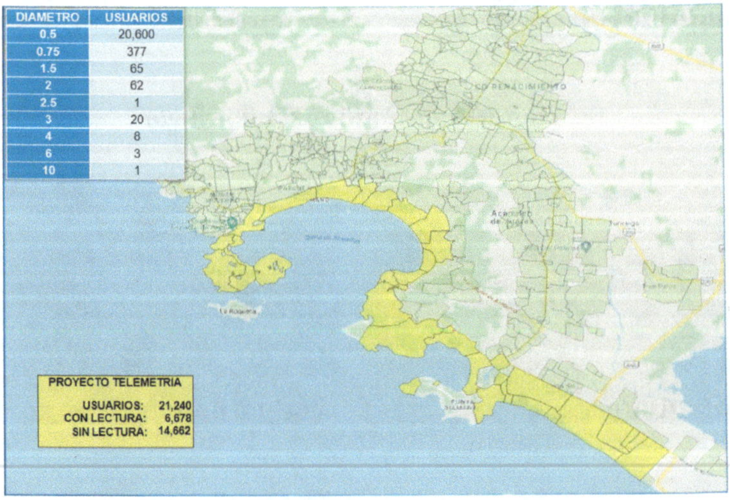

DIAMETRO	USUARIOS
0.5	20,600
0.75	377
1.5	65
2	62
2.5	1
3	20
4	8
6	3
10	1

PROYECTO TELEMETRIA	
USUARIOS:	21,240
CON LECTURA:	6,678
SIN LECTURA:	14,662

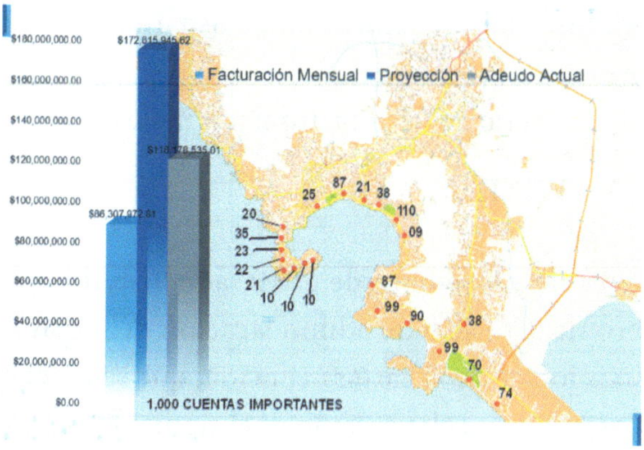

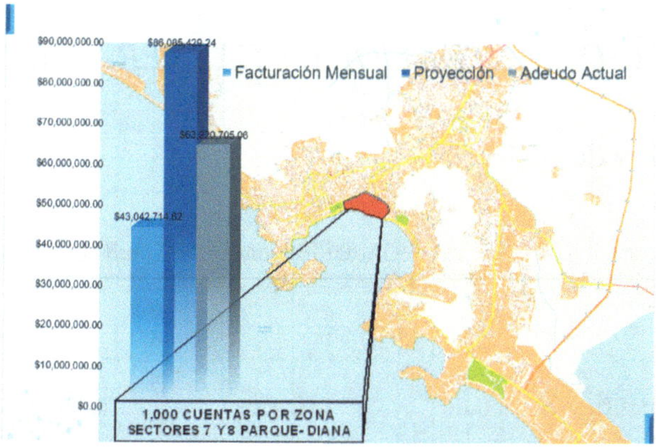

La propuesta considera una inversión inicial para modernizar el sistema de lecturas de $8 MDP, con esto, ¡¡¡la verdad!!!, se mejoraría de manera importante el incremento en la recaudación.

ACCIONES PARA CUIDAR EL INGRESO

- Tecnología de punta, que evite "errores" en toma de lectura
- Eliminar ajustes a los recibos, de enviados por políticos sin justificación alguna
- Tomar lecturas correctas y sobre todo cada mes
- Sustitución de medidores
- Telemetría
- Corte del servicio a usuarios morosos

- Revisión historial de facturación de usuarios
- Cobrar lo justo
- Eficiente la cobranza de la facturación mensual.

CARTERA VENCIDA

- En el mes de noviembre de 2019, a solicitud de una regidora miembro del Consejo de administración del organismo, se preparó un informe de la cartera vencida, que se tenía en esa fecha, términos generales el resultado es el siguiente:

SITUACIÓN ACTUAL DE LA CARTERA VENCIDA

Noviembre de 2019

CARTERA VENCIDA JURIDICAMENTE COBRABLE

(Datos al 31 de agosto 2019)

ANTIGÜEDAD DEL REZAGO	USUARIOS	IMPORTE
3 A 12 MESES	28,664	$ 42,470,411
13 A 24 MESES	13,934	$ 44,672,269
25 A 60 MESES	22,163	$ 163,444,452
TOTALES	**64,761**	**$ 250,587,133**

Integración por Tipo de Servicio

	CARTERA VENCIDA DE 03 A 12 MESES		CARTERA VENCIDA DE 13 A 24 MESES		CARTERA VENCIDA DE 25 A 60 MESES		TOTALES	
TIPO SERVICIO	Usuarios	FACTURACION	Usuarios	FACTURACION	Usuarios	FACTURACION	Usuarios	TOTAL
Comercial	687	5,981,029	358	9,397,199	528	25,094,057	1,573	40,472,286
Domestico	22,774	16,539,553	11,926	24,435,959	19,204	87,448,253	53,904	128,423,765
Residencial	3,697	5,078,777	1,260	5,232,474	1,732	14,426,211	6,689	24,737,463
Publico	104	9,246,433	16	490,792	112	27,116,040	232	36,853,264
Microcomercio	251	518,517	120	832,364	191	2,588,092	562	3,938,973
Residencial Dos	1,151	5,106,102	254	4,283,481	396	6,771,800	1,801	16,161,382
Total	**28,664**	**42,470,411**	**13,934**	**44,672,269**	**22,163**	**163,444,452**	**64,761**	**250,587,133**

CARTERA VENCIDA JURIDICAMENTE INCOBRABLE A PARTIR DE 61 MESES

CARTERA VENCIDA MAYOR A 60 MESES		
TIPO SERVICIO	Usuarios	FACTURACION
Comercial	1,038	102,222,222
Domestico	42,794	502,340,592
Residencial	2,277	46,615,989
Publico	114	15,613,495
Microcomercio	286	10,116,894
Residencial Dos	409	16,186,160
Total	**46,918**	**693,095,352**

De estos importes legalmente son cobrables aproximadamente 250 mdp

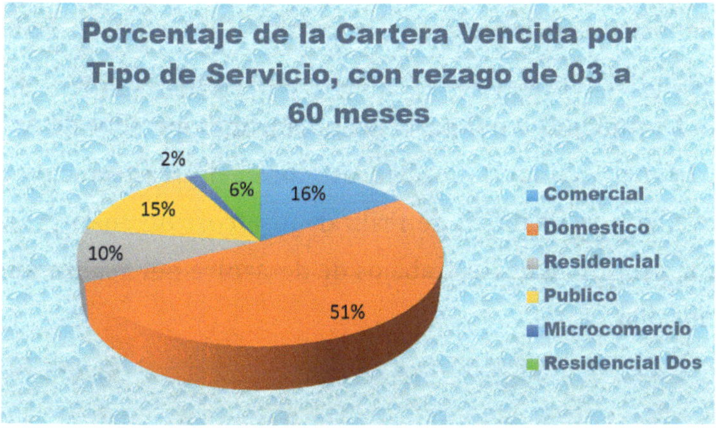

2.-CFE MANTENIMIENTO A LA PRESA

Como ya lo hemos comentado uno de los problemas en cuanto a captación que enfrenta el organismo, es la turbiedad generada en la toma directa, denominada Papagayo II, la alta turbiedad está íntimamente ligada a los trabajos de mantenimiento de la presa hidroeléctrica, Ambrosio Figueroa, conocida comúnmente como "La Venta", que es propiedad de la CFE, en el año 2020, la Comisión, tenía programado llevar a cabo el mantenimiento y desazolve, por lo que en el mes de abril 2020, lleve a cabo una serie de reuniones de coordinación de los trabajos, en una de ellas como primer paso se visitaron las instalaciones de la toma directa, Papagayo II, en el mes de abril nosotros visitamos las instalaciones de la presa, a continuación presento el relato de los trabajos de coordinación.

Con relación a la visita realizada el día viernes 17 de abril del presente año a la presa hidroeléctrica La Venta y con el objetivo de proponer alternativas para disminuir la turbiedad que se presenta en el río Papagayo, en la toma directa Papagayo II y coordinar los trabajos de desazolve que realizará CFE:

En la visita estuvo presente por parte de la Comisión Federal de Electricidad el Ing. Raymundo Castrejón Casarrubias, el Ing. Marat Chacón Domínguez y por parte del organismo operador de Acapulco el Ing. Leonel Galindo González, así como el área técnica y el área operativa, con la finalidad de realizar un recorrido en la presa y escuchar la propuesta de los trabajos de desazolve que realizarán en los próximos días.

Se realizó el recorrido con la finalidad de explicar por parte de CFE los trabajos de desazolve que estarán ejecutando, con el objetivo de no incrementar los niveles de turbiedad y de coordinar y monitorear la medición de la turbiedad en el agua, realizando mediciones aguas debajo de la presa hidroeléctrica y en la captación del Papagayo II, para que, en caso de presentar altos niveles de turbiedad, se puedan parar los equipos y garantizar la vida útil de los mismos.

Actualmente, la presa no está almacenando agua, el gasto que ahora están dejando pasar es de 19.4 m^3/s, se comentó que no se está embalsando el flujo y que podría bajar hasta 18 m^3/s en las próximas semanas ante la temporada de estiaje.

El organismo solicitó que la CFE, realizara también una medición de la turbiedad en la salida de la presa, la CFE, estuvo de acuerdo con nuestra solicitud y contrato a la empresa Endress + Hauser, para comenzar con la medición de la turbiedad del agua, en la salida de la presa. Se realizó una prueba por lo que se tomó una muestra del agua en el cauce del río y se realizó la prueba, explicando el funcionamiento del equipo que estarán utilizando, aclarando que el equipo quedara fijo para estar realizando las mediciones, durante el lapso que duren los trabajos. En el momento, se presentó una turbiedad de 406.1 unidades.

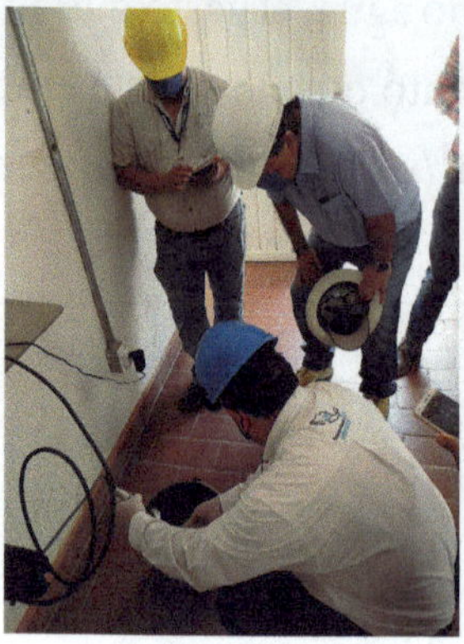

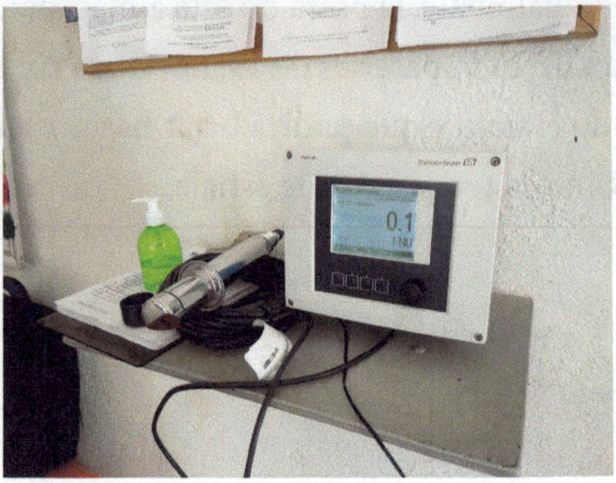

Terminado el recorrido en las instalaciones de la presa, nos trasladamos a las oficinas de CFE en Tierra Colorada, para concluir y firmar una minuta con los acuerdos y alcances que a continuación se mencionan:

CFE iniciaría a partir de esta fecha los trabajos con maquinaria mismos que se harán fuera de la intervención del flujo, del cauce, básicamente en el banco de azolve existente en la presa, hacia aguas arriba de la cortina.

Para intervenir la zona mojada se hará de acuerdo a la fecha que proporcionará la CAPAMA entre el lunes y martes 20 y 21 de abril, para ejecutarse tentativamente en las fechas del 22 al 27 de abril.

Se realizarán mediciones para obtener los valores de la turbiedad en la mañana, tarde y noche y monitorear los niveles de turbiedad que se presentan, coordinando y ajustando los resultados considerando las horas de desfase a la llegada del flujo, que permita saber si en el trayecto aumenta o disminuye la turbiedad por alguna condición física que se presente.

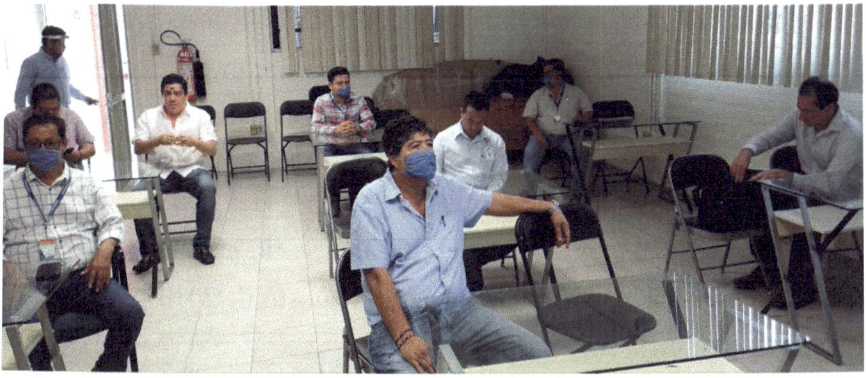

"Recuperar las condiciones operativas de compuerta desarenadora, C.H. La Venta"

Antecedentes:

Información relevante de la presa, que de manera directa afecta la operación del organismo en el sistema de captación de la toma directa Papagayo II.

La compuerta desarenadora y sus equipos electromecánicos de izaje fueron sustituidos entre los años 2013-2016 con cargo a la póliza integral de seguros de CFE del 2013, en recuperación al siniestro ocasionado por las tormentas "Ingrid y Manuel.

Fueron realizadas pruebas operativas en vacío en mayo de 2016 y no ha sido abierta desde ese entonces, en agosto de 2019 CFE realizó intentos por abrirla sin lograrlo.

La falta de apertura de la compuerta desarenadora ha ocasionado la acumulación de azolve aguas arriba de esta y en el recinto de la obra de toma, reduciendo la capacidad de regulación de azolves.

Actualmente, en la SPHI, CFE GENERACIÓN I EPS, estamos llevando a cabo un proyecto integral interdisciplinario para "Recuperar las condiciones operativas de la compuerta desarenadora y retiro de azolve en recinto de obra de toma".

Atendiendo a la política de operación, en lo que respecta a la coordinación CFE-CAPAMA, el 12 de marzo de 2020, la Superintendencia de la Central Hidroeléctrica La Venta, en reunión con personal de la CAPAMA, acordaron lo siguiente:

No se tiene inconveniente por CAPAMA, al paro de la central, la CAPAMA solo solicita se baje gradualmente el nivel del embalse y estarán presentes durante las maniobras del día 21 y corroborar que se harán los trabajos por parte de CFE de manera que se puedan continuar con el bombeo. Así también la CAPAMA solicita que, si se concluyen los trabajos de la compuerta desarenadora antes de lo estipulado contractualmente, antes de normalizar el nivel del embalse se les notifique y que durante dicho proceso se considere el paso de agua por alguna compuerta vertedora y no se vean afectados en sus bombeos.

Grosso modo, se presenta las condiciones actuales de la presa y sus generalidades.

Ataguía

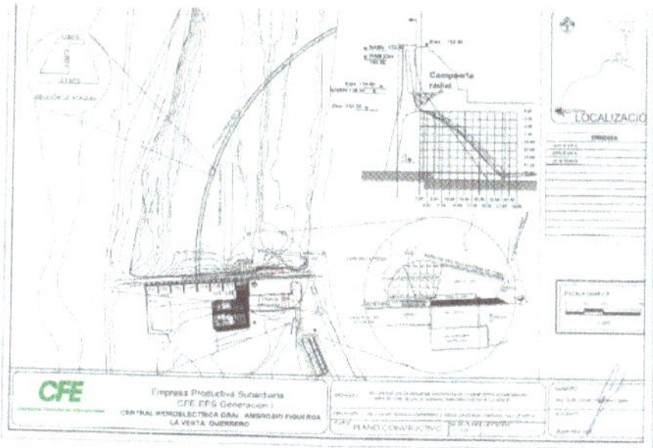

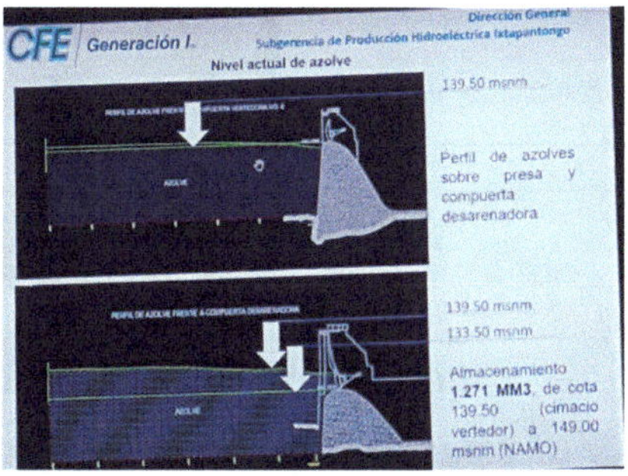

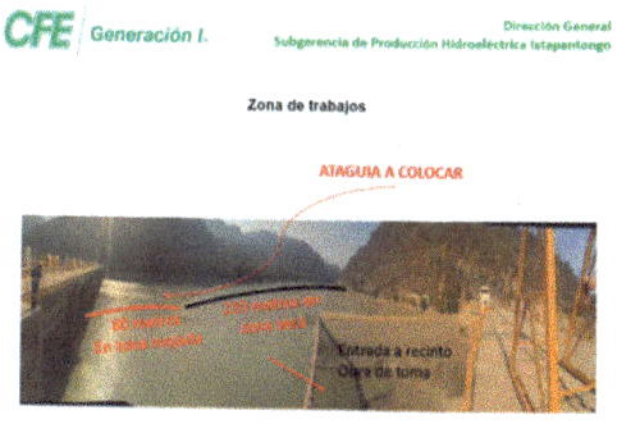

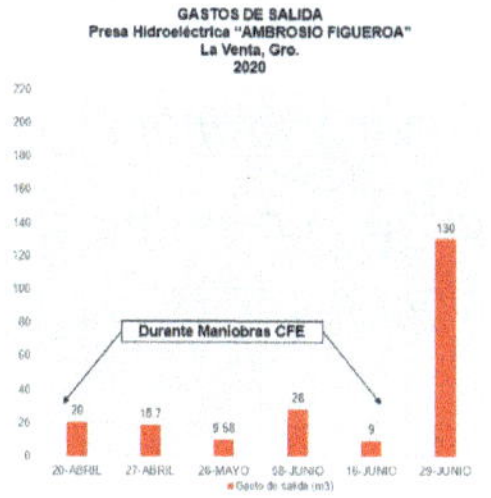

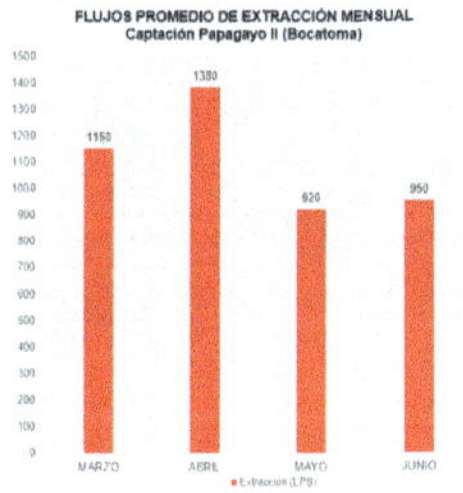

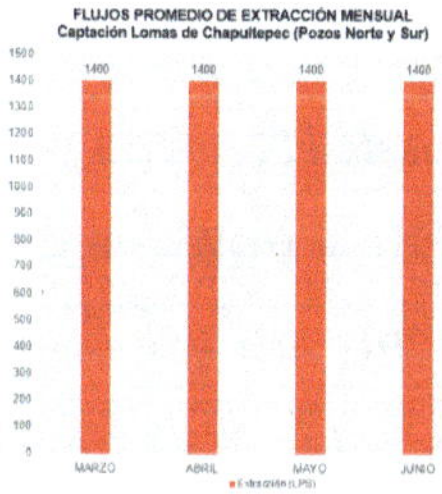

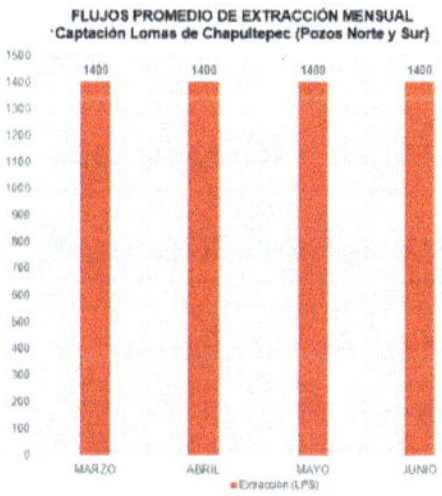

Acuerdan con la CFE buscar "solución definitiva" a la deuda de CAPAMA.

Se reúnen en la Ciudad de México y agendan encuentro de alto nivel entre los tres órdenes de gobierno.

Ciudad de México, 30 de octubre de 2019.- *La presidenta municipal de Acapulco, sostuvo hoy una reunión de trabajo con el director de la Comisión Federal de Electricidad (CFE), Manuel Bartlett Díaz, a fin de analizar y proponer soluciones a la grave situación financiera y operativa por la que atraviesa la Comisión de Agua Potable y Alcantarillado de Acapulco (CAPAMA).*

En la reunión se acordó realizar de manera inmediata y urgente un encuentro al más alto nivel con representantes de la Secretaría de Gobernación, la Secretaría de Hacienda y Crédito Público y el gobierno del estado de Guerrero a través de Comisión de Agua Potable, Alcantarillado y Saneamiento del Estado de Guerrero (CAPASEG), para solucionar a fondo y de manera definitiva el problema de la paramunicipal, que se fue agravando cada vez más a lo largo de las cuatro administraciones municipales pasadas y que implica una deuda de casi 500 millones de pesos con la CFE y de más 1,300 millones de manera total con otras instituciones.

En la reunión se planteó la necesidad que las soluciones que se planteen no sean solo superficiales e inmediatas, sino de forma definitiva y profunda, ya que esta crisis afecta a toda la población acapulqueña al momento de recibir el servicio de agua potable.

En todo momento los funcionarios de la CFE encabezados por el director Bartlett Díaz se mostraron sensibles al problema y señalaron que, por instrucciones del presidente de la República, Andrés Manuel López Obrador, pondrán todo el interés para impulsar el desarrollo económico de Acapulco y ayudar a sanear las finanzas del Gobierno Municipal.

En la reunión estuvo presente el Director General de CAPAMA, Leonel Galindo González.

Viola CFE derecho humano al agua de los acapulqueños con cortes de energía a CAPAMA

De manera arbitraria e ilegal suspende el suministro eléctrico en instalaciones para el abasto del vital líquido.

No se acata la suspensión provisional que otorgó el Juez Tercero de Distrito en promoción al amparo 1132/2019-II por parte de la comuna de Acapulco.

Acapulco, Gro., 28 de noviembre de 2019. *– En un acto arbitrario e ilegal que viola el derecho humano de los acapulqueños al suministro de agua potable que provee la CAPAMA, la Comisión Federal de Electricidad (CFE) cortó el servicio de energía eléctrica en instalaciones indispensables para el abasto del vital líquido en el puerto, no acatando la suspensión provisional para dichas acciones que otorgó a la comuna el Juez Tercero de Distrito en promoción al amparo 1132/2019-II.*

Con fecha 26 de noviembre de 2019, el Juez Tercero de Distrito concedió la medida cautelar de no ejecución, para el corte del suministro de energía eléctrica en todos los servicios que tiene contratados la CAPAMA con la CFE, con base en el amparo 1132/2019-II que promovió la comuna del municipio de Acapulco.

A pesar del recurso legal concedido, a pesar de cumplir con los pagos de las facturaciones mensuales del año en curso que oscilan en los 20 millones de pesos, la negativa a la solicitud de prórroga para cubrir el mes de octubre 2019, a pesar de ir al corriente con los pagos del convenio establecido por la actual administración para cubrir adeudos del último cuatrimestre de 2018, la paraestatal inició la tarde del miércoles 27 de noviembre, cortes en los servicios de energía eléctrica de instalaciones de CAPAMA causando un daño irreparable en la calidad de vida de los acapulqueños y violando flagrantemente sus derechos humanos.

Ante los hechos ocurridos y por instrucciones de la presidenta municipal, Adela Román Ocampo, el director general de la CAPAMA, Leonel Galindo González, acompañado del subdirector jurídico del organismo y el corredor público número 4 de la plaza del Estado de Guerrero, Alfredo Rodríguez Vega, realizaron una inspección en las instalaciones afectadas con el corte de energía eléctrica, para que el representante legal diera fe de las acciones indebidas y ejecutadas por la CFE en contra de la población de Acapulco.

Al respecto, Leonel Galindo González, enfatizó que los representantes de la Comisión Federal de Electricidad no han respetado acuerdos establecidos, actuando con total insensibilidad hacia el pueblo de Acapulco, causando, mediante los cortes de energía eléctrica en las instalaciones de la CAPAMA, un daño irreparable a todos los que viven y visitan en el puerto.

"Estamos comentando con ellos reiteradamente de que no es un asunto de afectación a CAPAMA, es una afectación a la comunidad, al pueblo acapulqueño, que es el que sufre las consecuencias, incluso yo platicaba con ellos, con los superintendentes, se les decía, su familia vive en Acapulco, su familia sufre las consecuencias del corte de luz porque no hay abastecimiento del vital líquido", comentó.

Por su parte, el subdirector Jurídico del organismo paramunicipal, José Luis López Vázquez, informó, que, sentando un precedente legal, la comuna del municipio de Acapulco promovió una demanda de amparo para evitar los cortes de energía eléctrica a la CAPAMA por parte de la CFE, recurso mediante el cual, se concedió una suspensión provisional a dichas acciones, por constituir una violación al derecho humano de los acapulqueños al suministro de agua potable.

"En este caso acudió al amparo el municipio, la comuna en representación de la ciudadanía porque se está violando el derecho

humano al derecho al agua, por eso es que ahora le dieron entrada al trámite a la demanda de amparo y concedieron la suspensión provisional para efecto de que no se afecte a la ciudadanía sin embargo estás personas están violando esta suspensión y están afectando a la ciudadanía en general", indicó el funcionario.

El representante jurídico abundó, que la violación cometida por parte de los representantes de CFE, da pie a proceder de manera legal en contra de quien o quienes resulten responsables de la trasgresión al derecho humano de los acapulqueños, dando parte de los hechos ante el Ministerio Público para fincar responsabilidades y, sobre todo, buscando lograr la reanudación del servicio eléctrico para cubrir la necesidad básica de dotar de agua potable a los acapulqueños.

"Hacer una petición a estas personas encargadas y que de alguna manera tengan la sensibilidad de que no afectan al organismo, afectan a la ciudadanía, y que el amparo que se está presentando no es para evadir la responsabilidad, definitivamente nosotros hemos cumplido, la prueba es que en todo el año no hay ningún adeudo, se ha estado cumpliendo, simplemente que nos den la oportunidad de poder seguir prestando el servicio para poder seguir recaudando y cumplir con ese compromiso", concluyó al respecto.

Los funcionarios de la CAPAMA y los representantes legales recorrieron instalaciones como los sistemas de captación Papagayo II y Lomas de Chapultepec, la planta potabilizadora Cayaco, así como los rebombeos Papagayo I, Cruces y Venta-Zapata.

Cabe destacar que el incidente de suspensión relativo al juicio de amparo 1132/2019-II promovido por la comuna del municipio de Acapulco y concedido mediante el Juzgado Tercero de Distrito en el Estado de Guerrero, establece que, "la medida cautelar se otorga aun para el caso de que se haya llevado a cabo el corte de suministro de energía eléctrica, por lo que, de haberse realizado tal corte, deberá reanudarse dicho servicio, a fin de preservar el derecho humano al suministro de agua".

Solicita CAPAMA a CFE reconexión de servicios para el abasto de agua en Acapulco

La actual administración va al corriente en el pago de convenios y facturación mensual de CAPAMA a la Comisión Federal de Electricidad.

Funcionarios regionales desacatan el acuerdo establecido a nivel federal con el director de CFE de no cortar el suministro de energía eléctrica a CAPAMA.

Acapulco, Gro., 29 de noviembre de 2019.- La Comisión de Agua Potable y Alcantarillado del Municipio de Acapulco (CAPAMA) presentó ante la Comisión Federal de Electricidad (CFE) a nivel local, la solicitud de reconexión de los servicios de energía eléctrica contratados para los sistemas de captación y rebombeo que abastecen de agua potable a la población de Acapulco, toda vez que se ha venido cumpliendo con los pagos por dichos servicios y

el municipio amparó a los acapulqueños para proteger el derecho humano de suministro del vital líquido.

En conferencia de prensa ofrecida este viernes en la sala de juntas de las oficinas centrales de la CAPAMA, el director general, Leonel Galindo González y el subdirector Jurídico del organismo, José Luis López Vázquez, informaron el proceso legal que siguen el municipio de Acapulco y la CAPAMA, ante el desacato de la CFE a la suspensión provisional relativo al juicio de amparo 1132/2019-II, concedido mediante el Juzgado Tercero de Distrito en el Estado de Guerrero.

El representante jurídico de la CAPAMA, José Luis López Vázquez, informó, que tras el recorrido con fedatario público en las instalaciones afectadas con el corte de energía eléctrica por CFE, se turnó un documento al área jurídica del Ayuntamiento de Acapulco para fincar responsabilidades en contra de quien o quienes hayan violado el recurso legal que otorgó el Juez Tercero de Distrito y que protege el derecho humano al suministro de agua de los acapulqueños; además, la CAPAMA este día turnó a la CFE en Acapulco la solicitud de reconexión de los servicios como se establece en el mismo documento.

"Hoy presentamos un escrito, en donde el director lo firma, estamos pidiendo que nos reconecten los servicios que nos fueron suspendidos porque ese es el efecto de la suspensión, la suspensión dice que si están cortados los servicios tienen que ser reconectados, entonces ya presentamos un escrito hoy a la CFE y le anexamos una copia de la suspensión provisional que se otorga, insisto, en el amparo al Ayuntamiento en representación de la ciudadanía para

que no sea cortado y esa suspensión dice que si es cortado el servicio tiene que reinstalar ese servicio", señaló al respecto.

Por su parte, Leonel Galindo González, remarcó que la actual administración ha venido cumpliendo con los pagos a la CFE, pero debido a la baja recaudación en el pasado mes de octubre por la contingencia de la tormenta Narda, el organismo solicitó a la CFE una prórroga para poder cubrir dicha facturación mensual, petición que con total insensibilidad fue negada, por lo que se recurrió al trámite de amparo, recurso legal que fue violado por la paraestatal, causando un daño irreparable en la calidad de vida de los acapulqueños.

"Tramitamos el amparo no para evitar el pago, sino que lo que pedimos es tiempo para poder regularizarnos y les vuelvo a repetir, la muestra está de que hemos pagado cerca de 240 millones de pesos en lo que va de nuestra administración, estamos eficientando los recursos, lo estamos pagando y lo que pedimos es esa situación. Nosotros estuvimos cerca de un mes, en la ciudad de México, estuve acompañando a la presidenta municipal, la licenciada Adela Román Ocampo, en una mesa de trabajo con Manuel Bartlett y efectivamente nos comentó que llegáramos a los acuerdos aquí en la localidad para que no tuviéramos un corte de suministro de la energía eléctrica, no sabemos por qué razón lo están haciendo, a todas luces es ilegal, están perjudicando a la ciudadanía, no a nosotros, no a CAPAMA, no al Ayuntamiento, a la ciudadanía, debemos de entender de que los principales afectados es la ciudadanía por la falta del vital líquido", reiteró Galindo González.

El pasado miércoles 27 de noviembre la Comisión Federal de Electricidad (CFE) cortó el servicio de energía eléctrica en instala-

ciones indispensables para el abasto del vital líquido en el puerto, no acatando la suspensión provisional para dichas acciones que otorgó a la comuna el Juez Tercero de Distrito en promoción al amparo 1132/2019-II, medida cautelar que se concedió con fecha 26 de noviembre del presente año.

La actual administración ha pagado en lo que va del año un total de 240 millones de pesos a la CFE, 200 millones de la facturación mensual correspondiente al periodo enero-septiembre 2019 y 40 millones de pesos del convenio establecido con la alcaldesa, Adela Román Ocampo, para liquidar adeudos del último cuatrimestre de 2018, estando únicamente pendiente de cubrir la facturación mensual del mes de octubre 2019 que asciende a 14 millones de pesos y para lo que se pidió una prorrogar que fue negada, dando pie al amparo que fue violado con el corte de energía en sistemas vitales para el abasto de agua en Acapulco.

El acto ilegal y arbitrario de la Comisión Federal de Electricidad con los cortes de energía eléctrica en instalaciones de la CAPAMA, está causando un daño irreparable al 80 por ciento de la población del puerto que no está recibiendo el vital líquido.

La CAPAMA informa, que actualmente el organismo únicamente cuenta con la captación del sistema Papagayo I, que provee del orden de mil litros por segundo, de los cuales solo 300 litros por segundo se pueden distribuir por gravedad en la zona turística y colonias de la parte baja de Acapulco debido a que los rebombeos no tienen energía eléctrica para su funcionamiento.

Asimismo, indica, que una vez que sean reconectados los servicios por parte de CFE, se prevé un lapso de 72 horas para el lle-

nado de los sistemas de distribución de agua potable para iniciar el abasto del vital líquido de manera paulatina en todo Acapulco.

Avanza CAPAMA en regularizar abasto de agua tras reconexión de suministro eléctrico en sus sistemas.

El restablecimiento del servicio está pendiente en un 20 por ciento de la población afectada debido a que dos rebombeos se dañaron con los cortes. Informa el director general del organismo, Leonel Galindo González, que este lunes se realizó un abono a CFE de la facturación pendiente de octubre 2019

Acapulco, Gro., 2 de diciembre de 2019.- El director general de la Comisión de Agua Potable y Alcantarillado del Municipio de Acapulco (CAPAMA) Leonel Galindo González, informó, que tras la solicitud presentada por la CAPAMA ante la Comisión Federal de Electricidad (CFE) para restablecer el suministro de energía eléctrica la tarde del pasado viernes, esa misma noche iniciaron las reconexiones en los equipos que captan y distribuyen el agua potable para Acapulco, lo que permitió avanzar con la regularización del abasto del vital líquido para la población.

Después de participar en la atención directa a los ciudadanos, durante la sesión de Cabildo Abierto que encabezó la alcaldesa, Adela Román Ocampo, en la colonia Emiliano Zapata, el director

Reconoce la CONUEE prácticas para ahorro de energía eléctrica en CAPAMA Celebran mesa de trabajo la alcaldesa Adela Román y representante del gobierno federal

Acapulco, Gro., 06 de junio de 2019.- La presidenta municipal, Adela Román Ocampo, se reunió con el subdirector de área y responsable del Bombeo de Agua de la Comisión Nacional para el Uso Eficiente de la Energía Eléctrica (Conuee), Moisés Pani Trujillo, quien le reconoció a la alcaldesa el haber emprendido buenas prácticas para el ahorro de energía, principalmente en la Comisión de Agua Potable y Alcantarillado del Municipio (CAPAMA).

En el encuentro, efectuado en la oficina de Presidencia, la alcaldesa Adela Román le informó al representante del gobierno federal que, a su llegada en octubre, el pago de energía en la paramunicipal era superior a los 25 millones de pesos; sin embargo, con el apoyo del director Leonel Galindo González, han logrado disminuir las cifras a 19 millones de pesos.

"En Acapulco estamos haciendo bien la tarea, para nosotros es importante la visita del ingeniero Pani, su tarea fundamental es que los municipios puedan ahorrar energía eléctrica y que se use de manera eficiente este servicio, es importante resaltar que inicia-

mos en octubre pagando 25 millones de pesos por energía eléctrica para CAPAMA, entonces de 25 millones a 19 millones creo que hay un ahorro importante", enfatizó Román Ocampo.

Luego de supervisar la fuente de captación Papagayo II y de reunirse con funcionarios de CAPAMA, en compañía de la alcaldesa; Moisés Pani Trujillo refrendó el apoyo al municipio.

"El apoyo de Conuee lo pueden tener, nos encontramos con que han estado implementando estas acciones de eficiencia energética, tanto que está reflejado en su facturación eléctrica. Para Conuee es un gusto que se estén dando estas buenas prácticas, continuar con esta mejora continua", afirmó Pani Trujillo. En la mesa de trabajo estuvieron presentes el director de la CAPAMA, Leonel Galindo González, así como otros funcionarios.

Suma CAPAMA acciones efectivas para cuidado ambiental de la Laguna de Tres Palos y cuenca del río de La Sabana

Instancias de los tres órdenes de gobierno encaminan acciones para el saneamiento de los cuerpos de agua.

Chilpancingo, Gro., 13 de diciembre de 2019.- Para encaminar acciones efectivas en el cuidado ambiental de la Laguna de Tres Palos y cuenca del río de La Sabana, el director general de la CAPAMA, Leonel Galindo González, participó en la reunión de seguimiento

con instancias de los tres órdenes de gobierno que están sumando esfuerzos para sanear los cuerpos de agua.

El titular del organismo paramunicipal en Acapulco informó, que, en respuesta y colaboración con el Congreso de Guerrero, a través de un exhorto emitido por el poder legislativo local, este día en la capital del estado, se celebró la mesa interinstitucional, en la que CAPAMA presentó información para atender la problemática ambiental que prevalece desde hace más de 10 años en la Laguna de Tres Palos, que ha sido denunciada por pescadores y que actualmente se está atendiendo.

Leonel Galindo detalló, que este día y tras acuerdos previos, la CAPAMA entregó información solicitada respecto al estado que guardan las 8 plantas de tratamiento que controla el organismo y que están ubicadas en la cuenca del río de La Sabana, diagnostico que servirá para impulsar su rehabilitación y mejoramiento, planteando un presupuesto estimado en 270 millones de pesos.

Asimismo, el organismo operador del agua en Acapulco realizó un levantamiento de las plantas tratadoras que están dentro de unidades habitacionales y residenciales de la zona Diamante, infraestructura que es controlada por las mesas directivas de condóminos.

Galindo González mencionó, que, como resultado de la reunión de seguimiento, se mantendrá un monitoreo y vigilancia constante en el funcionamiento de las plantas tratadoras antes mencionadas, por parte de autoridades de los tres órdenes de gobierno sumadas en las acciones de preservación ambiental; además indicó, que, en próximos días, la CAPAMA habilitará un generador para mejorar el funcionamiento de la planta del condominio Marina Diamante.

Finalmente, el funcionario municipal destacó, que, por parte del Congreso de Guerrero, algunos diputados locales, ofrecieron impulsar la asignación de recursos para el mejoramiento y rehabilitación de las plantas tratadoras en cuestión, coadyuvando en la preservación de los cuerpos de agua.

CAPÍTULO V

1.-INFORME ANUAL 2019, 2020 Y 2021 (AGOSTO)

Este capítulo tiene una relevancia especial y muy trascendental para observar el comportamiento de las finanzas sanas, al menos en mi periodo no endeude al organismo, aquí detallo prácticamente todas las inversiones que se realizaron en el organismo, con recursos propios, repito no endeude al organismo, como se verá más adelante, cuando llegue a la DG, había autorizado por el Consejo de Administración un préstamo bancario, que había solicitado Mario Pintos, a mi llegada trate a toda costa de no pedir dinero prestado, lleve las finanzas limpias, mediante una disciplina financiera total, invirtiendo los recursos propios en todas las acciones de operatividad, combatiendo la corrupción en el organismo, yo no meto las manos por nadie, no dudo que algunas personas no siguieron las instrucciones, que incluso fueron dictadas por nuestro gran presidente, ya que algunos funcionarios o trabajadores de bajo perfil, se sienten intocables por ser recomendados, en fin hay de todo.

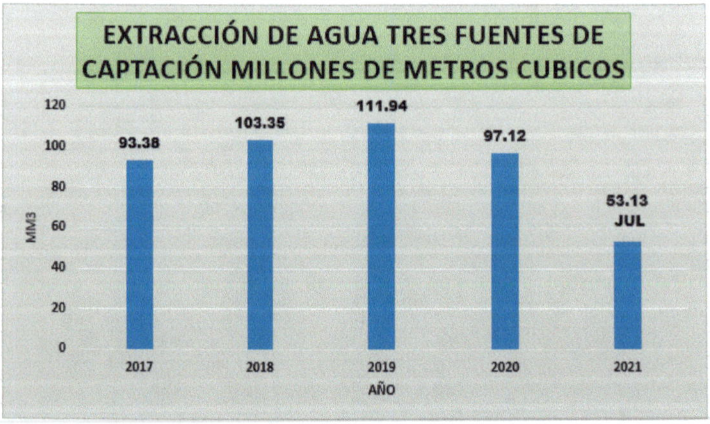

En este gráfico se puede observar claramente uno de los grandes problemas que existen en el organismo, se observa el volumen de la extracción del vital líquido, es una cantidad suficiente para no padecer de la falta del mismo, como se podrá observar claramente existe una gran disparidad en cuanto al volumen del agua extraída de las tres fuentes principales, Papagayo I; Papagayo II y Lomas de Chapultepec, es conveniente resaltar que durante mi periodo 2019 se extrajo el mayor volumen histórico jamás obtenido en el organismo.

Los años 2017 y 2018 corresponden a la administración anterior; 2019, 2020 y 2021, al periodo de la Lic. Adela Román; de forma particular: 2019 de Leonel Galindo hasta junio 2020, Aysa Neme hasta enero del 2021 y hasta el final del periodo Roberto Villalobos.

A continuación, presentamos la gráfica del volumen de agua potabilizada, como se podrá observar en el año 2019, se tiene un volumen de 26.98 millones de metros cúbicos que no se potabilizaron, existen varias hipótesis en ese sentido, en primer lugar está el famoso huachicoleo propiciado por la infinidad de tomas clandestinas existentes durante el trayecto hacia las tomas domiciliarias, después algo importante también está la pérdida del vital líquido debido a los retrolavados, otro tanto más por las fugas en las tuberías, esto es algo que se debe tomar en cuenta para la planeación de la ejecución de los proyectos.

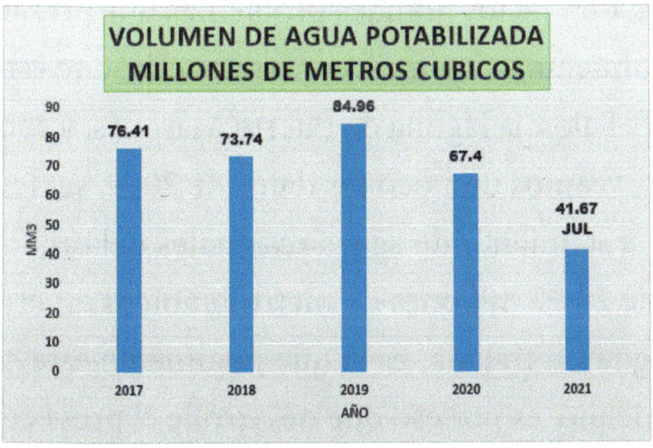

Debido al importante volumen extraído y a la cantidad del agua potabilizada, podemos observar que la cobertura del agua potable distribuida en el Municipio de Acapulco, se elevó, siendo la más alta en el 2019.

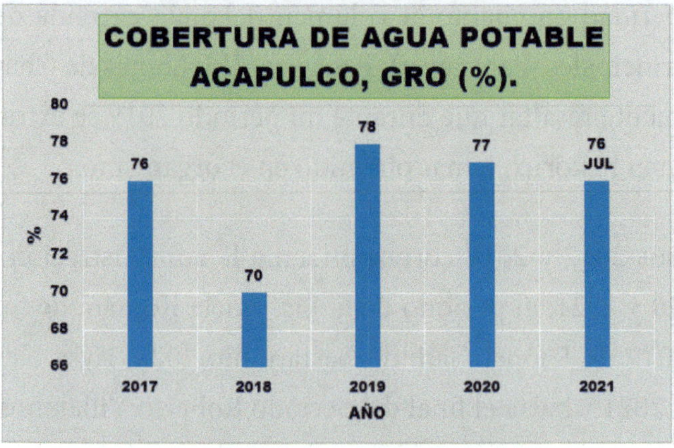

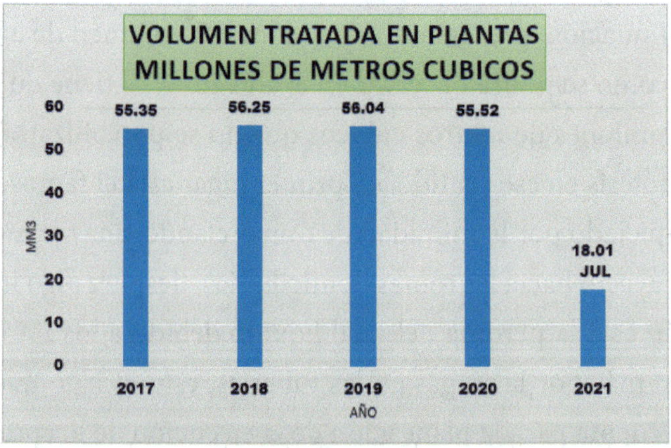

Ahora bien, uno de los grandes problemas que presenta el municipio, es el saneamiento, la enorme contaminación que está sufriendo la Laguna de Tres Palos, la laguna de Puerto Marqués, y sobre todo la bahía del Puerto, veamos un poco los datos de 2019, se dejó de tratar en las plantas de tratamiento de aguas residuales del organismo la enorme cantidad de 28.92 millones de metros cúbicos en el año, esta gran cantidad de agua no tratada, es la que finalmente está contaminando a todo el Municipio, es por eso que desarrolle el proyecto "Rehabilitación y mantenimiento de 15 plantas de tratamiento de aguas residuales" proyecto que finalmente fue uno de los finalistas y lo presente en febrero de 2020, en Abu Dabi, en los Emiratos Árabes Unidos.

Pues bien, el tener la mejor extracción del agua de manera histórica, así como un alto volumen del agua potabilizada y obviamente el tratamiento de la misma, nos llevó a tener un alto consumo de energía eléctrica, como se puede observar en la gráfica siguiente:

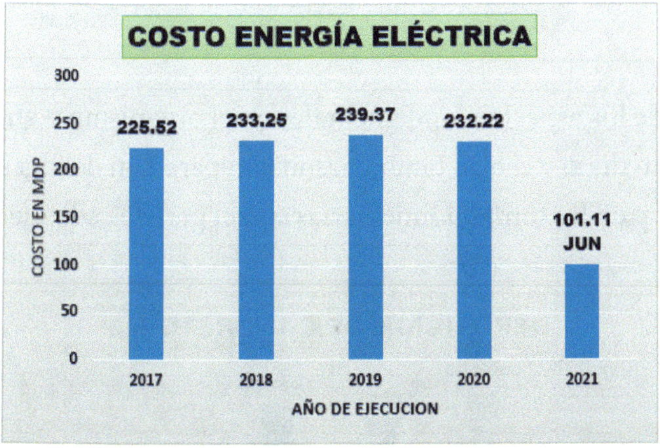

Con lo que hemos comentado en líneas anteriores se programaron y ejecutaron el desazolve en las redes de los colectores del drenaje sanitario, las cantidades se pueden observar en la siguiente gráfica.

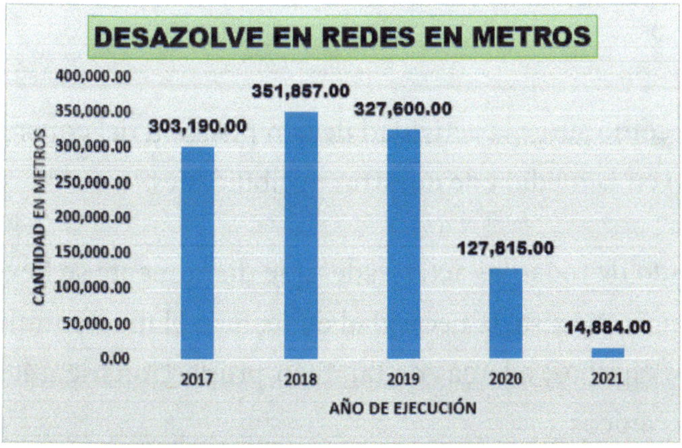

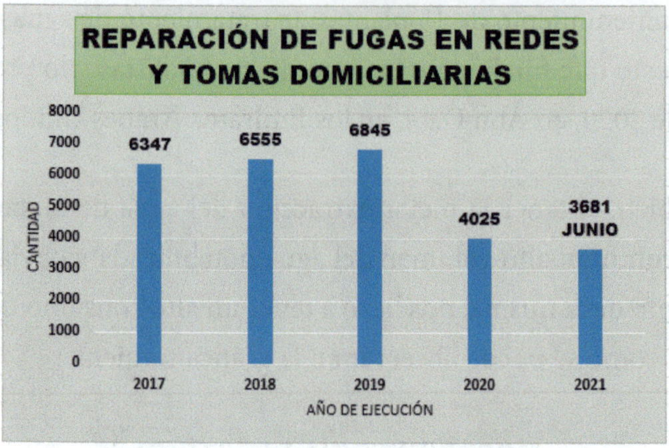

Otro de los aspectos fundamentales en el organismo y que son frecuentes un día sí y el otro también, son la reparación de fugas en la red principal y en las tomas domiciliarias son el pan de cada día.

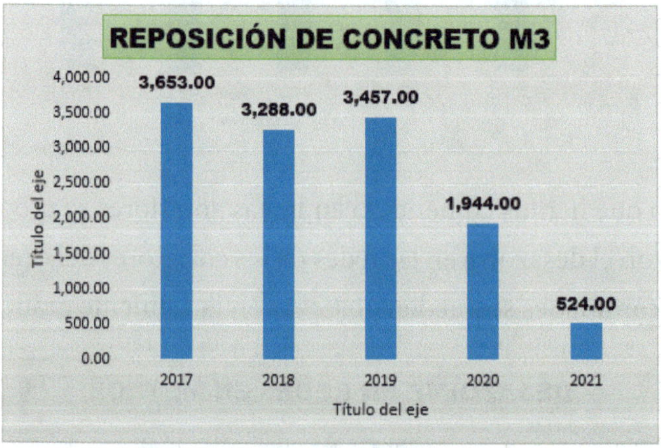

Es así, como surge la actividad de la reposición del concreto el cual se atendió en la medida de nuestras posibilidades.

Derivado de todas las actividades que diariamente se llevan a cabo en el organismo existe la necesidad de realizar el mantenimiento eléctrico a los equipos, además de también proporcionarle a los equipos electromecánicos.

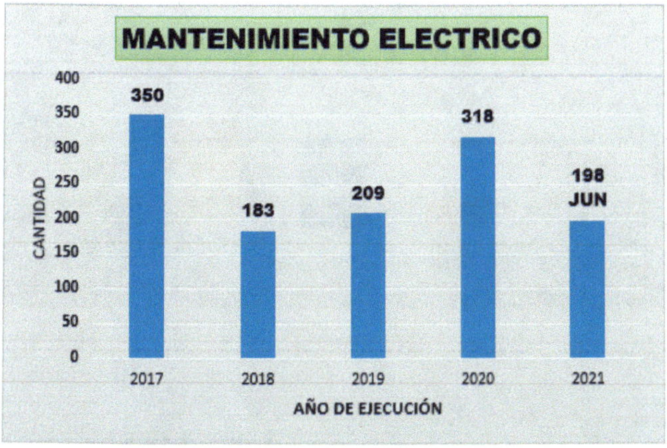

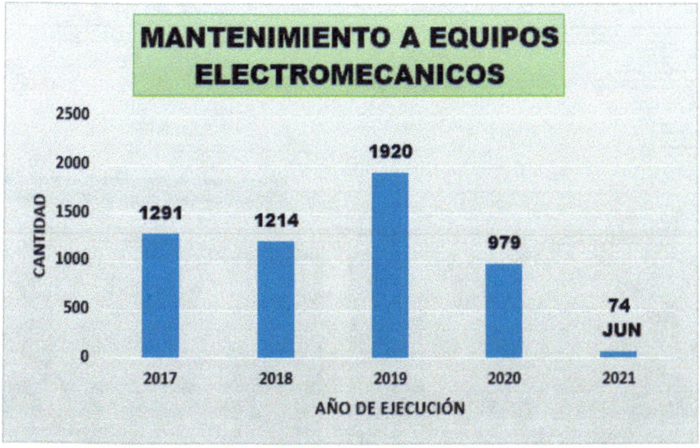

Derivado de todas las actividades que diariamente se llevan a cabo en el organismo existe la necesidad de realizar el mantenimiento eléctrico a los equipos, además de también proporcionarle a los equipos electromecánicos.

A continuación, se presentan una serie de gráficas con datos relevantes del organismo que nos ilustra de manera clara el estatus del mismo.

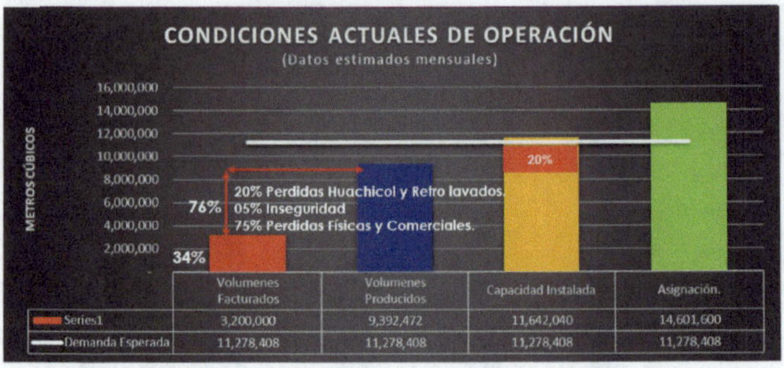

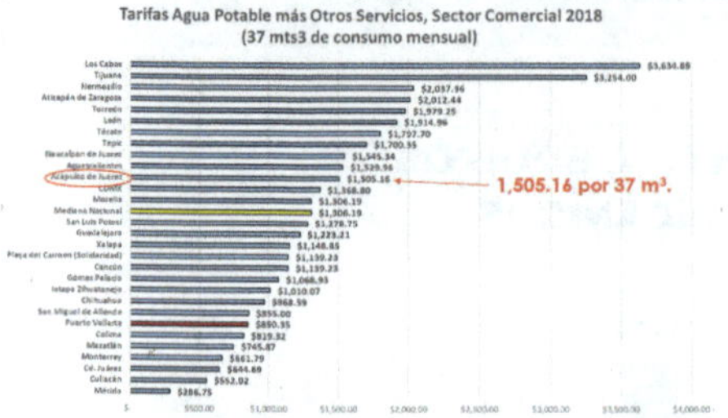

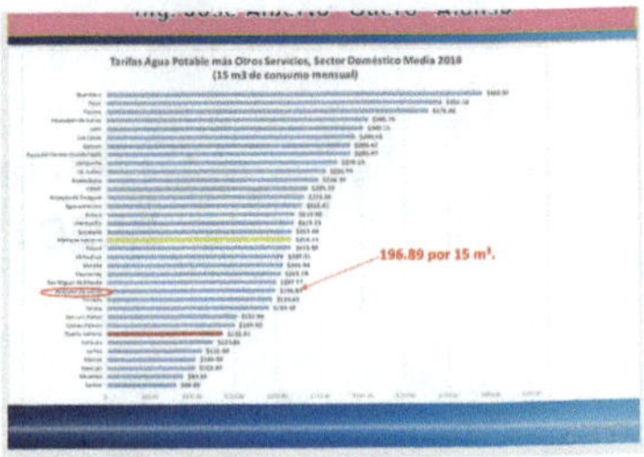

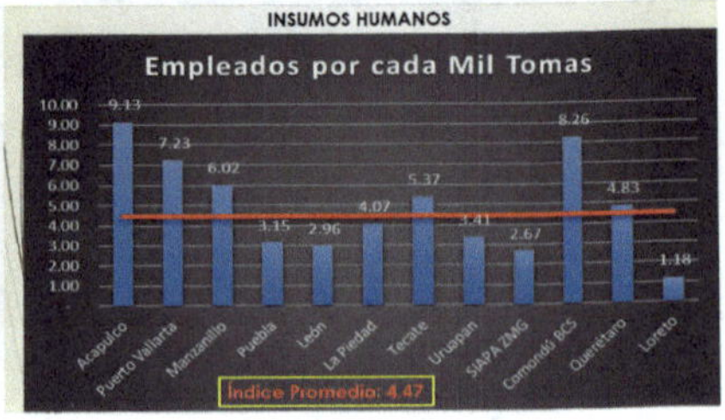

Fabricación de tapas para alcantarillas

Debido al constante robo de las tapas de las alcantarillas en diferentes avenidas del puerto de Acapulco, decidimos fabricar las nuestras de concreto con un armado sencillo de varilla, pretendiendo con esto inhibir el robo de las mismas, déjenme decirles que resulto muy efectiva esta acción.

CAPÍTULO VI

PROPUESTA PARA LA CREACIÓN DE UNA ESCUELA PARA TRABAJADORES DEL MUNICIPIO.

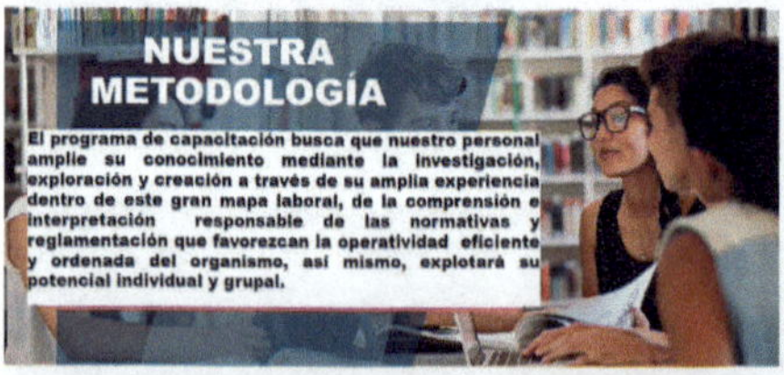

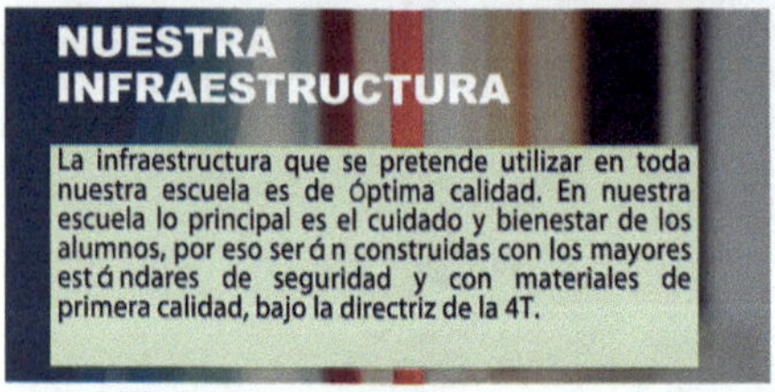

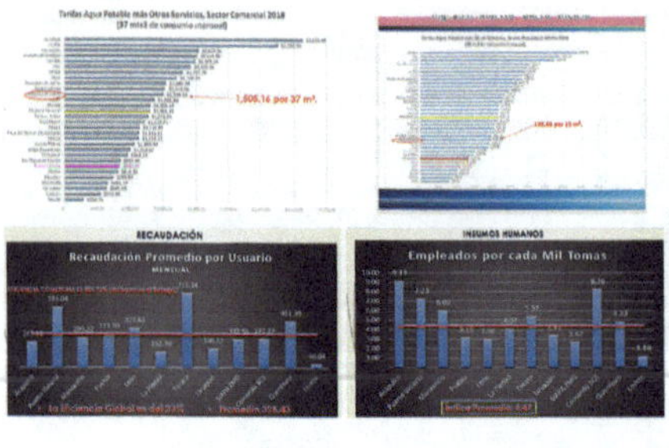

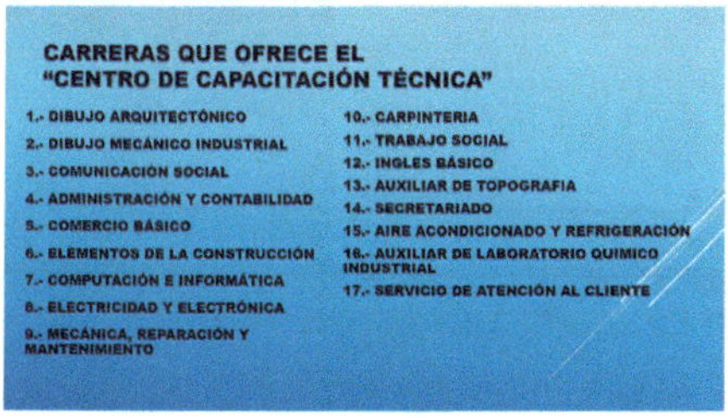

La escuela para trabajadores es un sueño de muchos de los colaboradores que existen en CAPAMA, hay personal que aprende los oficios de manera empírica, y así se los transmite a sus familiares, hijos, sobrinos, imagínense ustedes contar con esta escuela donde los egresados con especialidades como plomería, carpintería, dibujo arquitectónico, electricidad y electrónica, el gran aporte que impactaría al sector productivo del municipio, todo es cuestión de que estén convencidas las autoridades, de la gran importancia. Ahí se los dejamos.

PROPUESTA PARA LA CREACIÓN DEL CENTRO DE MONITOREO DE CAPAMA

Así mismo, la creación del centro de monitoreo de CAPAMA, se imaginan ustedes, estar monitoreando en tiempo real el llenado de los tanques y sobre todo de su distribución, como está funcionando el tandeo, seria fantástico, pues bien el proyecto ahí esta.

4.-HUACHICOLEO

Este es un grave problema que arrastra el organismo, ya que existe en una infinidad de tanques y acueductos, una sustracción ilegal del agua, son tomas clandestinas de diferentes condiciones, porque hay algunas que dentro del medio le llamamos "toleradas", que son aquellas que mediante una "módica" cooperación se les permite tenerlas, otras son robo prácticamente, en este aspecto falto tiempo para llevar a cabo operativos suficientes para inhibirlos.

Ojalá pronto tipifiquen como delito grave el robo de agua.

Conexiones clandestinas a las tuberías de agua potable impiden que los tanques se llenen y trabajen al cien por ciento.

Ojalá pronto los diputados tipifiquen como delito grave el robo de agua en las líneas de suministro de agua potable de los organismos operadores del agua.

Vecinos de diversas colonias, han manifestado que se debe de realizar un recorrido para constatar las conexiones clandestinas que se han hecho en la zona conurbada. "Es mucha el agua que se roba la gente".

Dicho ciudadano, manifestó que son cerca de trescientas tomas clandestinas que tienen los vecinos en la colonia Arroyo Seco; incluso una sola casa tiene hasta tres tomas de agua y solo una paga agua.

Por lo que se estima que es urgente que se legisle en el tema y que mientras, la Secretaría de Seguridad tome cartas en el asunto, porque las conexiones clandestinas a las tuberías de agua potable impiden que los tanques se llenen y trabajen al cien por ciento, aquí se requiere del apoyo de H. Ayuntamiento concretamente del Secretario General.

CAPÍTULO VII

1.-ACTIVIDADES VARIAS TODAS ENCAMINADAS A PROPORCIONAR UN BUEN SERVICIO A LA POBLACIÓN ACAPULQUEÑA.

Participando en eventos de la presidencia municipal y realizando entrevistas aclarando la distribución del vital líquido.

Siempre dispuesto a proporcionar información de las actividades que se estaban llevando a cabo, siempre buscando el beneficio de la comunidad Acapulqueña y turistas que nos visitan.

Una participación en la sesión del comité de cuenca Laguna Coyuca-Laguna Mitla, intervención de manera activa para establecer los mecanismos de fortalecimiento de las actividades siempre con miras al beneficio de la población, en la mesa se encuentra en ese entonces diputado local, hoy presidente municipal de Coyuca; Ossiel Pacheco Salas.

También, como lo he comentado llegue con una visión y mentalidad diferente, de ser analítico y con visión diferente, sobre todo asistir a eventos relacionados con el organismo, siempre es bueno intercambiar puntos de vista con las personalidades.

CON DIFERENTES PERSONALIDADES DE ORGANISMOS OPERADORES DEL AGUA A NIVEL NACIONAL, EN DIFERENTES EVENTOS.

En la siguiente fotografía, siendo director técnico, el DG, Mario Pintos, me comisiono para que acompañara a la Alcaldesa en la inauguración del banderazo de arranque de una obra de pavimentación.

Atendiendo una mesa de trabajo, con la hoy presidenta municipal, Lic. Abelina López.

En alguna otra mesa de trabajo en el organismo, siempre con la actitud de colaborar con todas y con todos.

En recorrido con Sr. Gobernador del estado de Guerrero, para llevar a cabo el banderazo de arranque del desazolve del arroyo "Colacho", en la zona de Llano Largo.

En algunas ocasiones instalé mesas de trabajo en los sitios, donde la población nos requería.

Apoyando a los trabajadores durante la pandemia, realizamos una cooperación entre los funcionarios para proporcionales una despensa.

Teniendo reuniones en los centros de trabajo, ardua labor en beneficio de la comunidad acapulqueña.

Una de las actividades que me gusta es impartir clases y conferencias, aquí con el grupo ACA.

CONVENIOS CON INSTITUCIONES EDUCATIVAS

Una de las actividades que de manera frecuente realizamos fue aceptar la invitación de la alcaldesa para formar parte de los convenios de colaboración con instituciones educativas para llevar a cabo diversas actividades en beneficio del estudiante y del organismo, en el sentido de que desarrollen, estadías, sus prácticas profesionales, servicio social y elaboren sus tesis.

Educación, clave para una mejor sociedad.

Atestigua la alcaldesa firma de convenio entre la CAPAMA *y el IEEJAG, para abatir el rezago educativo*

Acapulco, Gro., 12 de septiembre de 2019.- Al atestiguar la firma de un convenio de colaboración entre la Comisión de Agua Potable y Alcantarillado del Municipio de Acapulco (CAPAMA) y el Instituto Estatal para la Educación de Jóvenes y Adultos de Guerrero (IEEJAG), conmemorando el Día Internacional de la Alfabetización, la presidenta municipal, Adela Román Ocampo, destacó que la clave de una mejor sociedad es la educación.

Ante los empleados de la paramunicipal, regidores y del IEEJAG en la sala Juan R. Escudero la alcaldesa dijo que su administración ayudará a que las personas de Acapulco aprendan a leer y escribir.

De la misma manera, Adela Román precisó que "la firma de un convenio educativo como el que hoy suscribimos, tiene el noble fin de proporcionar alfabetización y educación primaria y secundaria para jóvenes y adultos trabajadores de CAPAMA o sus familiares, que no han concluido o no han iniciado estos estudios, aseguraremos que muchas personas adultas tengan la oportunidad de alfabetizarse o terminar sus estudios".

En su intervención, el director de la CAPAMA, Leonel Galindo González, destacó: "una vez más vemos el empuje y la fortaleza de usted presidenta para con los trabajadores del municipio y de nuestra querida CAPAMA, quiero ser el primero en reconocer que contribuir al bienestar social mediante el acceso, permanencia y superación académica de nuestra base trabajadora establecerá las condiciones laborales y de servicio que requieren los usuarios y la ciudadanía en general, en hora buena gracias por su compromiso social, el cual nos fortalece y nos compromete a dar una mejor calidad de servicio a la ciudadanía".

Por su parte, el director del IEEJAG, Miguel Mayrén Domínguez, explicó que con dicho convenio se capacitará a hombres y mujeres como parte del programa de alfabetización que han puesto en marcha para combatir el rezago educativo en Guerrero, así también anunció la firma de un convenio con el Ayuntamiento de Acapulco.

"Coincidimos en que haríamos el esfuerzo de firmar un convenio de colaboración entre el IEEJAG y el municipio, y con mucha satisfacción yo les quiero decir que mi presidenta, está en toda la disposición, están afinando el convenio y seguramente en los próximos días vamos a firmar también este histórico convenio de colaboración y le vamos a pedir al señor gobernador que sea testigo para que de manera conjunta vayamos con este gran municipio", agregó Mayren Domínguez.

Durante el evento la alcaldesa entregó certificados de primaria y secundaria a ciudadanos que recibieron los cursos del IEEJAG, en las distintas dependencias del Ayuntamiento, Saneamiento Básico, Ex zona Militar y Secretaría de Seguridad Pública. Asimismo, presentaron a los responsables de capacitar a los trabajadores.

Estuvieron presentes, el secretario general del Ayuntamiento, Ernesto Manzano Rodríguez, el regidor presidente de la comisión de Educación, Víctor Aguirre Alcaide; el secretario general del sindicato Nacional para Trabajadores de la Educación y Adultos, Eusebio Venegas; regidores, funcionarios municipales y del IEEJAG.

COLABORACIÓN CON LA ASE

Cuando tocó proporcionar información a la ASE, se les dio todas las facilidades e información para que desarrollaran su trabajo y practicaran las auditorias correspondientes.

También se buscó establecer un vínculo con otros sectores importantes de la población, así se realizó una reunión con los notarios del municipio para tomar acuerdos, un gremio muy significativo para la vida económica del puerto.

En reunión con el director de CAPASEG, buscando siempre el apoyo para Acapulco, con Palma Carro, dicho sea de paso, siempre se recibió un excelente apoyo de parte del ingeniero.

En otro orden de ideas, es importante comentar que siempre se estuvo al pendiente de las reuniones de la Presidenta Municipal para estar de apoyo en todo lo relacionado con el tema de CAPAMA; aquí en un cabildo abierto que se llevó a cabo.

Otra de las actividades importantes fue la estrecha relación con los diferentes funcionarios de los gobiernos estatales y federal, aquí con la Directora de la CONAGUA local, Dra. Norma Arroyo, está presente también el Ing. Ignacio Martínez Subdirector de CONAGUA, la Directora de Ecología del Municipio y un servidor.

Entregando equipo de protección a los trabajadores directamente en el campo, en el lugar de la batalla donde por décadas los trabajadores han sido olvidados, sin embargo, son los que realizan el trabajo arduo, pesado y además todos los días.

Programa lavado de tanques y empleo temporal CAPAMA

Como parte de las acciones inmediatas que esta Dirección General llevo a cabo, para mejorar la calidad del agua potable que llega a los hogares de los acapulqueños y contribuir en la reactivación económica de familias afectadas en sus ingresos debido a la pandemia del COVID-19, la Comisión de Agua Potable y Alcantarillado del Municipio de Acapulco (CAPAMA), a través de su Director General Leonel Galindo González, puso en marcha las brigadas del Programa de Empleo Temporal, abriendo una convocatoria pública el pasado 11 de mayo para la contratación de 33 personas para realizar acciones de limpieza de los sistemas de almacenamiento y rebombeo, del vital líquido, que durante décadas no habían recibido mantenimiento, nos comentan los vecinos que algunos tanques con 30 años de antigüedad, desde su construcción nunca se habían limpiado.

Se implementó una campaña de difusión del programa, el cual fue bien recibida por la población.

En un corte al 21 de mayo 2020, los trabajadores del Programa de Empleo Temporal de la CAPAMA, concluyeron el proceso de limpieza e higiene en los sistemas Morelos I y Primero de Mayo I, avanzando en el mantenimiento que tenía más de 10 años sin realizarse en estos depósitos.

El director general de la CAPAMA, Leonel Galindo González, informó que las labores de extracción de azolve y lavado de los tanques mejorarán la calidad del vital líquido y la capacidad de almacenamiento de los sistemas hidráulicos, al retirar capas de casi 1.50 metros de lodo acumulado con el paso del tiempo y la falta de mantenimiento.

Tanque Primero de mayo 1

De acuerdo con testimonio de los vecinos, este tanque fue lavado en el año de 1990, hace 30 años, así es, imagínense la cantidad de azolve que contenía, pero sobre todo la fuerte contaminación del agua potable al ser llenado este tanque.

En otro corte realizado, las Brigadas del Programa de Empleo Temporal de la CAPAMA, concluyeron el lavado y sanitización de los seis principales depósitos hidráulicos de la unidad habitacional: Rebombeo Infonavit, tanques Gemelos 2 y 3, así como los tanques 4, 5 y 6, del sistema de distribución.

AVANCE DEL PROGRAMA CON FECHA DE CORTE 15 DE MAYO-11 JUNIO 2020;
Los tanques fueron lavados y sanitizados.

- Morelos 1, 2 y 3
- Primero de mayo 1
- Caseta Cloro
- Garita
- Rebombeo Infonavit
- Tanques 2, 3, 4, 5 y 6 de Infonavit Alta Progreso
- Rebombeo y tanque
- Praderas de Costa Azul
- Rompedora Farallón
- Tanques 2, 3, 4 y 5 del módulo social Fovissste
- Tanque Alta Laja
- Tanque 10 del Coloso
- Tanque Simón Bolívar
- Tanque Genaro Vázquez
- Tanque Lomas Verdes
- Tanque 24 octubre
- Tanque Col. Altamirano
- Tanque Col. Paraíso
- Tanque San José
- Tanque Mirador 2 Coloso
- Rompedora Farallón
- Tanques San José Polígono "D" Zapata
- Tanque Milenias 1 y 2
- Tanque 9 Coloso
- Tanque cisterna 2
- Tanque 8 y 9 Coloso

- Tanque Libertad 1 y 2
- Tanque Unidos por Guerrero
- Tanque Zapata 2
- Tanque Miramar 3
- Tanque 1 Coloso
- Tanque Cartonera
- Tanque 10 de abril
- Tanque Unidad Habitacional
- Vicente Guerrero 200
- Rompedora Farallón
- Apoyo en limpieza general de las instalaciones de Cayaco
- Tanques 12 y 13 del Coloso
- La Venta
- Sinaí
- Industrial
- Lomas Verdes
- 24 de octubre
- Paraíso
- San José
- Mirador 2 Coloso
- Milenia 1 y 2
- 5 de mayo
- Tanques 8 y 9 Coloso
- Libertad 2
- Unidos por Guerrero
- Zapata 2
- Miramar 3
- Tanque 1 Coloso
- La Cartonera

Nuestros amigos los periodistas siempre proporcionando la mejor difusión a estos programas, en beneficio de la comunidad Acapulqueña.

POBLACIÓN ACAPULQUEÑA

Agradecen la realización del Programa de Limpieza a los Tanques de CAPAMA

Vecinos de colonias populares agradecen a la alcaldesa Adela Román Ocampo el lavado de tanques de almacenamiento de agua potable, labor que, de acuerdo con sus propios testimonios, no se había realizado en muchos años.

"Estoy observando que están limpiando el tanque, una felicitación porque en los años que llevo viviendo aquí, es la primera vez que lo limpian; tengo 35 años viviendo en esta colonia y pues, felicidades señora Adela Román, por tomar esa iniciativa de limpiarlos, es un buen programa para que todo Acapulco, la colonia Mirador, su colonia que es la Morelos, que no estemos sufriendo de agua", comentó la señora Silvia Becerra.

Desde el pasado 15 de mayo y de manera simultánea, la Comisión de Agua Potable y Alcantarillado del Municipio de Acapulco (CAPAMA) puso en marcha las acciones de lavado de tanques de almacenamiento, tarea ejecutada con brigadistas contratados a través del programa de empleo temporal, en apoyo a personas que perdieron su fuente de ingresos debido a la pandemia del COVID-19.

Con estas acciones, el Gobierno municipal ha logrado en pocos días la limpieza y sanitización al 100 por ciento de cuatro tanques: Morelos 1 y 3, Primero de Mayo 1 y el sistema Caseta Cloro, extrayendo de los contenedores hidráulicos capas de sedimento de casi un metro de espesor acumulado durante años, por la falta de mantenimiento en la infraestructura de abasto de agua potable en Acapulco, labor que hoy se asume responsablemente con el liderazgo de la alcaldesa, destacó el titular del organismo, Leonel Galindo González.

Por último, el funcionario informó que en la presente semana se están intensificando las labores de lavado de tanques de agua potable, al tener completas las tres cuadrillas de trabajadores temporales, iniciativa que tiene doble beneficio, mejorar la capacidad de almacenamiento y limpieza de los sistemas hidráulicos, y ofrecer trabajo a personas que quedaron desempleadas.

Difusión en medios de las acciones

Cumple Capama con limpieza y desinfección de tanques de almacenamiento

En menos de un mes, brigadas de trabajadores han dado mantenimiento a 20 contenedores

NARDA

En el mes de septiembre del 2019 los días domingo 29 y lunes 30, llegó a estas tierras la tormenta tropical Narda; por lo que el día 1 de octubre, se realizó una reunión de evaluación, en las instalaciones de la base naval, la reunión fue encabezada por el C. Gobernador de Estado, hubo presencia de la Semar, Sedena, CONAGUA local y federal, Protección Civil, CAPASEG, en fin todas las autoridades involucradas, obviamente estaba la Presidenta Municipal de Acapulco, la cual fui invitado para asistir a la Ciudadana, en mi calidad de Director General de CAPAMA, durante mi posicionamiento, manifesté tres cosas relevantes, la primera que en realidad no sabíamos exactamente de los daños provocados a las instalaciones de CAPAMA, sobre todo a las tres fuentes de captación, por lo que le solicite, al C. gobernador que nos facilitara un helicóptero para realizar un sobrevuelo; de inmediato el C. Gobernador, instruyo para que al terminar la reunión nos trasladaríamos al aeropuerto para salir al sobrevuelo, lo cual se realizó al río Coyuca y al río Papagayo.

La segunda solicitud fue que se incluyera a las instalaciones de CAPAMA en el levantamiento de daños para ser evaluados e integrados en la zona de desastre para acceder a los fondos del Fonden, también se aceptó la solicitud presentada.

Por último, manifesté que, de acuerdo a mi experiencia en este tipo de eventos meteorológicos estimaba que nos quedaríamos prácticamente sin agua en un lapso de 25 días; esta última manifestación levanto demasiados comentarios, la gran mayoría en el sentido de que no podría ser posible, que me había acelerado en declararlo, ¡bueno! Al final estuvimos cerca de 40 días sin tener el abastecimiento del vital líquido de la fuente de captación, de Lomas de Chapultepec, ya que el tubo que conecta a los dos pozos, sufrió una severa rotura.

Para poder tener acceso al sitio de la captación, y verificar las condiciones de los motores y el equipamiento, fue necesario llegar con una moto acuática, que nos facilitó nuestros grandes amigos de Puerto Marqués.

Tormenta tropical Narda, al Sur de Guerrero

El fenómeno ocasiona lluvias torrenciales y se encuentra a 155 kilómetros al suroeste de Acapulco.

Acapulco,Gro., 29 de septiembre de 2019.- El gobierno municipal a través de la Coordinación de Protección Civil informa que la tormenta tropical Narda; se localiza frente a las costas de Guerrero, ocasionando a su paso lluvias intensas puntuales torrenciales.

En su informe el Servicio Meteorológico Nacional (SMN), detalla que el fenómeno se ubica a 155 kilómetros al suroeste de Acapulco, Guerrero y a 200 kilómetros al sur-suroeste de Zihuatanejo, presentando vientos máximos sostenidos de 75 kilómetros por hora con rachas de 95 kilómetros por hora con desplazamiento hacia noroeste a 13 kilómetros por hora.

La dependencia federal detalla además que por la presencia del fenómeno se mantiene zona de vigilancia desde Acapulco, Guerrero, hasta Cabo Corrientes, Jalisco.

Por instrucciones de la alcaldesa, Adela Román Ocampo, personal de Protección Civil mantiene un monitoreo permanente del comportamiento del meteoro y así emitir los avisos de su evolución.

Se forma tormenta tropical Narda cerca de Acapulco

Acapulco, Gro., 29 de septiembre de 2019.- Árboles y anuncios espectaculares caídos, arrastre de basura, tierra a la parte baja, deslaves, encharcamientos en las partes bajas de la ciudad y vehículos varados, fueron algunas de las afectaciones que dejo a su paso por Acapulco la tormenta tropical Narda y que son atendidas por personal de distintas áreas del Ayuntamiento.

Para facilitar la fluidez del agua por las rejillas desde temprana hora, la dirección de Conservación y Mantenimiento desplegó cuadrillas en distintos puntos de la ciudad, para retirar los desechos acumulados, basura que personal de Saneamiento Básico trasladó al relleno sanitario.

Abasto de agua potable, al 70 por ciento en Acapulco, informa CAPAMA.

Suman esfuerzos los tres niveles de gobierno para garantizar el abastecimiento de agua a la población.

Acapulco, Gro., 30 de septiembre de 2019.- Luego de que autoridades de los diferentes niveles de gobierno realizaran un sobrevuelo en las plantas de la Comisión de Agua Potable y Alcantarillado del Municipio de Acapulco (CAPAMA), la alcaldesa, Adela Román Ocampo, dio a conocer que las afectaciones no fueron severas y que a partir de hoy el abastecimiento del vital líquido será 70 por ciento de agua potable en las colonias de Acapulco.

En conferencia de prensa en las oficinas del CAPTA, junto al secretario de Turismo estatal, Ernesto Rodríguez Escalona; el delegado de la CONAGUA, Pablo Marqués Rojas; del titular de la CAPASEG, Arturo Palma Carro y el director de la CAPAMA, Leonel Galindo, la presidenta municipal explicó que ante los esfuerzos realizados y con el apoyo de una moto acuática y la revisión de buzos profesionales, se pusieron a trabajar las plantas ubicadas en Lomas de Chapultepec y Papagayo I.

Asimismo, dijo que será en una semana cuando se restablezca el 30 por ciento restante y que mientras eso ocurre se hará la distribución del vital líquido a través de pipas proporcionadas por la Comisión de Agua Potable, Alcantarillado y Saneamiento del Estado de Guerrero (CAPASEG).

"Yo quiero decirles que el agua es vital, el agua es derecho humano y el agua es la vida, al constatar de manera real, en el lugar de los hechos nos damos cuenta que lograron arreglarse algunos desperfectos y ya tenemos el 70 por ciento, estamos al 70 por ciento de la distribución del agua a partir de hoy, el 30 por ciento que faltaría estaría solucionado en aproximadamente una semana", precisó la alcaldesa.

En su intervención, el secretario, Ernesto Rodríguez Escalona informó del recorrido realizado junto a la presidenta en las zonas afectadas y destacó "lo más importante, lo más importante diría yo es el restablecimiento del suministro de agua para el municipio de Acapulco, y estamos aquí de parte del gobernador, Héctor Astudillo, el ingeniero Arturo Palma y su servidor en apoyo a la presidenta y al municipio de Acapulco".

El director general de la CAPASEG, Arturo Palma Caro, dio a conocer que será en los próximos días cuando se haga una revisión a detalle de los equipos para determinar junto a la Comisión Nacional del Agua y la CAPAMA, el estado y levantar una minuta que será enviada a los tres órdenes de gobierno a fin de recibir el apoyo de ser necesario para la reparación del equipo.

Por su parte el director de CAPAMA, Leonel Galindo González destacó que la paramunicipal se mantendrá atenta para solucionar en menor tiempo la problemática, en tanto ante la instrucción de la presidenta municipal será distribuida el agua por tandeo a la mayoría de las colonias, y por otra parte pondrán a circular 7 pipas de la paramunicipal para el abastecimiento de agua en las colonias que se verán afectadas.

En esta conferencia también estuvieron presentes los ingenieros de la CONAGUA, Pablo Márquez Rojas, Ignacio Martínez Morales y Alejandro Vences Mejía, así como funcionarios de gobierno estatal.

"Narda" afectó plantas de CAPAMA: no habrá abasto por más de 25 días.

Acapulco, Gro., 30 de septiembre de 2019.- Los efectos de la tormenta tropical Narda, en las costas de Guerrero, dejaron afectaciones en el sistema de bombeo que impedirán el abastecimiento de agua por alrededor de 15 días en Acapulco, informó la presidenta municipal, Adela Román Ocampo al participar en la sesión permanente del Consejo Estatal de Protección Civil que encabezó el gobernador del estado, Héctor Astudillo.

Con el apoyo del director de la Comisión de Agua Potable y Alcantarillado del Municipio de Acapulco (CAPAMA), Leonel Galindo González, la alcaldesa informó que se encuentran sin operar los tres sistemas de captación, ya que la afectación carretera ha impedido el paso al sistema de Lomas de Chapultepec y la creciente del río Papagayo generó una turbiedad que impide la operación de los equipos en la planta Papagayo I y Papagayo II impidiendo totalmente el abastecimiento.

Leonel Galindo hizo un llamado al gobernador del estado para incluir las instalaciones de CAPAMA dentro de la solicitud de declaratoria de emergencia que será enviada a la Coordinación Nacional de Protección Civil:

"Se pide que se considere como zona de desastre las instalaciones de CAPAMA, vamos a estar de 15 a 25 días sin poder suministrar agua por las condiciones en las que está, carecemos de recursos, no tenemos recursos y necesitamos meter urgentemente equipo de trabajo para poder desazolvar Papagayo II, tener acceso a las instalaciones de Lomas de Chapultepec y tener acceso a las instalaciones de Papagayo I".

En respuesta, el gobernador Héctor Astudillo comentó: "voy a hacer lo propio Presidenta, le voy a marcar para darle prioridad al tema de Acapulco, una gran prioridad".

La próxima semana se restablecerá el suministro de agua: CAPAMA

Con 1,200 litros por segundo que generarán los pozos restaurados, se llegará casi al 100 por ciento de abasto, informa Leonel Galindo

Acapulco, Gro., 11 de octubre de 2019.- La Comisión de Agua Potable y Alcantarillado del Municipio de Acapulco (CAPAMA) avanza en los trabajos de rehabilitación de sus equipos de captación y bombeo que sufrieron severos daños tras el paso de la tormenta tropical Narda, proyectando mejorar considerablemente el suministro del vital líquido a partir de la próxima semana.

En conferencia de prensa en las oficinas centrales del organismo, el director de CAPAMA, Leonel Galindo González, explicó a detalle los daños ocasionados a los sistemas de captación de agua por el fenómeno natural Narda, la evolución de los trabajos de rehabilitación que se mantienen de manera intensa y el avance en la distribución del vital líquido en la ciudad que actualmente se encuentra en 2 mil 500 litros por segundo de una capacidad instalada de 4 mil 500.

Destacó que una vez concluidos trabajos de reparación en los sistemas Lomas de Chapultepec y Papagayo II, la próxima semana se sumarían mil 200 litros de agua, adicionales a los 2 mil 500 con que actualmente se cuentan, lo que vendrían a mejorar el abastó del vital líquido a casi el 100 por ciento.

"Tenemos 2 mil 500, 65 por ciento que tenemos de agua captada, tenemos agua, la estamos repartiendo, estamos haciendo el trabajo necesario y requerido para tener más, ahorita estamos por habilitar dos motores más que nos van a dar cerca de 600 litros por segundo, un pozo de Lomas de Chapultepec que nos va a dar otros 600, esperemos que la próxima semana tengamos una captación de mil 200 litros por segundo adicionales a los 2 mil 500 que tenemos ahorita", informó Galindo González.

De la misma manera detalló, que tras el paso de la tormenta tropical Narda, el sistema Lomas de Chapultepec quedó prácticamente inhabilitado e incomunicado, dejando de producir mil 50 litros por segundo, sin embargo, actualmente se mantienen trabajos complicados de reparación, que consisten en instalar una placa soldada a un tubo de 30 pulgadas que permitirá restablecer parcialmente el servicio, captando 600 litros por segundo.

Sobre dichas labores prioritarias, el funcionario precisó, que se ejecutan en coordinación con la Comisión de Agua Potable, Alcantarillado y Saneamiento del Estado de Guerrero (CAPASEG) bajo la contratación de una empresa proveniente de Cuernavaca que realiza soldadura bajo el agua.

Simultáneamente, la CAPAMA mantiene trabajos de reparación en el sistema Papagayo II, donde actualmente funcionan 6 equipos de bombeo, proyectando habilitar 2 equipos más la próxima semana, para captar otros 600 litros de vital liquido y seguir aumentando el abasto de agua para Acapulco.

Asimismo, mencionó, el sistema Papagayo I es el que se encuentra actualmente abasteciendo la mayor captación de agua en la ciudad, al ser el que registró menos daños en sus instalaciones y equipos.

En acciones adicionales, el director de la CAPAMA informó que con apoyo de la Comisión Nacional del Agua (CONAGUA), el Ayuntamiento coordina un programa emergente de reparto de agua con 10 pipas de abasto que facilitó el organismo federal, esquema que en un corte que comprende del 5 al 10 de octubre, ha proporcionado 63 servicios en 17 colonias con desabasto severo, repartiendo poco más de 630 mil litros de agua que se toman de las garzas de CAPAMA, dicho apoyo gratuito es suministrado a los ciudadanos a través del número de atención 073.

De igual forma, el organismo paramunicipal ejecuta trabajos de desazolve en colectores sanitarios con equipos Vactor, mecanismos que también fueron afectados por el paso de la tormenta tropical, mencionando que los trabajos en el colector de la calle Artículo 27 se proyectan concluir a mediados de la próxima semana.

Leonel Galindo también explicó que la irregularidad en el servicio de agua potable en Acapulco que se vino registrando de manera previa al paso de la tormenta tropical Narda, obedece a la turbiedad habitual del río Papagayo en época de lluvia, así como a problemas históricos que enfrenta la CAPAMA debido a pérdidas del vital líquido por la antigüedad en líneas de conducción, el robo con mangueras en tanques de distribución y depósitos de almacenamiento que también están deteriorados.

Pese a dificultades, nunca se interrumpió la dotación de agua en Acapulco: CAPAMA.

Hay un gran avance ya en la reparación del sistema de captación Lomas de Chapultepec, informa el organismo

Acapulco, 14 de octubre de 2019.- Luego de que la tormenta tropical Narda provocara la ruptura de un tubo de conducción en el río Papagayo, perteneciente al sistema de captación Lomas de Chapultepec, la Comisión de Agua Potable y Alcantarillado del Municipio de Acapulco (CAPAMA), informó que los trabajos de reparación se encuentran en un porcentaje avanzado.

Este organismo destacó que la captación y el servicio de agua potable en ningún momento ha sido interrumpida, pues todos los sistemas, a excepción de Lomas de Chapultepec, envían 2,512 litros de agua por minuto al municipio de Acapulco.

Los trabajos consisten en desviar el cauce del río para poder reparar 300 metros de tubería de acero de 30 pulgadas de diámetro e instalarse sobre el cauce del río Papagayo.

Durante el fin de semana los equipos en funcionamiento realizaron el envío de 2,512 litros por segundo logrando trabajar casi al 70 por ciento de su capacidad. Con esta producción la CAPAMA está atendiendo a la ciudad por medio de tandeos, y con el sistema de repartición de las pipas por parte del gobierno municipal.

Dicha obra de reparación se realiza en coordinación con la Comisión de Agua Potable Alcantarillado y Saneamiento del Estado de Guerrero (CAPASEG), del Gobierno del Estado de Guerrero, y con el respaldo de la Comisión Nacional del Agua (CONAGUA).

Se regulariza de manera paulatina el abasto de agua en Acapulco, informa CAPAMA

En coordinación con CAPASEG el sistema Lomas de Chapultepec se encuentra rehabilitado en poco más del 50 por ciento, señala Galindo González

Acapulco, Gro., 31 de octubre de 2019.- Con un avance sustancial en los trabajos de rehabilitación del sistema de captación Lomas de Chapultepec, la Comisión de Agua Potable y Alcantarillado del Municipio de Acapulco (CAPAMA) informó que se avanza de manera paulatina con el servicio de tandeo del vital líquido en las colonias populares de Acapulco, además de garantizar el abasto para la zona turística del puerto y montar operativos especiales de atención para panteones, escuelas, y hospitales.

En conferencia de prensa celebrada en las oficinas centrales de la CAPAMA, el director general del organismo, Leonel Galindo González, refirió que gracias al trabajo intenso que realiza el personal operativo de la paramunicipal, con el apoyo del gobierno del estado a través de la Comisión de Agua Potable, Alcantarillado y Saneamiento del Estado de Guerrero (CAPASEG), es como se res-

tablece paulatinamente el servicio en las colonias populares de Acapulco, debido a que hay un avance de más del 50 por ciento en la rehabilitación del sistema de captación Lomas de Chapultepec, que fue severamente dañado tras el paso de la tormenta tropical Narda.

"La CAPASEG nos brindó el apoyo a través de una empresa contratada que entró en el Fonden, que es parte de la declaratoria de emergencia que incluyó al municipio de Acapulco. Entonces, a través de los recursos del Fonden se contrató a esta empresa por parte de gobierno del estado concretamente CAPASEG, los avances llevan un 50, 60 por ciento", mencionó el director de la CAPAMA.

Respecto al sistema de tandeo para las colonias populares del puerto, Leonel Galindo mencionó que se está avanzando de manera paulatina en el abasto de agua potable, una vez que se ha adelantado la reparación de los sistemas de captación de Acapulco en diversas colonias a las que ya se manda el vital líquido, como Colosio en parte baja, Real del Palmar, Brisas, Sector III de Renacimiento, Zapata, Ruiz Cortines, Morelos, Diamante, por mencionar algunas.

"En la Colosio nos ha costado un poco llevar agua a la parte de la mitad hacia arriba, tenemos ahorita nada más bañado la parte baja, la parte media de la Colosio, pero ya con este motor que se rehabilitó en estos días ya tenemos posibilidades de ir incrementando la cobertura, en la medida en que se vaya llenando el sistema vamos a ir abarcando más zonas para dar agua", informó el funcionario.

Asimismo, Galindo González indicó que está garantizado el abasto de agua para la zona turística de frente al próximo fin de semana, además de montar un operativo especial para dar cobertura a panteones, hospitales y escuelas en lo que se ultiman los trabajos emergentes de reparación de los sistemas de captación que se proyectan en un plazo de 15 días.

Finalmente, el director de CAPAMA reiteró que la reunión encabezada por la presidenta municipal, Adela Román Ocampo y el director general de la Comisión Federal de Electricidad (CFE) Manuel Bartlett Díaz, el pasado miércoles en la Ciudad de México, brinda un panorama optimista para la CAPAMA, toda vez que se abren puentes de colaboración para dar una respuesta definitiva al problema histórico de los adeudos que arrastra la CAPAMA desde hace varios años y que han mermado su operatividad y las finanzas del organismo.

Entre las peticiones abordadas en la reunión, mencionó la propuesta de reconsiderar la tarifa de CAPAMA ante la CFE debido a la vocación social del organismo o en su defecto un subsidio para el consumo de gasto corriente de energía, logrando establecer el enlace directo con el director de la Comisión Federal de Electricidad, quien convocará en próximos días a un nuevo encuentro interinstitucional en el que también estarán representantes de instancias como la Secretaría de Hacienda, la Secretaría de Energía y la CONAGUA por parte del gobierno del estado.

Llegará nueva tubería para habilitar al cien por ciento el sistema Lomas de Chapultepec: CAPAMA

El abasto de agua en la ciudad se mantiene a poco más del 70 por ciento mediante tandeo diario a las colonias, informa Leonel Galindo González

Acapulco, Gro., 05 de noviembre de 2019.- Para concluir al cien por ciento la rehabilitación del sistema de captación Lomas de Chapultepec, se requiere la instalación de nueva tubería para habilitar el pozo Norte, material que está por llegar en próximos días y que permitirá restablecer en su totalidad el funcionamiento de la fuente que sufrió severas afectaciones tras el paso de la tormenta tropical Narda, informó el director general de la CAPAMA, Leonel Galindo González.

El titular de la paramunicipal indicó, que el abasto del vital líquido para el municipio de Acapulco se mantiene en poco más del 70 por ciento, estableciendo un tandeo equitativo en las diferentes zonas en las que se divide el municipio, hasta lograr el restablecimiento total del sistema de captación Lomas de Chapultepec y retomar el tandeo semanal en las colonias de la zona urbana y conurbada del puerto.

"Sigue al 70, 80 por ciento, lo que pasa que estamos tandeando el agua, por ejemplo, el día de hoy mandamos a una zona y el día de mañana enviamos a la zona que hoy no tuvo agua y así la vamos terciando, pero hemos mantenido alguna constante, por ejemplo, la zona hotelera el fin de semana estuvo con bastante agua", indicó al respecto.

Sobre las labores intensas que continúan en Lomas de Chapultepec, Galindo González precisó que las maniobras están terminadas y solo se espera la llegada de la nueva tubería para habilitar el pozo Norte que es el pendiente de funcionar, una vez que con el apoyo de CAPASEG se habilitó el pozo Sur para tener al 50 por ciento la captación del sistema.

"Ya está terminado, ya tenemos incluso la línea de cal, marcando donde va a ir la nueva tubería, estamos esperando nada más que llegue la tubería, la tubería llega este fin de semana para que se coloque de manera inmediata. En 10 días, seguimos en 10 días, ya está por llegar la tubería, la colocamos y ya de inmediato conectamos el otro pozo", comentó el funcionario.

En cuanto al sistema de reparto equitativo en las colonias de Acapulco, el director de la CAPAMA mencionó que los 2 mil 600 litros por segundo que se captan de los sistemas Papagayo I y Papagayo II en conjunto, se distribuyen en las zonas urbana y conurbada, mandando los 550 litros por segundo que capta el sistema Lomas de Chapultepec a las áreas de Puerto Marqués, zona Diamante y área hotelera del puerto.

"Tenemos dos zonas, la zona conurbada y la zona urbana, nosotros manejamos ahorita que estamos teniendo 2 mil 600 litros

por segundo, lo estamos manejando la mitad y la mitad, estamos captando 550 litros de Lomas de Chapultepec, que toda esa la metemos a través de Puerto Marqués, Diamante, toda esa zona hotelera, hasta Las Playas", explicó.

Galindo González informó que la CAPAMA, además de enfrentar una crisis financiera y operativa heredada por pasadas administraciones, también sobrelleva el problema de la manipulación de válvulas de sus tanques y líneas de conducción, problemática que afecta severamente el servicio de distribución para las familias acapulqueñas.

"En la zona de Caleta, Caletilla, toda esa zona de playas, tenemos el tanque La Cima en la parte alta que surte el agua en toda esa zona, hemos estado ahorita en esa situación de emergencia en tres ocasiones nos han cerrado la válvula, nosotros tenemos situaciones de que está lleno el tanque y nos reportan que no hay agua, vamos a verificar y hemos encontrado en tres ocasiones cerrada la válvula, quién la cierra, cómo la cierran , por qué la cierran, pues desconocemos, pero son las manos perversas que están en contra de progreso de Acapulco, que quieren perjudicar a la comunidad acapulqueña y nos las cierran", informó.

Al respecto, el director de CAPAMA mencionó que se ha dispuesto la implementación de una brigada especial de vigilancia, que recorre los 75 tanques de almacenamiento que están distribuidos en la ciudad, con énfasis en alrededor de 20 tanques donde se ha detectado la problemática, a fin de verificar su correcto funcionamiento y evitar su manipulación, asimismo hizo el llamado para que de manera anónima los ciudadanos denuncien al 073 línea directa de CAPAMA, cualquier anomalía que evite el abasto de agua para el municipio.

"No entendemos que los mismos acapulqueños perjudiquen a los otros acapulqueños, es una situación la verdad lamentable y le pedimos a la población que si tienen conocimiento de algún hecho similar nos los hagan saber, en la página aparecen los teléfonos del organismo, el 073 nos hagan la denuncia y nosotros investigamos, denuncia anónima, nosotros investigamos y vamos a reparar esas situaciones", concluyó al respecto.

Finalmente, Leonel Galindo comentó que está a la espera de la convocatoria del director general de la CFE, Manuel Bartlett Díaz, para dar seguimiento a las gestiones emprendidas por la alcaldesa, Adela Román Ocampo, en búsqueda de una solución definitiva al problema financiero de CAPAMA.

Llega la nueva tubería para el sistema Lomas de Chapultepec: CAPAMA

CAPAMA y CAPASEG suman esfuerzos para habilitar en pocos días el pozo Norte del sistema de captación que actualmente trabaja al 50 por ciento

Acapulco, Gro., 06 de noviembre de 2019.- Con la llegada de la nueva tubería para habilitar el pozo Norte del sistema de capta-

ción Lomas de Chapultepec, se está a días de concluir al cien por ciento la obra que mejorará el abasto de agua para los acapulqueños, informó el director de la CAPAMA, Leonel Galindo González.

En recorrido de supervisión a las labores que realizan de manera conjunta la CAPAMA y la empresa contratada por la Comisión de Agua Potable, Alcantarillado y Saneamiento del Estado de Guerrero (CAPASEG), a través de recursos del Fonden, para atender la contingencia ocasionada por la tormenta tropical Narda, el funcionario indicó, que con la nueva tubería y la fuerza conjunta de ambos organismos en pocos días se contará con un mejor suministro de agua para Acapulco.

"De inmediato día y noche vamos a trabajar para conectar el tubo, una vez colocado el tubo vamos a conectar los motores. Una vez que tengamos ya el pozo Norte de aquí de Lomas estaríamos dando el cien por ciento", informó Galindo González.

El titular de la CAPAMA recordó el estado que actualmente guarda el sistema de captación Lomas de Chapultepec que opera al 50 por ciento, captando 550 litros por segundo del pozo Sur, con un avance general del 70 por ciento en las obras de rehabilitación, estando pendiente un 30 por ciento por las maniobras que inician este día en la conexión de la nueva tubería de 30 pulgadas de diámetro para habilitar el pozo Norte.

"Aquí en Lomas de Chapultepec podemos decir que la extracción del agua está al 50 por ciento y los trabajos en general están a un 70 por ciento, nos falta un 30 por ciento para conectar el pozo Norte y de ahí terminar estos trabajos", dijo.

Leonel Galindo reiteró el compromiso y la indicación de la alcaldesa, Adela Román Ocampo, para cumplir la responsabilidad de dotar de los servicios públicos a los acapulqueños, tarea que se dificulta por las deficiencias financieras y operativas de la CAPAMA, pero en la que se pone el mayor esfuerzo.

"Estamos haciendo nuestro máximo esfuerzo trabajando, yo estoy constantemente en visitas de supervisión como esta, estoy aquí dándole seguimiento puntual a los trabajos, nuestro personal de CAPAMA está trabajando las 24 horas, se está trabajando con mucho esfuerzo, estamos siguiendo las indicaciones de nuestra presidenta municipal la licenciada Adela Román de poner todo nuestro empeño para que esto se restablezca lo antes posible".

Recorrido de supervisión en sistema Lomas de Chapultepec.

Trabajos en Lomas de Chapultepec registran 95 por ciento de avance

Acapulco, Gro., 22 de noviembre de 2019.-Para verificar los avances que registran los trabajos del Sistema de Captación, Lomas de Chapultepec, la presidenta municipal, Adela Román Ocampo encabezó un recorrido de supervisión, junto al director general de la Comisión de Agua Potable, Alcantarillado y Saneamiento del Estado de Guerrero (CAPASEG), Arturo Palma Caro.

Con el apoyo del director de la Comisión de Agua Potable y Alcantarillado del Municipio de Acapulco (CAPAMA), Leonel Galindo González, la alcaldesa informó que los trabajos registran un 95 por ciento de avance, por lo que hay agua en Acapulco gracias al trabajo coordinado de los tres órdenes de gobierno:

"Díganles que hay agua, que agua en Acapulco hay, que afortunadamente el ir de la mano con los otros órdenes de gobierno, con el gobierno del estado, con el gobierno federal y encontrar gente comprometida al frente de las instituciones hace que las cosas se resuelvan, este trabajo es el resultado de la unión, la coordinación, el trabajo de los tres órdenes de gobierno, municipio, gobierno del estado, gobierno federal para poder servir a Acapulco".

Por su parte, el director de la CAPASEG, Arturo Palma Caro compartió el estado que guardan los trabajos:

"Ya está trabajando al 100 por ciento los cuatro equipos de bombeo de los dos pozos, estamos trabajando ya en el acondicionamiento del terreno para dejarlo como lo encontramos, y poniendo unos atraques que nos está pidiendo la CAPAMA adicionales", destacó que se hicieron modificaciones a la obra original para garantizar mayor desempeño.

Finalmente, el director de la CAPAMA, Leonel Galindo explicó que se encuentran a un 95 por ciento para culminar con los trabajos, se mantienen en trabajos complementarios y hasta el momento se envían alrededor de mil 200 litros que permiten abastecer al municipio.

AMBULANCIAS

Como lo he manifestado mi llegada a la Dirección General traía consigo también toda mi manera de ver las cosas, lo técnico, lo analítico, la visión que como empresario he tenido desde mi juventud, pero sobre todo complementar con algunas acciones, siempre en beneficio y pensando en la ciudadanía, que nunca se toma en cuenta por los políticos tradicionales, para realizar acciones, que además novedosas y, por lo tanto, nunca se habían realizado en el organismo, todo fue en función de proporcionarle a los trabajadores las condiciones adecuadas para realizar su trabajo, es por eso que, desde el mes de junio de 2019, empecé a tocar puertas para ver que podía conseguir, con diferentes dependencias del gobierno estatal, federal e incluso con el propio ayuntamiento, fue así, como conseguí que nos proporcionaran en comodato dos ambulancias, bajo las siguientes condiciones, una de ellas sería devuelta en el mes de marzo de 2020, (por cierto esta ambulancia después la conseguí que nos la dejaran hasta pasando el periodo de Semana Santa del 2020), la segunda ambulancia sería devuelta en el mes de febrero de 2021.

Es conveniente mencionar que ciertos grupos de personas, desestimaron la llegada de las ambulancias, generando una serie de comentarios muy mal intencionados, por ejemplo, llegaron a decir que cada ambulancia me había costado 300 mil pesos, algo **¡increíble!**, inclusive los comentarios vinieron de algunos miembros funcionarios del ayuntamiento, esto al final se entiende por la mala reputación que existe en el organismo, pero aquí les manifiesto con toda claridad que en este caso como en muchos otros la acción es y será siempre servir a la ciudadanía en general, y apoyar a los trabajadores, que reconozco su labor día a día, luchando con todas las adversidades propias del trabajo, es por eso que mínimamente trate de conseguir las ambulancias como una manera de ayudar en cualquier contingencia que pudiera presentarse, además si ustedes la ven llegaron "logueadas", con todos los distintivos propios de la ambulancia.

Ahora bien, una vez que les "cayó el veinte" a todos, ahí empezó la rebatinga para que yo les diera las ambulancias, recibiendo la instrucción, de proporcionarle una de ellas a la coordinación de protección civil, dejando únicamente una para CAPAMA, algo contradictorio para la generación de comentarios negativos que tuvo esta acción, que de manera personal no esperaba una felicitación hacia mi persona, pero si un reconocimiento a lo generado, pero sobre todo, que sirviera de ejemplo para los compañeros funcionarios y emprendieran acciones muy parecidas, pero no, salió a flote su egoísmo natural de ser funcionario sin trascender.

Se imaginan ustedes la gran ayuda que hubiera sido estas ambulancias en estos tiempos agresivos de pandemia, un gran apoyo para la ciudadanía en general, ya que estas estaban mejor equipadas que las actuales que existen en el ayuntamiento.

Ahora bien, una vez que se conoció que pidieron mi renuncia de manera pública, en ese momento me solicitaron regresar las ambulancias, y, lo dicho, a nadie le importó tratar de conservarlas. ¡¡¡Así es la visión de algunos!!! Hace falta un cambio de mentalidad, para ser funcionario, de esta nueva época.

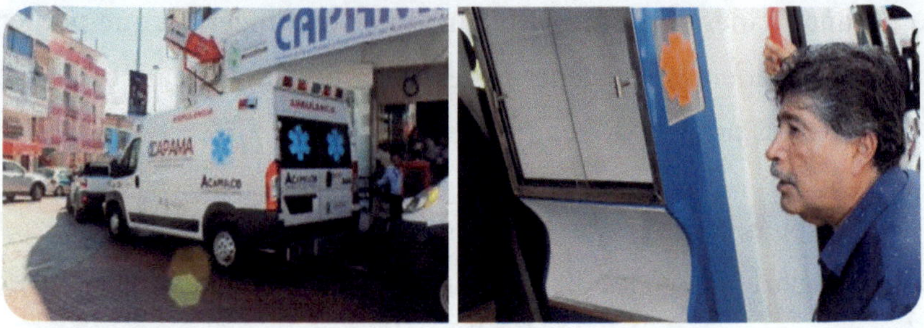

Acapulco, 24 de octubre de 2019.- La Comisión de Agua Potable y Alcantarillado del Municipio de Acapulco (CAPAMA), informa que el pasado lunes 21 de octubre recibió en comodato dos ambulancias propiedad del Gobierno del Estado de Guerrero.*

Dichas ambulancias tienen como objetivo reforzar las políticas públicas de la presente administración en materia de prevención y cuidado de las y los trabajadores del organismo.

Así mismo, es importante señalar que muchas de las acciones de esta comisión consisten en utilizar químicos de reacción inmediata, realizar maniobras en ductos que contienen gases tóxicos, así como trabajos en temporadas de calor, por lo que son susceptibles a intoxicación, alteraciones, deshidratación, golpes de calor entre otros, y es importante que reciban de manera inmediata los primeros auxilios para posteriormente ser trasladados para recibir la atención médica pertinente.

Con un sentido humano y estricto apego a los protocolos de seguridad laboral a la que todo trabajador y trabajadora tienen derecho, esta Comisión aceptó las ambulancias para sus usos correspondientes.

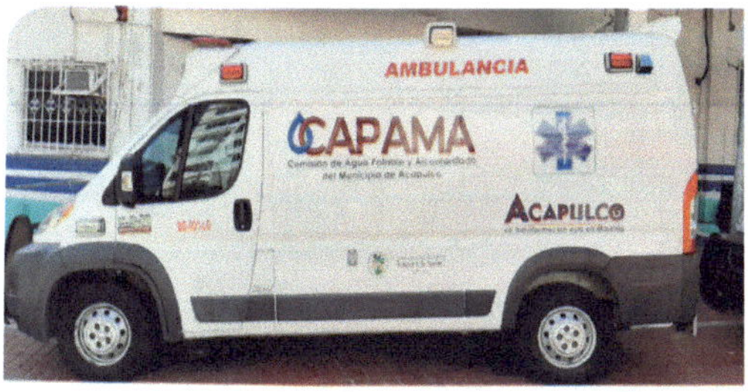

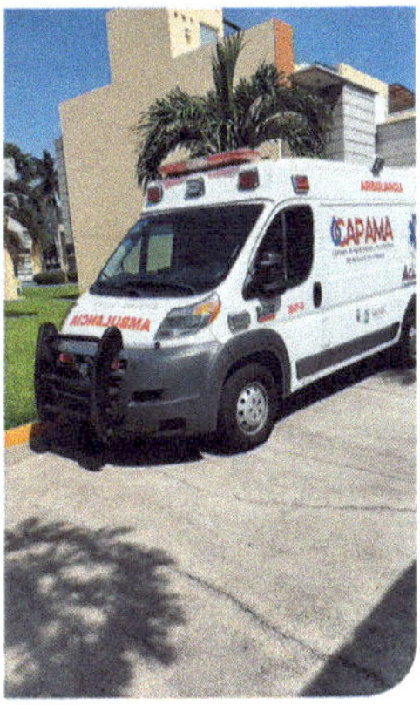

EN COMODATO CAMIÓN TAPA FUGAS

También en una de mis visitas a Chilpancingo a CAPASEG, me di cuenta de que había en su almacén un camión, de los denominados tapa fugas, por ahí, medio abandonado sin ser utilizado, por lo que de inmediato inicié con las gestiones para solicitarlo en comodato, afortunadamente el Ing. Palma siempre nos brindó la ayuda necesaria, lo manifestó en repetidas ocasiones, todo por ayudar a Acapulco, así que en marzo de 2019 también conseguí este camión en comodato.

Creo que todavía existe el comodato de dicho vehículo.

CAPÍTULO VIII

FONDO ESPAÑOL

Vamos a tratar este capítulo que debería significar un tremendo giro para el organismo, porque lo digo, **¡sencillo!;** llegó una fuerte inversión para ser aplicada en una zona marginada del municipio, pero la realidad es y fue otra, por principio de cuentas no existe información documental en los archivos del organismo, lo que les voy a presentar fue gracias a una serie de trabajadores que me facilitaron la información, me la hicieron llegar de manera confidencial. En un futuro sería muy bueno que se realizara una exhaustiva investigación, acerca del fin de estas obras, les voy a adelantar un dato en toda esta aplicación de los recursos, estuvo involucrado el director que me sucedió, José Ramón Aysa Neme. ¿Qué le pasó a la alcaldesa para darle el nombramiento a una persona con esos negros antecedentes? En fin, entramos en materia.

ANTECEDENTES

- **En el año 2008**, el Gobierno Español anuncia la subvención de **35.00 millones de dólares** (±411.95 MDP.) para la ejecución de acciones de "Agua Potable, Alcantarillado y Saneamiento en Acapulco, Estado de Guerrero".
- **El Consejo de Ministros Español en su sesión del 15 de octubre de 2010**, autoriza una subvención por 20.325 millones de euros (±339.83 MDP.), en apoyo al "Proyecto de suministro de Agua Potable y Saneamiento de las zonas marginadas del Valle de la Sabana en el Estado de Guerrero, México".

- **El 14 de marzo del 2012**, se formaliza el Contrato de Fideicomiso privado con BANJÉRCITO, se transfieren los recursos (20.325 millones de euros) al Fiduciario para su administración (al momento de su transferencia, convertidos en pesos mexicanos ±342.5 MDP.).
- **El 13 de abril del 2012**, queda constituido el Comité Bilateral AECID (Agencia Española de Cooperación Internacional para el Desarrollo) - CONAGUA, instancia Coordinadora del Proyecto.
- **El 20 de abril del 2012**, se constituye el Comité Técnico del Fideicomiso, quien, bajo la directriz del Comité Bilateral, será el responsable de la vigilancia y aplicación de los recursos del Proyecto.

COMPONENTES

1.-**Agua Potable**: se incorporaron nuevas fuentes de abastecimiento y se construyeron redes de distribución en colonias que actualmente no cuentan con el servicio y están consideradas dentro del polígono de alta y muy alta marginación.

2.-**Alcantarillado Sanitario**: se realizaron obras de rehabilitación de colectores y cárcamos de bombeo, se mejoraron y construyeron nuevas redes de alcantarillado sanitario y colectores por primera vez en zonas de alta y muy alta marginación.

3.-**Fortalecimiento institucional**: se desarrollaron acciones para fortalecer la capacidad de planeación estratégica, así como la operación y mantenimiento para atención del Valle de la Sabana.

4.-**Cultura del agua**: se cuenta con un espacio municipal de cultura del agua, el cual tiene por objetivo promover el más alto nivel de conciencia en la población del municipio sobre la importancia, grado de disponibilidad y costos que implica captar, conducir, potabilizar, almacenar y distribuir el agua a la población.

5.-**Drenaje pluvial**: se realizó la delimitación, mantenimiento, protección y conservación del cauce del Río La Sabana a lo largo de los 10.3 kilómetros de la rivera del Río La Sabana.

6.-**Tratamiento de aguas residuales:** rehabilitación y cambio de proceso de físico-químico a biológico de la planta de tratamiento de aguas residuales "Aguas Blancas".

RESUMEN DE ACCIONES FONDO ESPAÑOL

Periodo: 2010 – 2016 en millones de pesos

RESUMEN DE ACCIONES FONDO ESPAÑOL
Periodo: 2010 – 2016 en millones de pesos

CONCEPTO	INVERSIÓN		TOTAL
	MEXICO	ESPAÑA	
ACUMULADO AL 2016	448.64	322.84	771.48
SALDO 2017	3.38	19.60	22.98
TOTAL:	452.02	342.44	794.46
POA 6 (PROPUESTA A EJERCER AÑO 2017)	6.01	26.60	32.61

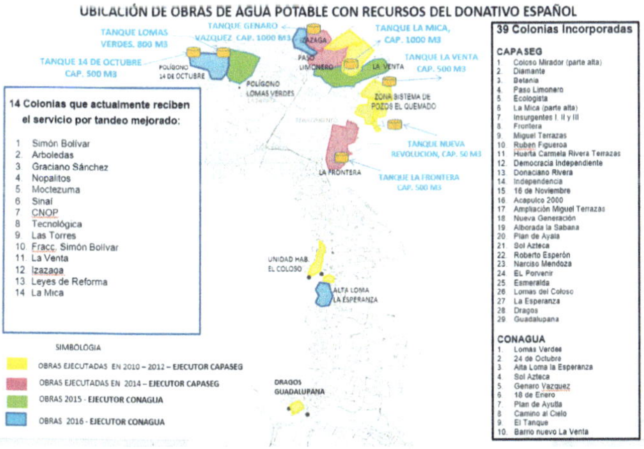

UBICACIÓN DE OBRAS DE ALCANTARILLADO SANITARIO CON RECURSOS DEL DONATIVO ESPAÑOL

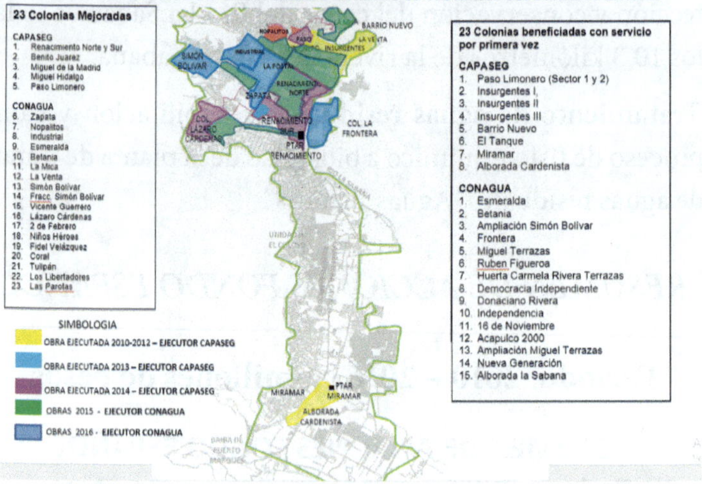

RESUMEN DE ACCIONES FONDO ESPAÑOL

PERIODO	INVERSIONES		
	MEXICO	ESPAÑA	TOTAL
TOTAL :	**452.02**	**342.44**	**794.46**
ACUMULADO A 2015	342.21	221.38	553.37
SALDO AL CIERRE DE 2015	**109.81**	**121.06**	**241.09**
ADJUDICADO 2016 (15/06/2016)	107.79	101.07	208.86
MONTOS MINIMOS POR CONTRATAR 2016	2.02	19.99	22.01

El presupuesto autorizado por la agencia española a la fecha es del orden **794,458,535.68.00** los cuales se encuentran distribuidos de la siguiente manera. De est fras el gobierno mexicano como contraparte aportara el 50%.

COMPONENTE	Presupuesto ($ MXN)	%	Presupuesto (Euros)
Agua Potable	**173,986,419**	**21.9**	**8,915,482**
Alcantarillado	**439,335,570**	**55.3**	**22,460,878**
Fortalecimiento Institucional	**2,383,376**	**0.3**	**118,708**
Cultura del Agua	**7,150,127**	**0.9**	**385,802**
Drenaje Pluvial	**54,023,180**	**6.8**	**2,767,163**
Tratamiento de Aguas Residuales	**84,212,605**	**10.6**	**4,293,075**
Aspectos complementarios	**33,367,258**	**4.2**	**1,709,298**
TOTAL:	**$794,458,535.68.00**		**€ 40,650,406**

PROBLEMÁTICA DE AGUA POTABLE EN EL VALLE DE LA SABANA

Acción 2.5.16.1.- Construcción de la red de atarjeas y colectores en la zona Zapata I, sector 1 (Colonia Zapata), Primer Etapa, en la ciudad de Acapulco de Juárez, Municipio del mismo nombre, Estado de Guerrero.

Acción 2.5.16.2.- Construcción de la red de atarjeas y colectores en la zona Zapata I, sector 1 (Colonia Zapata), Segunda Etapa, en la ciudad de Acapulco de Juárez, Municipio del mismo nombre, Estado de Guerrero.

Acción 2.5.16.2.- Construcción de la red de atarjeas y colectores en la zona Zapata I, sector 1 (Colonia Zapata), Segunda Etapa, en la ciudad de Acapulco de Juárez, Municipio del mismo nombre, Estado de Guerrero.

Desde el inicio del Proyecto, la Comisión de Agua Potable y Alcantarillado del Municipio de Acapulco, coadyuvó con información técnica, administrativa y estadística para la integración del Programa Operativo General (POG) y el Reglamento Operativo (ROP), que permitieron tener un marco normativo para la correcta ejecución de los recursos financieros.

AGUA POTABLE

Se construyeron 8 pozos tipo profundo, 5 tanques de regularización, 8 km de líneas de conducción, 104 km de líneas de distribución, instalando 9,457 tomas domiciliarias, en beneficio directo de 31 colonias que reciben el servicio de agua potable por primera vez y 19 colonias con servicio mejorado, elevando la calidad de vida 51,907 habitantes.

ALCANTARILLADO SANITARIO

Se construyeron 15 km de colectores principales, 169 km de redes de atarjeas, instalando 17,783 descargas domiciliarias, en beneficio directo de 33 colonias que reciben el servicio de alcantarillado sanitario por primera vez y 11 colonias con servicio mejorado, beneficiando a 52,698 habitantes con nuevo drenaje, 108,753 habitantes con drenaje rehabilitado y a 170,255 beneficiados indirectamente.

Adicionalmente, con recursos del programa se elaboró un Plan Maestro para el Valle de la Sabana, el cual indica la directriz a seguir en los aspectos técnicos, comercial y administrativo para dar sustentabilidad a las acciones realizadas en el marco del Fondo Español. Era sumamente necesario, ya que esta zona concentra a la mayor parte de la población acapulqueña en condiciones de alta o muy alta marginación: al menos 287 mil personas que representan casi tres cuartas partes de los habitantes de la zona de actuación.

La mayor parte de las viviendas se abastecen a través de la red de agua potable en su vivienda. También hay quienes acceden al agua a través de hidrantes públicos, pozos artesianos y a través de carros cisterna (pipas).

El proyecto se desarrolló gracias a la Agencia Española de Cooperación Internacional para el Desarrollo (AECID) que, a través del Fondo de Cooperación para Agua y Saneamiento.

Con estas acciones se tenía contemplado incrementar la cobertura en infraestructura de agua potable de un 68 a un 80 %, en el caso del alcantarillado sanitario, mejorar de un 55 a un 63 %.

Algunos participantes en reuniones técnicas y visitas de obra; ***¡¡¡los conoces!!!****, esto es lo que ocurre frecuentemente, llegan los mismos de siempre los que han perjudicado al organismo, ahí aparece José Ramón Aysa Neme.*

Como lo comenté, reuniones de trabajo donde participa José Ramón Aysa Neme, formando parte de los responsables de los trabajos de la inversión del fondo español, a la postre nombrado Director General de CAPAMA, por Adela Román.

En fin, esto quedará en la conciencia de alguien.

PLAYAS LIMPIAS

Participa CAPAMA en la segunda sesión extraordinaria Del Comité de Playas Limpias de Acapulco.

Acapulco, Gro., 19 de diciembre de 2019.- Como parte de las acciones permanentes que instruyó realizar la presidenta municipal, a fin de evitar la contaminación en la bahía de Acapulco, el director general de la CAPAMA, Leonel Galindo González, informó que el organismo, en estrecha colaboración con dependencias de los distintos órdenes de gobierno, mantienen trabajos integrales para coadyuvar en el saneamiento de las playas del puerto.

En su participación, dentro de la sesión extraordinaria del Comité de Playas Limpias de Acapulco, el director general de la CAPAMA, Leonel Galindo González, presentó a los integrantes del órgano interinstitucional, las evidencias de las acciones que la paramunicipal realiza para evitar el vertimiento de aguas residuales en la bahía, como son labores de desazolves manuales y mecánicos en colectores, líneas sanitarias y pozos de visita que forman parte de la infraestructura del organismo.

El mantenimiento en cárcamos sanitarios para evitar su saturación, inspecciones en canales pluviales, monitoreos diarios del agua, así como la clausura y taponamiento de 120 descargas clandestinas de aguas residuales, son parte de las acciones intensivas y permanentes que realiza la fuerza operativa de la CAPAMA en coordinación con dependencias como Ecología municipal.

Asimismo, Leonel Galindo González, indicó, que, con el apoyo de la CAPASEG, a partir de esta semana, se han intensificado los desazolves sanitarios, contando actualmente con un total de 4 camiones tipo Vactor, siendo 2 de CAPAMA asignados para la atención al anfiteatro, así como las zonas urbana y conurbada, y 2 que facilitó la CAPASEG tendrán su operación en el área Diamante y poniente del puerto, mejorando el mantenimiento sanitario de toda la ciudad.

Finalmente, el director de la CAPAMA destacó, que, el organismo ha avanzado hacia la ronda final de la Plataforma de Inversión de Ciudades en el Fondo Mundial Urbano a través de la convocatoria ONU-HÁBITAT, impulsando un proyecto integral de saneamiento de la bahía de Acapulco, mediante la rehabilita-

ción de 15 plantas tratadoras y la puesta en marcha de una Granja solar para la generación de energía sustentable.

Se realizan monitoreo de la calidad del agua en la bahía, con personal propio, trabajadores del organismo operador del agua.

Capítulo IX

Descargas

A mi llegada a la dirección general se realizó una inspección a todas las descargas pluviales existentes hacia la bahía, en términos generales la situación es la que se comenta, esta verificación se realizaba al inicio de cada temporada de lluvias, uno de los objetivos fundamentales es la de detectar descargas irregulares y clandestinas, para tomar medidas ya sea taponearlas y aplicarles una multa:

Se inspeccionaron 19 canales pluviales que desembocan a playas de la bahía y en el momento no se observaron descargas de aguas residuales que afectaran la calidad de agua de mar, solamente encharcamientos propios de aguas pluviales; no obstante, se plantean acciones a largo plazo para mejorar la infraestructura hidrosanitaria actual que garantice que no haya fuentes de contaminación por el deterioro de la misma.

Cabe mencionar que se encontraron fuentes de contaminación e irregularidades producto de asentamientos de la zona del anfiteatro; acumulamiento de basura en acantilados, en el mar y en rejillas pluviales por lo que es evidente la colaboración interinstitucional y con la ciudadanía para evitar la contaminación de la bahía y cuerpos hídricos.

Se llevaron a cabo reuniones en diferentes lugares con los prestadores de servicio para conocer de viva voz sus afectaciones y sobre todo las quejas.

INSPECCIÓN DE CANALES PLUVIALES QUE DESEMBOCAN A LA BAHÍA

1.-CANAL DE BOCA CHICA Y ZONAS DE CALETA Y CALETILLA

OBSERVACIONES

En el canal boca chica en su descarga a la bocana de caleta, se pudo observar que no contiene vertimiento de aguas negras.

Se inspeccionaron las instalaciones del hotel boca chica verificando que en el cárcamo no. 1 se bombea en forma eficiente hacia el colector, sin embargo, en el cárcamo no. 2 se detectó que el bombeo es deficiente, de tal manera que, al rebasar el nivel del cárcamo, el agua se mezcla con el oleaje por el efecto fondo de mar.

Se constata que ningún restaurante de la zona cuenta con trampas de grasa en los registros sanitarios, ocasionando acumulación de sólidos y en consecuencia derrames de aguas residuales que se depositan en los canales pluviales.

Se detectan acumulaciones de basura y desperdicios en rejillas pluviales y en las rocas.

ACCIONES

- Equipamiento de cárcamo auxiliar en Costera y Bocachica.
- Rehabilitación de 30 ml de colector marginal en calle circunvalación.
- Construcción de 150 ml. de atarjea en la zona desde mágico mundo marino hasta la calle boca chica.
- De la glorieta de caleta hasta el restaurante rompeolas la construcción de:

- 190 ml. de colector sanitario de 45 cm de diam.
- 50 ml de atarjeas sanitario de 12" de diam.
- 55 ml. de atarjea sanitarias de 8" de diam.
- Instalación de trampas de grasas en todas las descargas sanitarias.

2.- ISLA LA ROQUETA

OBSERVACIONES

En la inspección realizada a las zonas de restaurantes en la isla de la roqueta se observó que aparentemente no hay derrame de aguas residuales directas al mar, se revisó la fosa séptica ubicada en la zona concesionada a los restauranteros cuyo contenido ya alcanzo el nivel máximo estando próximo a su derrame, se nos mostró la segunda fosa la cual no pudo checarse por encontrarse sellada, comentan los locatarios que Fonatur les realizo obras ecológicas para resolver el destino de las aguas residuales, pero que estas no fueron concluidas.

En el caso del restaurante Palao se negó el acceso e información referente al tema del tratamiento que se le da a las aguas residuales.

ACCIONES

La construcción de plantas de tratamiento de aguas residuales. (Fonatur cuenta con el proyecto).

3.-CANAL DE ENSENADA DE LOS PRESOS

OBSERVACIONES

En la inspección realizada en la descarga del canal de ensenada de los presos, se pudo observar que contiene arrastre de aguas negras, originadas por derrame en colector marginal de 20 cm. que cruza propiedades.

ACCIONES

Continuar con el proceso legal con la propietaria del predio, la señora Norma Ortiz Martínez, para la cesión de derecho de paso libre de servidumbre para la construcción de 91 ml de colector marginal de 10" de diam. Beneficiando además a más de 20 familias al conectarlos a esta tubería, en jurídico del organismo.

4.-CANAL DE LOS COCOS

OBSERVACIONES

En la inspección realizada en la descarga del hotel de los cocos se observó que sus aguas residuales se estancan en el nivel subterráneo ocupado para estacionamiento y este alcanza el nivel suficiente para permitir el derrame al canal pluvial.

ACCIONES

Equipamiento de cárcamo de aguas residuales

Instalación de 30 ml de tubería de 4" de diámetro. Desde el cárcamo que se ubica en el interior del estacionamiento hasta el colector no. 1.

5.-CLUB DE YATES LA MARINA

OBSERVACIONES

En las inspecciones cotidianas que se han realizado al colector de 152 cm. se han detectado asentamientos, mismos que provocan azolvamientos a los cuales no se les puede atender con mantenimiento preventivo debido a que la mayoría de los propietarios no permiten el acceso; incrementando los derrames hacia la bahía.

ACCIONES

Construcción de 300 ml. de colector de 152 cm de diámetro, fuera de las propiedades, no es lo más correcto, ya que faltaría un tramo del colector justamente donde existen construcciones.

6.-ZONA DEL PASEO DEL PESCADOR

OBSERVACIONES

En la inspección realizada a la zona del paseo del pescador se corrobora que cada vez que se satura el colector no. 1 se regresa el agua a la atarjea de 8" de diam., existente, ocasionando derrames de aguas residuales en los desfogues hacia la bahía, debido a que la pendiente de las cotas de arrastre de la atarjea son las mínimas de acuerdo a la normativa (2 %).

ACCIONES

Construcción de 170 ml. de una nueva atarjea de 12" de diam. con cotas de arrastre más altas y con una pendiente que permita una mayor velocidad en el escurrimiento.

7.-ZONA DEL MALECÓN

OBSERVACIONES

En la inspección realizada a la zona del malecón no se observaron escurrimientos de aguas negras, sin embargo, en temporadas de lluvias se saturan las atarjeas sanitarias provocando que se colapsen las mismas provocando derrames al canal pluvial y como destino final la bahía.

ACCIONES

Rehabilitación de 520 ml. de atarjea sanitaria de 12" de diámetro y 530 de subcolector sanitario de 18" en calles aledañas al zócalo y al malecón.

8.-CANAL DE AGUAS BLANCAS

OBSERVACIONES

En la inspección realizada al canal pluvial no se observaron escurrimientos en el momento del recorrido, sin embargo, los derrames de aguas negras al canal se incrementan en temporada de lluvias, ya que se saturan las redes de atarjeas y colectores.

ACCIONES

Construcción de 350 ml. de atarjea sanitaria de 18" en la calle Diego Hurtado de Mendoza desde la glorieta de aguas blancas hasta la calle de la Fábrica y rehabilitación de 60 ml. de atarjea sanitaria, en la calle Manuel Acuña desde la calle 18 de marzo hasta la av. Cuauhtémoc.

Desazolve de subcolector sanitario, en calle Diego Hurtado de Mendoza que descarga al colector sanitario No. 1 ubicado en av. costera Miguel Alemán.

Construcción de 60 ml de atarjeas sanitarias de 12" diam desde el barrio Petaquillas hasta la costera Miguel Alemán evitando escurrimientos al canal pluvial de las hamacas.

9.-ZONA BRISAS GUITARRÓN

OBSERVACIONES

Esta zona es muy complicada en cuanto a su drenaje, se han realizado inspecciones desde el 2015, además en los trabajos de mantenimiento se ha podido corroborar que existen derrames de aguas negras a la bahía, con descarga en la playa llamada el secreto, a la altura de un hotel importante de la zona, esto es originado por la edad de la infraestructura, algunos cuellos de botella por incluir diámetros, variados algunos tramos de hasta 20 cm de diámetro, en tramos intermedios y por contar con construcciones sobre las tuberías lo que impide el manteniendo frecuente por la falta de los permisos de los propietarios, para acceder a los sitios, ya que algunos están dentro de sus propiedades, en zonas de jardines, albercas, etc.

ACCIONES

Ya se tienen un proyecto conceptual para desarrollar el ejecutivo para resolver de raíz este problema muy antiguo.

10.-COLECTORES No. 2 Y CUMBRES (PARQUE PAPAGAYO)

OBSERVACIONES

Estos dos colectores cruzan las instalaciones del parque papagayo, cuyas construcciones se ubican sobre las tuberías y pozos de visita, complicando los trabajos de mantenimiento y en consecuencia se provocan derrames de aguas negras en av. costera Miguel Alemán desde el hotel Emporio hasta este parque.

ACCIONES

Esta problemática ya se comentó por separado, hay que resolverlo de manera integral, ya se cuenta con el proyecto.

11.-CANAL ICACOS

OBSERVACIONES

En revisión del colector no. 1 se detectó que este ya sobrepaso por mucho la vida útil de la tubería, por lo que en temporada de lluvias colapsa constantemente, por otro lado, se tienen escurrimientos de aguas residuales a un costado del predio de Pemex.

ACCIONES

Rehabilitación de 150 ml de colector sanitario de 91 cm

Rehabilitación de 300 ml de atarjeas sanitarias de 30 cm

12.-CANAL DEL ARROYO DEL CAMARÓN

OBSERVACIONES

Existen puntos muy señalados en los cuales está a punto de colapsarse por presentar varios tramos con socavación importantes en los muros de mampostería, independientemente de las grietas que presenta en diferentes puntos del encofrado, y faltas de tapa en los registros sanitarios.

ACCIONES

Rehabilitación de 2 kilómetros de dos marginales con tubería de 30 cm a todo lo largo del canal, incluye reconstrucción de muros de mampostería, reposición de tuberías, encofrados y registros.

13.-CANAL CUENCA DE LA GARITA

OBSERVACIONES

Existen puntos muy señalados en los cuales está a punto de colapsarse por presentar varios tramos con socavación importantes en los muros de mampostería, independientemente de las grietas que presenta en diferentes puntos del encofrado, y faltas de tapa en los registros sanitarios.

ACCIONES

Rehabilitación de 3 kilómetros de dos marginales con tubería de 30 cm a todo lo largo del canal, incluye reconstrucción de muros de mampostería, reposición de tuberías, encofrados y registros. Rehabilitación de red sanitaria de 30 cm de diámetro entre av. costera Miguel Alemán y Francisco Pizarro.

14.-CANAL DEL ARROYO DE LA GARITA - CUMBRES

OBSERVACIONES

Existen puntos muy señalados en los cuales está a punto de colapsarse por presentar varios tramos con socavación importantes en los muros de mampostería, independientemente de las grietas que presenta en diferentes puntos del encofrado, y faltas de tapa en los registros sanitarios.

ACCIONES

Rehabilitación de 3 kilómetros de dos marginales con tubería de 30 cm a todo lo largo del canal, incluye reconstrucción de muros de mampostería, reposición de tuberías, encofrados y registros.

15.-CANAL DEL ARROYO DE WILFRIDO MASSIEU - MARROQUÍN

OBSERVACIONES

Existen puntos muy señalados en los cuales está a punto de colapsarse por presentar varios tramos con socavación importantes en los muros de mampostería, independientemente de las grietas que presenta en diferentes puntos del encofrado, y faltas de tapa en los registros sanitarios.

ACCIONES

Rehabilitación de 5 kilómetros de dos marginales con tubería de 30 cm de diámetro, a todo lo largo del canal, de 2.5 km de longitud, canal Massieu y 2.5 km. en canal Marroquín, incluye reconstrucción de muros de mampostería, reposición de tuberías, encofrados y registros.

16.-CANAL GÓMEZ MORÍN

OBSERVACIONES

Existen puntos muy señalados en los cuales está a punto de colapsarse por presentar varios tramos con socavación importantes en los muros de mampostería, independientemente de las grietas que presenta en diferentes puntos del encofrado, y faltas de tapa en los registros sanitarios.

ACCIONES

Rehabilitación de 2.5 km de marginal con tubería de 30 cm a todo lo largo del canal Gómez Morín.

Rehabilitación de 1.5 km de colector sanitario de 152 cm con encamisado de P.V.C.

17.-CANAL MICHOACÁN

OBSERVACIONES

Existen puntos muy señalados en los cuales está a punto de colapsarse por presentar varios tramos con socavación importantes en los muros de mampostería, independientemente de las grietas que presenta en diferentes puntos del encofrado, y faltas de tapa en los registros sanitarios.

ACCIONES

Rehabilitación de 1.5 km de marginal con tubería de 30 cm a todo lo largo del canal Michoacán.

18.-CANAL DE MANZANILLO

OBSERVACIONES

La infraestructura sanitaria en esta zona ya cumplió con su vida útil por lo que constantemente se presentan colapsos de la misma, además de que el túnel que cruza frente a playa Tlacopanocha no ha recibido mantenimiento desde hace más de 35 años.

ACCIONES

- Rehabilitación de 90 ml de marginal con tubería de 30 cm en el canal.
- Construcción de 90 ml con tubería de 61 cm atarjeas sanitarias.
- Rehabilitación de 200 ml de atarjea con tubería de 30 cm
- Rehabilitación de 1 km de colector sanitario de 1.52 ml con encamisado interior de P.V.C.

19.-COLECTOR No. 1 (5 DE MAYO)

OBSERVACIONES

Debido a errores y malos procedimientos en la construcción del colector sanitario de la calle 5 de mayo desde la av. costera Miguel Alemán, calle Juan R Escudero hasta entroncar nuevamente con la costera esquina 5 de mayo, la tubería permanentemente trabaja con un espejo de agua repercutiendo en derrames de aguas residuales en las zonas de Manzanillo y Caleta.

ACCIONES

Se requiere rehabilitación de 1 km de colector existente (antiguo) sanitario de 152 cm de diámetro con encamisado interior de P.V.C.

Es conveniente mencionar que brigadas de CAPAMA, al menos se realizó durante mi gestión, que previo y durante los periodos vacacionales y días festivos, realizan todos los días a partir de las 7.00 am. Monitoreo físico a todos los puntos de las descargas indicadas, además de realizar muestreos del agua esporádicos para determinar su calidad y descartar que estén mezcladas aguas residuales con agua limpia. Es importante mencionar, que, la responsabilidad de los canales pluviales **NO** es de CAPAMA, estos corresponden al H Ayuntamiento, a través de la Secretaria de Obras Públicas y de la Coordinación de servicios públicos municipales.

Además, siempre se buscó el apoyo del Gobierno del Estado a través de CAPASEG, que en forma conjunta con CAPAMA se realizaron trabajos de desazolve, así, como el llamado a la ciudadanía para que coadyuven en no tirar desechos sólidos en los canales, ya que hemos encontrado electrodomésticos, grandes como lavadoras, refrigeradores, hornos de microondas, etc."

En ese sentido, durante los recorridos realizados se han encontrado escombros, basura y sobre todo la gran responsabilidad que representa que haya construcciones en cauces pluviales, zonas consideradas de alto riesgo, algo muy importante es también evitar que material de escombro sea depositado en los canales, ya que este material es más difícil y complicado retirarlo.

Ya que en los recorridos de supervisión realizados por los canales y cauces pluviales que atraviesan la ciudad en las etapas de limpieza y desazolve se han retirado todo tipo de escombro, es por eso la reiterada llamada a los ciudadanos para contribuir a mantenerlos libres y despejados de cualquier desecho sólido.

Derivado de los diversos recorridos realizados elaboré el programa (uno más) el cual se llamó: **PROGRAMA DE MANTENIMIENTO Y DESAZOLVE DE COLECTORES.**

Con el siguiente contenido:

COLECTOR No 01 CALETILLA-MALAESPINA

- **TRAMO 01.**- CAPITÁN MALAESPINA-FRACCIONAMIENTO HORNOS HASTA 7 ESQUINAS (CALLE 5 DE MAYO ESQ. CON JOSE VALDEZ ARÉVALO), DIÁMETRO DE LA TUBERÍA 152 cm, LONGITUD TOTAL DEL TRAMO 1,100 m.

- **TRAMO 02.**- 7 ESQUINAS (CALLE 5 DE MAYO ESQ. CON JOSE VALDEZ ARÉVALO) HASTA JUAN R. ESCUDERO, COL. CENTRO (Av. CUAUHTÉMOC ESQ. CON Av. COSTERA MIGUEL ALEMÁN), DIAMETRO DE LA TUBERÍA 152 cm, LONGITUD TOTAL DEL TRAMO 670 m.

- **TRAMO 03.-** Av. COSTERA MIGUEL ALEMÁN; TRAMO COMPRENDIDO DESDE MARINA LE CLUB HASTA LA GASOLINERA DE CALLE TAMBUCO; DIÁMETRO DE LA TUBERÍA 91 cm, LONGITUD TOTAL DEL TRAMO 900 m.

COLECTOR No 02 ICACOS-MALAESPINA

- **TRAMO 04.-** Av. COSTERA MIGUEL ALEMÁN DESDE LA GLORIETA DE ICACOS HASTA EL CÁRCAMO DE NAO TRINIDAD DEL FRACCIONAMIENTO COSTA AZUL; DIÁMETRO DE LA TUBERÍA 91 cm, LONGITUD TOTAL DEL TRAMO 1300 m.

- **TRAMO 05.-** Av. COSTERA MIGUEL ALEMÁN DESDE LA GLORIETA DE LA DIANA HASTA LA CALLE GÓMEZ MORÍN DEL FRACCIONAMIENTO MAGALLANES; DIÁMETRO DE LA TUBERÍA 91 cm, LONGITUD TOTAL DEL TRAMO 1375 m

- **TRAMO 06.-** Av. COSTERA MIGUEL ALEMÁN DESDE LA CALLE GÓMEZ MORÍN DEL FRACCIONAMIENTO MAGALLANES, HASTA CAPITÁN MALAESPINA, FRACC. HORNOS (ESTA PARTE DEL COLECTOR PASA POR EL INTERIOR DEL PARQUE PAPAGAYO); DIÁMETRO DE LA TUBERÍA 91 cm, LONGITUD TOTAL DEL TRAMO 1400 m

COLECTOR No 03 GARITA –PTAR AGUAS BLANCAS

- **TRAMO 07.-** GLORIETA DE AGUAS BLANCAS DE LA CALLE 16 DE SEPTIEMBRE, COL AGUAS BLANCAS, HASTA Av. CUAUHTÉMOC, COL LA FABRICA; DIÁMETRO DE LA TUBERÍA 103 cm, LONGITUD TOTAL DEL TRAMO 590 m.

- **TRAMO 08.-** CALLE 16 DE SEPTIEMBRE, ESQ. CON AV. CONSTITUYENTES, COL LA FABRICA, HASTA CALLE ESQ.

SOOA CON CALLE CAMINOS DE LA COL. PROGRESO; DIÁMETRO DE LA TUBERÍA 103 cm Y 103 cm, LONGITUD TOTAL DEL TRAMO 1580 m.

- **TRAMO 09.**- CALLE DIEGO HURTADO DE MENDOZA ESQ. CON CALLE LA FÁBRICA HASTA CALLE ANDRÉS DE URDANETA ESQ. CON CAPITÁN MALAESPINA, A UN COSTADO DEL FIDEICOMISO, FRACC. HORNOS; DIÁMETRO DE LA TUBERÍA 152 cm, LONGITUD TOTAL DEL TRAMO 1030 m.

COLECTOR No 2 ICACOS-MALAESPINA
Leyenda
COLECTOR 2 ICACOS-MALAESPI
GLORIETA DE ICACOS
LLEGADA A CARCAMO MALAESPI
Bahía De Acapulco
Google Earth

COLECTOR No 2 ICACOS-MALAESPINA
TRAMOS PROGRAMADOS PARA MANTENIMIENTO Y DESAZOLVE
Leyenda
TRAMO 4. GLORIETA ICACOS-NAO TRINIDAD
TRAMO 5. GLORIETA DIANA-GOMEZ MORIN
TRAMO 6. GOMEZ MORIN- CAPITAN MALAESPI
Bahía De Acapulco
Google Earth

COLECTOR No 3 GARITA – PTAR AGUAS BLANCAS
Leyenda
CARCAMO GLORIETA DE AGUAS BLANC
COLECTOR 3 GARITA-AGUAS BLANCAS
P.V. GARITA

Supervisa desazolve de cauce de Costa Azul

Acapulco, Gro., 16 de junio de 2019.- Para constatar el avance en los trabajos de desazolve que se realizan en los canales pluviales de la ciudad, el secretario general del Ayuntamiento, supervisó el desarenador del fraccionamiento Costa Azul, donde informó que el Ayuntamiento cumplió en tiempo y forma la limpieza de los cauces que atraviesan el municipio.

Junto al secretario de Desarrollo Urbano y Obras Públicas (SDUOP), y el coordinador de Servicios Públicos, el secretario Ge-

neral dijo que el garantizar la integridad física de la población durante la presente temporada de lluvias, es prioridad, prueba de ello es que la limpieza se inició desde hace más de tres meses.

"Estamos haciendo una revisión porque es del interés de la alcaldesa, que los canales estén debidamente limpios, que se les haya hecho el mantenimiento adecuado para prevenir cualquier contingencia con la temporada de lluvias que ya estamos viviendo, ya hay un gran avance, seguimos trabajando y vamos a seguir haciendo recorridos constantes en los canales pluviales, desarenadores y todos los cauces que requieren de mantenimiento, de limpieza", precisó Ernesto Manzano.

De la misma manera dijo que pese a que el desarenador de Costa Azul es uno de los más importantes, no se le había dado el mantenimiento adecuado, por ello, se ha traído maquinaria y "estamos tratando de hacer un trabajo profundo que realmente pueda contener cualquier descarga, de agua, de arena, de material, es un compromiso de la presidenta, Adela Román Ocampo hacer una revisión constante".

Agregó que el Ayuntamiento también realiza trabajos en la Zona Diamante en el área de la Marquesita, así como en ramales del río Colacho, acciones de las cuales se están registrando ante notario público, con la finalidad de tener constancia de que la administración municipal tomó las medidas preventivas necesarias.

Por su parte, el Coordinador de Servicios Públicos, explicó que previó al desazolve, personal del área a su cargo realizó la limpieza manual de 119 canales del anfiteatro y área conurbada, aquí "lo que primero se hizo fue el desmalezado, la limpieza, la desca-

charrización, como es un canal muy amplio entonces aquí había cacharros, vehículos oxidados, llantas, por eso entramos primero nosotros y ahorita ya está Obras Públicas, esto es un proceso, a lo mejor los vecinos ven despacio el trabajo, pero es todo un procedimiento el que se lleva".

A su vez, el titular de la SDUOP, informó que personal de la dependencia a su cargo realiza trabajos de desazolve con maquinaria pesada en 12 presas gavión, desarenadores y cauces mismos que concluirán en julio próximo.

El funcionario municipal agregó que en algunos cauces donde se realizan trabajos de desazolve es el Playa Seca, Pedregoso y el de la colonia Libertadores, se tiene un avance considerable, adelantó que en días próximos las maniobras iniciarán en La Garita, Palma Sola entre otros.

La limpieza y el desazolve en las presas gavión, desarenadores y cauces forman parte de las acciones preventivas que realiza la administración municipal, con la finalidad de evitar afectaciones durante la presente temporada de lluvias.

Intensifica gobierno municipal desazolve de canales pluviales

Acapulco, Gro., 07 de julio de 2019.- Con el objetivo de evitar inundaciones y desbordamientos de canales pluviales en la presente temporada de lluvias, el gobierno municipal, a través de la dirección de Maquinaria Pesada, Parque Vehicular y Rehabilitación de Vialidades, realiza trabajos de desazolve en varios cauces, retirando hasta el momento más de 3 mil metros cúbicos de azolve.

En ese sentido el titular del área, dijo que con el apoyo de máquinas retroexcavadoras y una excavadora 320, se están atendiendo alrededor de seis canales que no habían sido desazolvados desde administraciones pasadas y que presentaban un riesgo a los acapulqueños.

"En el trascurso de la próxima semana ampliaremos esta cobertura para abarcar más canales, no se les había dado atención en administraciones pasadas, entonces, sí es demasiado el material que se está retirando, el Ayuntamiento en medida de nuestras posibilidades estamos haciendo el trabajo, lo que es ya la atención a los canales principales del puerto que son los que nos causan problemas", precisó.

De la misma manera, dijo que hasta el momento se han utilizado camiones de volteo con capacidades de 14 metros cúbicos para realizar el retiro de tierra.

Asimismo, destacó que, en cumplimiento a las indicaciones de la presidenta municipal, Adela Román Ocampo, ya se concluyó el desazolve del desarenador de la calle Niños Héroes en Costa Azul y se registra gran avance en el arroyo Lagartos en Farallón, el canal de El Perro en Fuentes de Maurel, el canal Del Muerto en Playa Seca y el canal pluvial de San Isidro.

Ponciano Bustos explicó que en años anteriores el azolve de estos canales generaba un problema para a población en la temporada de lluvias, sin embargo, para el actual gobierno de Acapulco, la integridad física de la población es prioridad por ello se han ampliado las maniobras en distintas zonas del municipio.

La administración, con varios meses de anticipación a la temporada de lluvias, empezó a realizar las acciones preventivas en materia de Protección Civil, destacando la limpieza manual y desazolve de causes, así como la notificación de familias en zonas de riesgo, verificación y supervisión de albergues entre otras acciones, en las que han participado los tres órdenes de gobierno.

DESAZOLVE DE COLECTOR EN COSTERA MIGUEL ALEMÁN DESDE BASE NAVAL A CÁRCAMO DE BOMBEO DE NAO TRINIDAD

Por parte de CAPAMA, se elaboró un programa de desazolve de colectores para realizar una limpieza a varios colectores principales, esta operación fue realizada con el apoyo de CAPASEG.

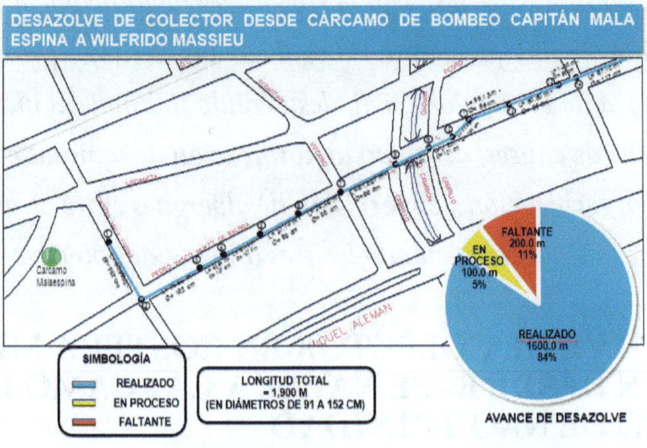
DESAZOLVE DE COLECTOR DESDE CÁRCAMO DE BOMBEO CAPITÁN MALA ESPINA A WILFRIDO MASSIEU
Carcamo Malaespina
MIGUEL ALEMAN
FALTANTE 200.0 m 11%
EN PROCESO 100.0 m 5%
REALIZADO 1600.0 m 84%
AVANCE DE DESAZOLVE
SIMBOLOGÍA
REALIZADO
EN PROCESO
FALTANTE
LONGITUD TOTAL = 1,900 M (EN DIÁMETROS DE 91 A 152 CM)

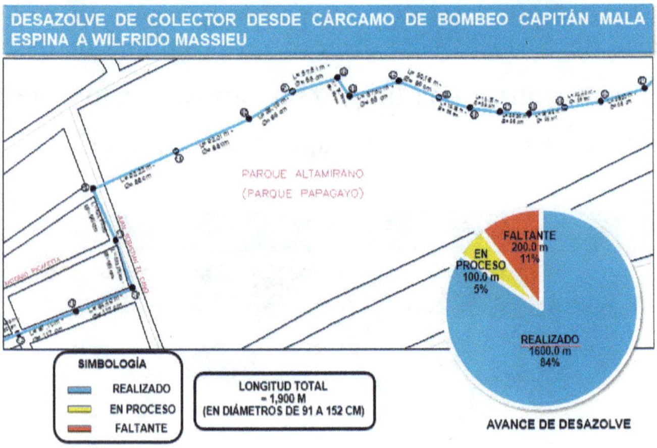
DESAZOLVE DE COLECTOR DESDE CÁRCAMO DE BOMBEO CAPITÁN MALA ESPINA A WILFRIDO MASSIEU
PARQUE ALTAMIRANO
(PARQUE PAPAGAYO)
FALTANTE 200.0 m 11%
EN PROCESO 100.0 m 5%
REALIZADO 1600.0 m 84%
AVANCE DE DESAZOLVE
SIMBOLOGÍA
REALIZADO
EN PROCESO
FALTANTE
LONGITUD TOTAL = 1,900 M (EN DIÁMETROS DE 91 A 152 CM)

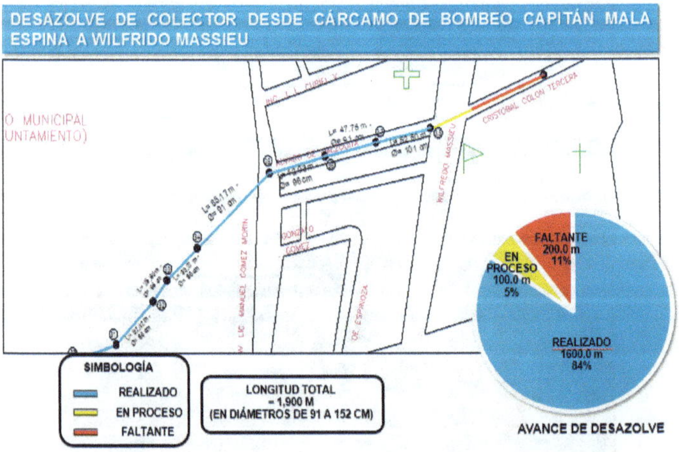
DESAZOLVE DE COLECTOR DESDE CÁRCAMO DE BOMBEO CAPITÁN MALA ESPINA A WILFRIDO MASSIEU
O MUNICIPAL
UNTAMIENTO)
CRISTOBAL COLON TERCERA
FALTANTE 200.0 m 11%
EN PROCESO 100.0 m 5%
REALIZADO 1600.0 m 84%
AVANCE DE DESAZOLVE
SIMBOLOGÍA
REALIZADO
EN PROCESO
FALTANTE
LONGITUD TOTAL = 1,900 M (EN DIÁMETROS DE 91 A 152 CM)

DESAZOLVE DE COLECTOR DE CARCAMO DE BOMBEO CAPITÁL MALA ESPINA Y WILFRIDO MASSIEU

Lugar parque Papagayo y Campo de tiro

1. PLAYA ICACOS

4. LA DIANA
5. JUAN SERRANO

2. NAO VICTORIA
3. CALLE FRANCIA

6. WILFRIDO MASSIEU
7. GÓMEZ MORÍN

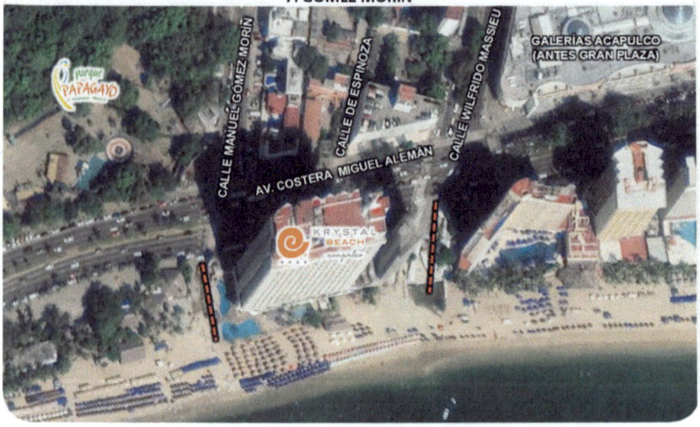

8. PAPAGAYO

9. RÍO DEL CAMARÓN

11. MALECÓN

CAPÍTULO X

ACCIONES RELEVANTES SOBRE LA AV. COSTERA MIGUEL ALEMÁN

SUSTITUCIÓN DE 30 M DEL COLECTOR COSTERA DE 91 CM. EN LA AV. COSTERA MIGUEL ALEMÁN

La Comisión de Agua Potable y Alcantarillado del Municipio de Acapulco (CAPAMA), llevo a cabo la sustitución de un tramo de 30 metros del colector Costera de 91 cm, sobre la Av. Costera Miguel Alemán en el sentido de Base- Caleta.

Dichos trabajos se realizaron de manera preventiva, para evitar una contingencia mayor en dicha zona, la sustitución del colector impacta favorablemente en reducir los derrames de agua negras hacia la bahía, problemática que se viene presentando en los últimos años, además de la sustitución del colector, se realizó la limpieza y desazolve del canal pluvial Icacos ramal II.

La sustitución del tramo del colector es parte de un proyecto mucho mayor que se pretende realizar en diferentes etapas, la rehabilitación total del colector, que solucionara de manera importante los derrames de agua residuales.

Durante la ejecución de la excavación para la colocación del tubo 4 de 5 por colocar se descubrió una línea de CFE de 115 kv que alimenta de Subestación Costa Azul a Lomas de Mar (encapsulada), ante esta situación se hace necesaria la presencia de personal de CFE para poder continuar la excavación y colocación de los tubos 4 y 5 por colocar.

La reparación de la línea de CFE se realiza con la construcción de un registro que alojara los cables encontrados con la excavación para la línea de drenaje y una línea también de CFE paralela a la localizada.

LIMPIEZA Y DESAZOLVE CON MALACATES Y VACTOR SOBRE AV. COSTERA MIGUEL ALEMÁN

La Comisión de Agua Potable y Alcantarillado del Municipio de Acapulco (CAPAMA), realiza trabajos de limpieza y desazolve en la Av. Costera Miguel Alemán para retirar los sólidos y arena de los colectores principales de la red de drenaje que están sobre la costera, esta acción preventiva ayudará a evitar derrames de aguas negras sobre el arroyo vehicular y hacia la bahía, ayudando a mantener una buena imagen.

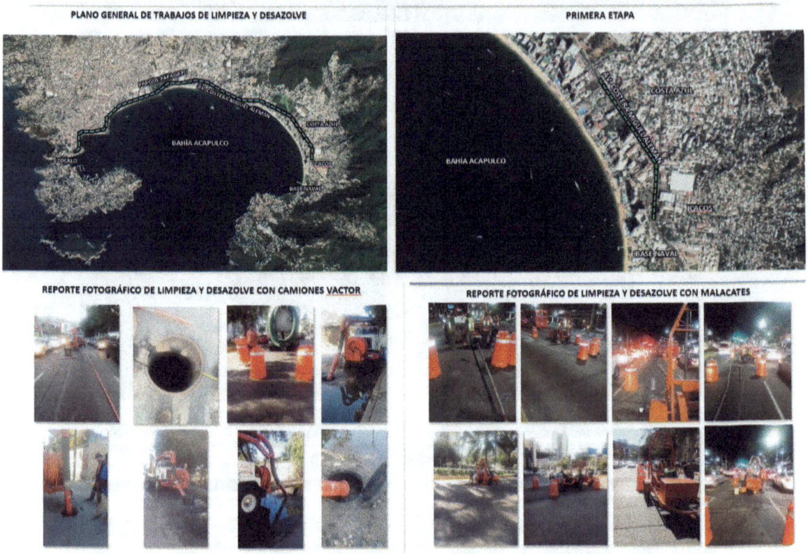

ACCIONES PERMANENTES PARA EVITAR CONTAMINACIÓN EN LA BAHÍA DE ACAPULCO

Cada inicio de la temporada de vacaciones, implementé que se realizaran unas acciones con el objetivo de prevenir las posibles descargas a la bahía.

PLAYA MANZANILLO

Personal de CAPAMA realizó limpieza de la caja de cambio de dirección de colector (Cuauhtémoc-Malaespina), se retiró un volumen de 3 m^3 de azolve/día en forma manual con el apoyo de un malacate, se estará dando continuidad de estos trabajos con un par de malacates para que el desfogue hacia la Planta de Tratamiento de Aguas Blancas no se vea interrumpido por acumulación de azolve.

Esta limpieza garantizará la no ocurrencia de vertimiento de aguas residuales en Playa Manzanillo.

DESAZOLVE MECÁNICO CON EQUIPO DE MALACATES EN CALLE 5 DE MAYO ENTRE CALLE MINA Y JUAN R. ESCUDERO, COL. CENTRO.

Personal de CAPAMA realizó inspección y revisión de los pozos de visita de la red sanitaria del parque Ernesto García Moraga en Playa Manzanillo, en esta revisión los pozos de visita se encontraron funcionando normalmente.

En la salida del lado de la playa en la boca del canal, el escurrimiento de agua hacia a la mar se aprecia cristalina y sin olor.

Personal de CAPAMA concluye la limpieza de la caja cambio de dirección de Costera Miguel Alemán Esq. Con José María Iglesias, Col. Centro, en el colector Cuauhtémoc-Malaespina donde se retiraron 2 m^3 de azolve de forma manual.

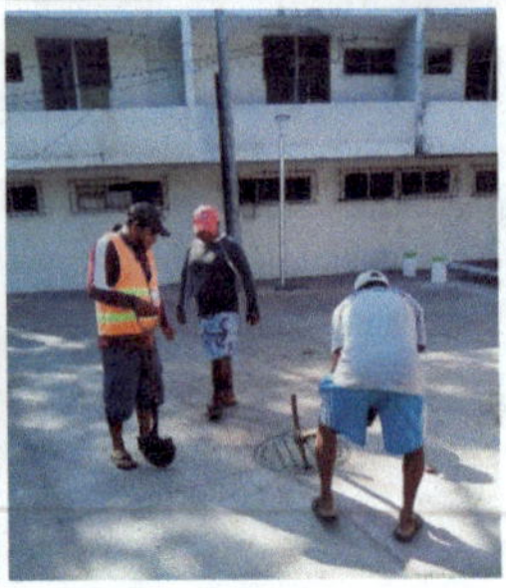

Otras actividades realizadas:

Desazolve mecánico y manual en el tramo comprendido Av. Costera Miguel Alemán entre Juan R. Escudero y Calle Constancio Martínez Col. Centro. Así como sondeo de estos tramos con manguera de alta presión con los camiones vactor.

Con apoyo de camión vactor, se sondearon 6 tramos de colector y se limpiaron 6 pozos de visita en total se sondearon 16 m de colector Cuauhtémoc-Malaespina (1.52m).

Acciones Realizadas en instalaciones de CAPAMA:

Cárcamo de aguas residuales Nao Trinidad.

CAPAMA-CAPASEG en coordinación, desazolvamos el cárcamo de aguas residuales Nao Trinidad con bomba y equipo especial para estos trabajos, fueron 320 m^3 de azolve en 2 meses de trabajo, además se cambiaron piezas especiales y tubos de acero que ya estaban en mal estado.

Colector de Nao trinidad a Av. Universidad con Av. Cuauhtémoc.

A raíz de los derrames de aguas negras en la Av. Costera Miguel Alemán a la altura de la condesa, el personal de CAPAMA se dio a la tarea de buscar una solución a fin de subsanar esta anomalía, para lo cual se resolvió desazolvando una caja importante de registro.

Para evitar derrames en la línea de conducción de agua residual de Nao Trinidad se realizó desazolve en la caja ubicada en Av. Cuauhtémoc frente a la Dodge, Fracc. Marroquín. Se iniciaron los trabajos el jueves 12 y se concluyeron el lunes 16 del mes de diciembre, se retiró un total de 38 m³ de azolve en la caja y colector, la caja tiene una dimensión de 3.00 m x 2.00 m x 2.50 m de alto.

Con esto se garantiza la correcta operación del cárcamo de Nao Trinidad y se evita posibles derrames de agua residuales a los canales pluviales como son Plaza Canadá, Plaza Francia e Icacos.

■ Hay personal suficiente para atender demanda de recolección de basura: Servicios Públicos

Llevan a cabo trabajadores de Capama mantenimiento a red sanitaria en la Costera

■ Se busca evitar taponamientos durante la temporada de estas vacaciones decembrinas, indica director

Recorren CAPAMA y CAPASEG zona tradicional del puerto

Acapulco, Gro., 18 de julio de 2019.- A fin de realizar acciones en conjunto para buscar solución al problema de azolve en las tuberías de la zona tradicional del puerto, el director de la Comisión de Agua Potable y Alcantarillado del Municipio de Acapulco (CAPAMA), Leonel Galindo González y el director de la Comisión de Agua Potable y Saneamiento del Estado de Guerrero (CAPASEG), Arturo Jesús Palma Carro, recorrieron las zonas de Caleta, Caletilla y playa Manzanillo.

En director de la CAPAMA, explicó que el Ayuntamiento ha determinado la colocación de cajas endosadas en las alcantarillas, por la que se inició en Caleta y Caletilla para facilitar el desazolve de las tuberías y así evitar taponamientos, como el registrado hace unos días a consecuencia de las lluvias.

"Destapamos siete alcantarillas, el día de ayer encontramos cuatro tapones importantes en el colector, vamos a estar aquí constantemente, ahorita estamos desazolvando la otra línea mediante malacates, estamos atendiendo la instrucción de la presidenta municipal, Adela Román Ocampo, de no descuidar, sobre todo los puntos conflictivos como este, y aquí estamos haciendo presencia prácticamente todo el día", precisó Galindo González.

Asimismo, agregó que resultado de los trabajos realizados diariamente en el área de Caleta, se retiran de siete a ocho metros cúbicos de azolve, lo que corresponde a un camión de volteo.

Además, dijo que en cuanto al área de Manzanillo se tiene un proyecto para la instalación de una caja colectora, con la finalidad de que se pueda maniobrar el váctor y sacar todo el azolve de la tubería.

Por su parte, Palma Carro destacó que en atención a la solicitud de la alcaldesa Adela Román, se trabaja de manera conjunta con la CAPAMA.

"Estamos atendiendo una demanda ciudadana, también la presidenta municipal (Adela Román) y el gobernador, Héctor Astudillo nos han mandado a checar el tema del drenaje en Caleta y Caletilla, estamos haciendo un recorrido para que esto ya no vuelva a suceder, el problema es que no le han dado mantenimiento hace años, trabajamos conjunto con el municipio y por eso está aquí gente de Obras Públicas, viene gente del municipio, la gente de CAPAMA, CAPASEG y la idea es entre todos sumarnos para sacar este problema adelante", añadió Palma Carro.

Los funcionarios supervisaron las coladeras y alcantarillas de la zona tradicional, para realizar acciones y evitar el taponamiento, posteriormente se trasladaron a la playa Manzanillo, donde recorrieron el acceso y la desembocadura de aguas residuales, hasta la playa Honda.

Cabe mencionar que previo al recorrido, la presidenta municipal, Adela Román Ocampo, celebró una mesa de trabajo con restauranteros de la zona tradicional del puerto, donde establecieron acuerdos de colaboración conjunta para mejorar el área turística, así como el buscar solución al problema de drenaje en la zona, recibiendo el respaldo de los prestadores de servicios turísticos, para trabajar de la mano y transformar el puerto.

Playas en Acapulco

Acapulco, 09 de julio de 2019.- La empresa Ingeniería en los Sistemas de Tratamiento de Aguas, SA de CV (ISTA), certificada por la Comisión Federal de para la Prevención contra Riesgos Sanitarios (Cofepris), analizó el agua de las playas en Acapulco y encontró que todas son aptas para su uso recreativo, exceptuando solamente dos.

La compañía, que cuenta con la autorización TA-8617, realizó un muestreo en varias playas de Acapulco el pasado 22 de junio –un día después del que realizó la Cofepris-, y encontró que estas se encuentran dentro de los niveles aceptables para el uso recreativo de las mismas, y solamente en las playas Hornos y Manzanillo se encontraron niveles superiores a lo permitido.

La empresa ISTA nació en 1994 y es el primer laboratorio de análisis de control en Guerrero, acreditado ante la Entidad Mexicana de Acreditación y autorizado por la Cofepris.

El muestreo realizado en las playas acapulqueñas da los siguientes resultados: Caleta presenta 23 enterococos de 100 que son el límite permisible; Caletilla, 49 de 100; Pie de la Cuesta, 23 de 100; Playa Suave, 23 de 100.

En Playa Hornos se encontraron 280 unidades de enterococos por 100 permisibles, y en Manzanillo, 350; son las únicas playas que rebasan la norma.

El laboratorio destaca que durante el muestro existía el fenómeno de Mar de Fondo y en la mayoría de los puntos de toma de muestra se observó un fuerte oleaje; pero precisa que Caletilla, Caleta, Pie de la Cuesta y Playa Suave, "cumplen con los parámetros analizados, de acuerdo con los límites establecidos en la norma".

En estos momentos, Acapulco cuenta con cinco playas certificadas que tienen la bandera Blue Flag, y estas son: Icacos I y II, Revolcadero I y II, y Pie de la Cuesta.

La presidenta municipal Adela Román Ocampo, en su participación dentro de la sesión extraordinaria del Comité de Playas Limpias de Acapulco, expresó que desde el inicio de esta administración "hemos enfocado esfuerzos para ordenar y preservar la limpieza de nuestras playas, implementando acciones con determinación y firmeza como el cierre de descargas ilegales de hoteles y condominios, o la intervención de la policía municipal para recuperar la zona de la Playa Manzanillo, devolviendo un espacio para visitantes y residentes".

Román Ocampo destacó que "la preocupación y ocupación por nuestras playas es constante, prueba de ello, son los estudios sobre la calidad del agua que realizamos de manera periódica para implementar acciones preventivas y correctivas que garanticen playas aptas para el disfrute de visitantes y residentes".

Monitoreo de bahía

19 de diciembre del 2019

(Franja de arena)

Durante algunos meses del 2019 se realizaron varios muestreos a la bahía, complementados con trabajos de limpieza de los colectores, el resultado nos arrojó que la zona de playa suave fue la que presento un valor alto, lo cual se considera no apta para recreación, sin embargo, con las correcciones realizadas se logró abatir este resultado.

CLASIFICACIÓN:

0-200

APTA PARA USO RECREATIVO

+200

NO APTA PARA USO RECREATIVO

MÉTODO UTILIZADO PARA EL ANÁLISIS:

SUSTRATO CROMOGÉNICO

No. DE MUESTRAS	SITIO DE MUESTREO	Temperatura °C	TURBIEDAD NTU	CONDUCTIVIDAD mS	ALCALINIDAD mg/ l como CaCO3	CLORUROS mg/l	SALINIDAD 0/00	SDT mg/l	pH	ENTEROCOCOS (NMP/100ML)
1	PLAYA MANZANILLO I	24.8	6.01	26.9	130.03	13134225	16.4	15400	7.9	81
2	PLAYA MANZANILLO II	25	3.2	27	125.47	1336460	16.6	15300	7.9	84

FECHA DE RECEPCION: 05 de Marzo de 2019
FECHA DE REPORTE: 07 de Marzo de 2019

FECHA DE RECEPCION: 12 de Abril de 2019

FECHA DE REPORTE: 15 de Abril de 2019

No. DE MUESTRAS	SITIO DE MUESTREO	Temperatura °C	TURBIEDAD NTU	CONDUCTIVIDAD mS	ALCALINIDAD mg/ l como CaC03	CLORUROS mg/l	SALINIDAD 0/00	SDT mg/l	pH	ENTEROCOCOS (NMP/100ML)
1	PLAYA TLACOPANOCHA	28	1.42	29.4	111.91	17856165	18.2	16700	7.8	<10
2	PLAYA HAMACAS	28	1.95	29.5	110.19	17269113	18.2	16700	7.8	41
3	PLAYA SUAVE	27	3.76	29.2	107.6	18247533	18.2	16700	7.8	993
4	PLAYA TAMARINDOS	27	2.13	29.5	111.91	18247533	18.2	16700	7.8	75
5	PLAYA PAPAGAYO	27	2.03	29.6	111.91	18247533	18.2	16800	7.8	98
6	PLAYA HOTEL RITZ	27	2.78	29.5	108.46	18247533	18.1	16700	7.9	86
7	PLAYA EL MORRO	27	2.30	29.4	111.91	18247533	18.1	16700	7.9	539
8	PLAYA CONDESA	27	2.83	29.4	113.63	18372713	18.1	16700	7.9	75
9	PLAYA ICACOS I	27	2.45	29.4	110.19	18149691	18.1	16700	7.8	86
10	PLAYA ICACOS II	27	1.70	29.6	116.21	17660481	18.1	16800	7.8	75
11	PLAYA CALETA	26	1.58	29.7	118.79	18198612	18.2	16800	7.8	86
12	PLAYA CALETILLA	26	1.30	29.5	111.91	17954007	18.2	16800	7.8	98
13	PLAYA PUERTO MARQUEZ	27	2.05	29.4	110.19	1810077	18.1	16700	7.9	63
14	PLAYA MAJAHUA	27	2.10	29.8	107.6	18296454	18.4	16800	7.9	75

7	PLAYA EL MORRO	31	4.84	21.5	120.4	1907919	12.9	12200		10
8	PLAYA CONDESA	31	4.43	28.6	120.4	1907919	17.6	16200		10
9	PLAYA ICACOS I	31	3.80	28.6	120.4	1858998	17.6	16200		816
10	PLAYA ICACOS II	31	3.49	28.6	111.8	1907919	17.6	16200		<10
11	PLAYA CALETA	31	2.49	28.7	103.2	1907919	17.7	16200		10
12	PLAYA CALETILLA	31	1.90	28.7	118.8	2054682	17.6	16200		31
13	PLAYA ROQUETA	31	1.69	28.7	118.8	1907919	17.6	16200		<10

FECHA DE RECEPCION: 29 de Mayo de 2019

FECHA DE REPORTE: 31 de Mayo del 2019

No. DE MUESTRAS	SITIO DE MUESTREO	Temperatura °C	TURBIEDAD NTU	CONDUCTIVIDAD mS	ALCALINIDAD mg/ l como CaCO3	CLORUROS mg/l	SALINIDAD 0/00	SDT mg/l	pH	ENTEROCOCOS (NMP/100ML)
1	PLAYA TLACOPANOCHA	29	1.57	28.2	120.4	2201445	17.5	16200		<10
2	PLAYA HAMACAS	31	3.16	28.5	111.8	2054682	17.6	12200		31
3	PLAYA SUAVE	31	1.90	28.6	111.8	1858998	17.6	16200		<10
4	PLAYA TAMARINDOS	31	1.75	28.7	111.8	2201445	17.6	16200		<10
5	PLAYA PAPAGAYO	31	4.05	28.5	120.4	2201445	17.5	16100		<10
6	PLAYA HOTEL RITZ	31	3.48	28.6	120.4	1907919	17.6	16200		<10

FECHA DE RECEPCION: 18 Junio de 2019

FECHA DE REPORTE: 20 de Junio del 2019

No. DE MUESTRAS	SITIO DE MUESTREO	Temperatura °C	TURBIEDAD NTU	CONDUCTIVIDAD mS	ALCALINIDAD mg/ l como CaCO3	CLORUROS mg/l	SALINIDAD 0/00	SDT mg/l	pH	ENTEROCOCOS (NMP/100ML)
1	PLAYA TLACOPANOCHA	32	4.69	27.7	109.12	18.18585	17.1	15500		110
2	PLAYA HAMACAS	32	5.28	28.3	105.6	18.18585	12.2	16000		110
3	**PLAYA SUAVE**	**32**	**4.67**	**21.2**	**110.0**	**17.276557**	**12.7**	**12000**		**<2419.6**
4	PLAYA TAMARINDOS	33	3.36	28.4	103.0	18.58998	17.5	16000		20
5	PLAYA PAPAGAYO	33	5.95	28.5	107.3	17.78172	17.6	16100		<10
6	PLAYA HOTEL RITZ	33	5.88	28.4	105.6	18.692067	17.5	16000		10
7	PLAYA EL MORRO	32	3.30	28.0	110.0	17.680688	17.2	15800		20
8	PLAYA CONDESA	32	2.57	28.6	112.6	21.216825	17.5	16300		<10
9	PLAYA ICACOS I	32	2.66	28.6	110.0	17.175525	17.2	16100		<10
10	PLAYA ICACOS II	32	2.63	28.4	113.0	17.175525	17.4	16100		10
11	PLAYA ICACOS III	32	2.95	28.4	105.6	18.18585	17.7	16000		<10
12	PLAYA CALETA	32	2.08	28.6	98.56	17.680688	17.8	16100		10
13	PLAYA ROQUETA	32	1.83	28.6	110.0	18.18585	17.5	16100		20

JUREL

Cumple CAPAMA estándares de cloración establecidos en la Norma Oficial Mexicana.

*** En visita sorpresiva, la CONAGUA realiza 13 verificaciones en distintos puntos de la ciudad.

Acapulco, Gro., 17 de mayo de 2020.- La Comisión de Agua Potable y Alcantarillado del Municipio de Acapulco (CAPAMA) cumple con los estándares de calidad establecidos en la Norma Oficial Mexicana NOM-127-SSA1-1994, en cuanto a "salud ambiental, agua para uso y consumo humano-límites permisibles de calidad y tratamientos a que debe someterse el agua para su potabilización", acreditó la verificación realizada por la dirección local en Guerrero de la Comisión Nacional del Agua (CONAGUA).

El director general del organismo, Leonel Galindo González, informó que el pasado jueves, el verificador de la CONAGUA Guerrero se presentó en el puerto para realizar un total de 13 determinaciones de cloro residual libre en igual número de muestras de agua potable en distintos puntos de la ciudad, teniendo como resultado el cumplimiento con los estándares fijados en la Norma Oficial Mexicana.

En ese sentido, el titular de la CAPAMA destacó que se tiene la clara instrucción de la presidenta municipal, Adela Román Ocampo, de aplicar todos los protocolos y procedimientos para cumplir con las normas oficiales que garanticen agua de calidad para los acapulqueños.

Detalló que, la toma de muestras abarcó los rebombeos de agua potable de la CAPAMA Zapata 1 y 2, así como tomas domiciliarias en Costera Miguel Alemán, fraccionamiento Las Playas, calle Mal Paso de la colonia Aguas Blancas; calle 4 esquina con avenida Ejido, calle Río Grande de la colonia Hogar Moderno, calle Chiapas de la colonia Progreso, calzada Pie de la Cuesta, calle Horacio Nelson del fraccionamiento Costa Azul, colonia Icacos y calle Picacho del Coloso, agregó Galindo González que como resultado de la verificación, la CONAGUA Guerrero entregó al jefe de operación de la Planta Potabilizadora Cayaco, Félix López de los Santos, el listado de los lugares del muestreo, asentando que las 13 determinaciones de cloro residual libre realizadas sí cumplen con la modificación a la norma oficial mexicana NOM-127-SSA1-1994, en cuanto a salud ambiental, agua para uso y consumo humano-límites permisibles de calidad y tratamientos a que debe someterse el agua para su potabilización", que indica de 0.2 a 1.5 PPM (Partes Por Millón de Cloro).

Las verificaciones que la CONAGUA realiza a muestras del agua potable que distribuye la CAPAMA, en sus diferentes sistemas, son de manera periódica y sorpresiva, dando mayor certeza a los resultados obtenidos en cada una de estas revisiones, con las que se refrenda el compromiso de cuidar la salud de las familias acapulqueñas, la calidad del agua para uso y consumo humano en la ciudad, concluyó Leonel Galindo González.

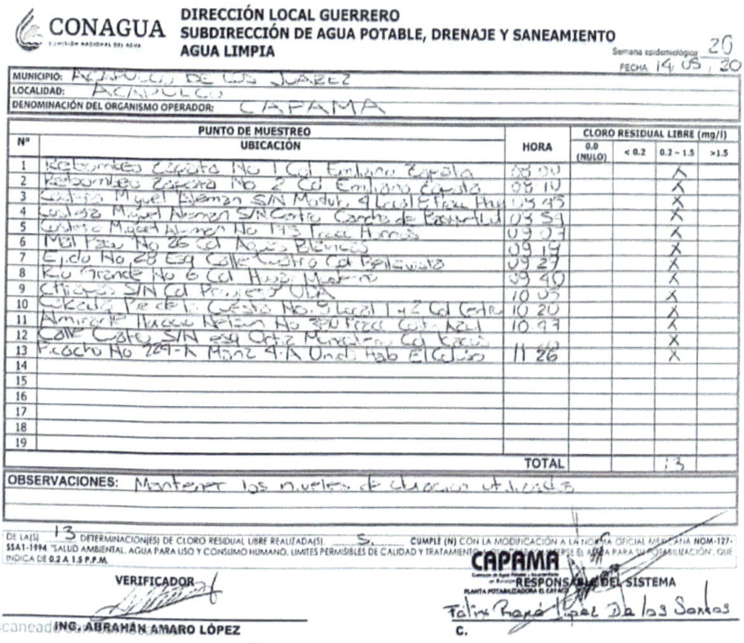

CONAGUA
DIRECCIÓN LOCAL GUERRERO
SUBDIRECCIÓN DE AGUA POTABLE, DRENAJE Y SANEAMIENTO
AGUA LIMPIA

Semana epidemiológica 20
FECHA 14 05 20

MUNICIPIO: ACAPULCO DE LOS JUAREZ
LOCALIDAD: ACAPULCO
DENOMINACIÓN DEL ORGANISMO OPERADOR: CAPAMA

Nº	PUNTO DE MUESTREO UBICACIÓN	HORA	CLORO RESIDUAL LIBRE (mg/l) 0.0 (NULO)	< 0.2	0.2 – 1.5	>1.5
1	Rebombeo Zapata No 1 Col Emiliano Zapata	08 00			X	
2	Rebombeo Zapata No 2 Col Emiliano Zapata	08 10			X	
3	Costera Miguel Alemán S/N Modulo 4 Local E Fracc Hor	08 45			X	
4	Costera Miguel Alemán S/N Cortes Cancha de Basquetbol	08 54			X	
5	Costera Miguel Alemán No 145 Fracc Hornos	09 07			X	
6	Mal Paso No 26 Col Aguas Blancas	09 19			X	
7	Ejido No 28 Esq Calle Castro Col Bellavista	09 27			X	
8	Río Grande No 6 Col Hogar Moderno	09 40			X	
9	Chiapas S/N Col Progreso UDA	10 05			X	
10	Calzada Pie de la Cuesta No. 9 Local 1 y 2 Col Centro	10 20			X	
11	Almirante Horacio Nelson No 390 Fracc Costa Azul	10 47			X	
12	Calle Costa S/N esq Ortiz Monasterio Col [illegible]	[illegible]			X	
13	Picacho No 229-A Manz 4-A Unid Hab El Coloso	11 26			X	
14						
15						
16						
17						
18						
19						
		TOTAL			13	

OBSERVACIONES: Mantener los niveles de cloración utilizados

DE LA(S) 13 DETERMINACION(ES) DE CLORO RESIDUAL LIBRE REALIZADA(S) S. CUMPLE (N) CON LA MODIFICACIÓN A LA NORMA OFICIAL MEXICANA NOM-127-SSA1-1994 "SALUD AMBIENTAL. AGUA PARA USO Y CONSUMO HUMANO. LIMITES PERMISIBLES DE CALIDAD Y TRATAMIENTO A QUE DEBE SOMETERSE EL AGUA PARA SU POTABILIZACIÓN", QUE INDICA DE 0.2 A 1.5 P.P.M.

VERIFICADOR
ING. ABRAHÁN AMARO LÓPEZ

CAPAMA
RESPONSABLE DEL SISTEMA
PLANTA POTABILIZADORA EL CAYACO
C. Félix René López De los Santos

Pruebas estrictas garantizan la calidad del agua potable: CAPAMA

La distribución del vital líquido cumple con la norma NOM-127-SSA1-1994

Acapulco, 29 de octubre de 2019. La Comisión de Agua Potable y Alcantarillado del Municipio de Acapulco (CAPAMA), informa que el suministro de agua potable se garantiza por pruebas estrictas de calidad. En instalaciones del Laboratorio de Control de Calidad de Planta Cayaco, personal especializado se encarga de

monitorear el proceso, analizar y garantizar la calidad del agua, que sea apta para uso y consumo humano como lo establece la NOM-127-SSA1-1994.

En dicho laboratorio se realizan los análisis fisicoquímicos de: turbiedad, potencial de hidrógeno, temperatura, conductividad, sólidos disueltos totales, dureza total, dureza de calcio, alcalinidad, fierro, manganeso; y los análisis microbiológicos coliformes totales y coliformes fecales por el método de tubos múltiples NMP/100 ml.

También se realizan prueba de jarras para obtener la dosis óptima de coagulante y floculante que se dosificará en el proceso y así aplicar la dosis correcta de reactivo en el proceso de potabilización. El monitoreo de cloro residual a la salida de planta y de rebombeo se realiza cada hora, las 24 horas del día los 365 días del año, así como el monitoreo del proceso; garantizando que el agua contenga un cloro residual de 0.2-1.5 mg/l como lo establece la norma antes mencionada.

Al llegar los insumos utilizados en el proceso de potabilización (coagulante, floculante, desinfectante), el reactivo es analizado por el laboratorio de control de calidad para verificar que el producto cumpla con los requerimientos que marca la norma establecida para cada producto.

Asimismo, se realizan muestreos externos a la red de distribución del organismo, cuyo objetivo es verificar la calidad del agua que se está enviando a la población.

Operativos conjuntos de municipio y estado atienden el tema de las descargas residuales clandestinas en zona Diamante

El seguimiento a las clausuras y sanciones por las descargas detectadas las realiza la dirección de Ecología

Acapulco, Gro., 05 de noviembre de 2019.- Con operativos conjuntos de instancias municipales y estatales, se atiende y da seguimiento al tema de las descargas de aguas residuales en zona Diamante, problemática derivada del acelerado crecimiento de dicha área urbana, que ha rebasado la capacidad de los servicios públicos, informó el director general de CAPAMA Leonel Galindo González.

El funcionario dio a conocer, que la CAPAMA en coordinación con Ecología municipal e instancias estatales como la Promotora Turística de Guerrero (Protur) realizan operativos especiales en la zona Diamante donde se han denunciado y detectado vertimientos de aguas residuales por parte de asentamientos habitacionales que no cuentan con la infraestructura pertinente para el tratamiento de sus aguas sanitarias.

"Tenemos un operativo en conjunto con la gente de Protur, con la gente de Ecología del Ayuntamiento y con nosotros de CAPAMA, vamos seguido y estamos permanentemente ahí clausurando descargas clandestinas", indicó.

Galindo González abundó, que en lo que va del año se han clausurado alrededor de cien descargas de aguas residuales, detectaron pipas que operan de forma clandestina, ya que no todos los asentamientos de la zona Diamante cuentan con la infraestructura necesaria para el tratamiento de sus aguas y tampoco contratan servicios adecuados para cumplir en este tema.

"Tenemos más de 100 descargas clausuradas desde enero a la fecha, más de 100 descargas clausuradas, hemos agarrado pipas, hemos dado indicaciones de que contraten las descargas a las plantas establecidas para tal efecto", indicó.

Por último, el titular de CAPAMA agregó, que es a través de la dirección de Ecología como se da seguimiento a la problemática, mediante clausuras y sanciones, siendo un tema que tiene puntual seguimiento por parte de CAPAMA en cuanto a su vigilancia y prevención.

La delegación de la Comisión Nacional del Agua (CONAGUA) en Guerrero, dependencia del gobierno federal que el pasado 14 de julio informó de la denuncia que interpuso contra CAPAMA por vertimiento de aguas negras a la playa Icacos de Acapulco, "no encontró elementos constitutivos de delito en acumulación de agua en un canal pluvial" del arroyo Magallanes.

El miércoles, se difundió una imagen en redes sociales donde se advertía una nueva descarga de aguas residuales a la bahía porteña que volvió a generar inconformidad de diversos sectores de la población en el ámbito local y nacional.

Derivado de la denuncia, personal de la CONAGUA "llevó a cabo una visita de supervisión a la zona de descarga pluvial "Arroyo Magallanes", donde fue reportada la acumulación de presuntas aguas residuales este miércoles 26 de junio.

Luego de los análisis realizados en el agua que salía de dicho canal, la directora local de CONAGUA, emitió un informe preliminar, donde se establece que el agua color oscuro fue un "remanente generado por escurrimientos extraordinarios", "se presume que el agua estancada fue resultado de un remanente generado por escurrimientos extraordinarios ocurridos durante la noche previa en la zona y que, al mezclarse con aguas estancadas al interior del canal pluvial Magallanes, generó un escurrimiento", precisa.

Por medio de un comunicado, la CONAGUA indica que "en el momento de la visita, se apreció que el agua que se descargó a través de dicho canal no presentaba las mismas características que se mostraron en imágenes difundidas por distintos medios" y "no se percibieron olores ni colores característicos de aguas residuales".

Por ello es y "con base en los elementos observados durante el recorrido, no se encontraron evidencias que permitan llevar a cabo el inicio de un procedimiento administrativo por infracciones al artículo 119 de la Ley de Aguas Nacionales, por descargar aguas residuales, de manera permanente, intermitente o fortuita, a cuerpos receptores que sean bienes nacionales, incluyendo aguas marinas, sin el permiso respectivo".

CONAGUA informó que "continuará supervisando la infraestructura de saneamiento del Puerto de Acapulco, a fin de garantizar el cumplimiento a la normatividad ambiental aplicable".

El pasado 14 de julio, la delegación de CONAGUA presentó una denuncia penal por el delito de daño ambiental en contra de la Comisión de Agua Potable y Alcantarillado del Municipio de Acapulco (CAPAMA), por el vertimiento de aguas residuales que se produjo el jueves 25 de junio en la bahía de Acapulco, situación que derivó en la renuncia de funcionarios de este organismo y de la dirección de ecología.

PROYECTO DE LA INFRAESTRUCTURA SANITARIA EN LA ZONA TRADICIONAL DEL PUERTO DE ACAPULCO.

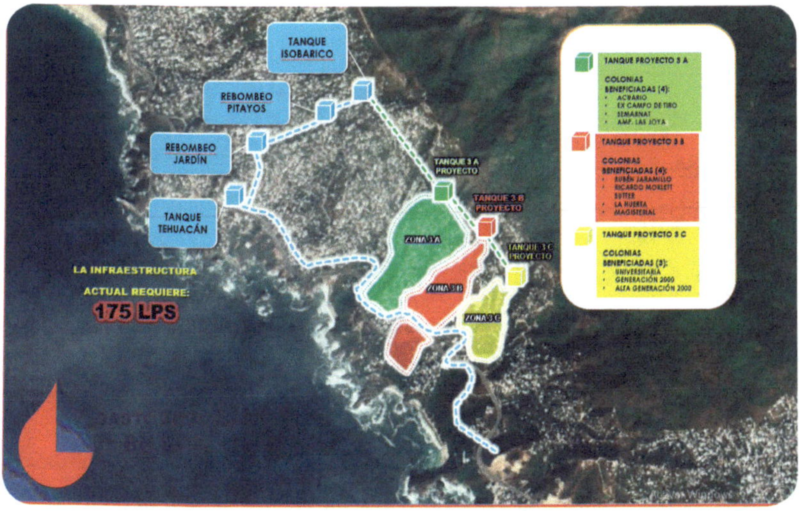

Esta zona es muy complicada en cuanto al drenaje y saneamiento, cada temporada de lluvias y en periodo vacacional se presentan descargas de aguas residuales, afectando terriblemente a todos los prestadores turísticos de caleta y caletilla, así como la zona de club de yates, a continuación, comento un proyecto para resolver la complicada situación en este sitio con una inversión de aproximadamente de 106 MDP.

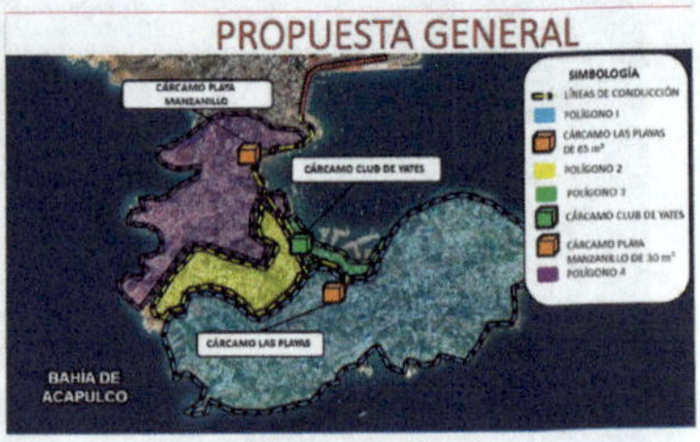

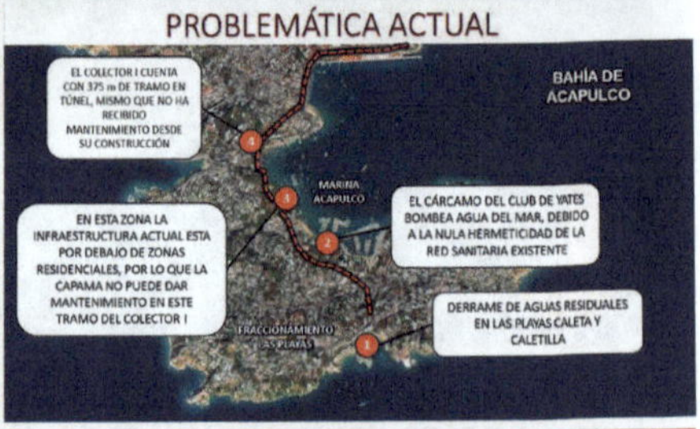

PRESUPUESTO DE OBRA

	CONCEPTO	UNIDAD	CANTIDAD	COSTO INDICE C/IVA	IMPORTE C/IVA
	A) SISTEMA LAS PLAYAS				
1	CÁRCAMO DE 65 M3 (DE 6-7 MTS DE PROF APROX)	PZA	1.00	$1,850,000.00	$1,850,000.00
2	EQUIPAMIENTO MECÁNICO	PZA	1.00	$2,500,000.00	$2,500,000.00
3	COLECTOR A GRAVEDAD DE 60" PAD CORRUGADO (4-5 MTS PROF PROM)	ML	480.00	$37,962.74	$18,222,112.97
4	OBRA INDUCIDA DE ATARJEAS A INCORPORAR A COLECTOR GRAVEDAD	%	25.00%	$18,222,112.97	$4,555,528.24
5	LÍNEA DE CONDUCCIÓN DE 24" DIAM PRFV	ML	2,200.00	$20,286.69	$44,630,726.11
6	OBRA INDUCIDA	%	15.00%	$44,630,726.11	$6,694,608.92
				SUBTOTAL:	$78,452,976.24
	B) SISTEMA MANZANILLO				
1	CÁRCAMO DE 28 M3	PZA	1.00	$600,000.00	$600,000.00
2	EQUIPAMIENTO MECÁNICO	PZA	1.00	$1,200,000.00	$1,200,000.00
3	LÍNEA DE CONDUCCIÓN DE 12" DIAM PVC	ML	620.00	$5,558.02	$3,445,972.00
4	OBRA INDUCIDA DE ATARJEAS A INCORPORAR	%	25.00%	$3,445,972.00	$861,493.00
				SUBTOTAL:	$6,107,465.00
	C) TERRENO				
1	ADQUISICIÓN DE TERRENO DE 250-300 M2 APROXIMADAMENTE	LOTE	1.00	$15,000,000.00	$15,000,000.00
2	DESMANTELAMIENTO DE INSTALACIONES EXISTENTES	PZA	1.00	$1,200,000.00	$1,200,000.00
3	ACONDICIONAMIENTO (BARDAS, FIRMES, INSTALACIONES)	PZA	1.00	$800,000.00	$800,000.00
				SUBTOTAL:	$17,000,000.00
	D) PROYECTO				
1	ELABORACIÓN DE PROYECTO, ESTUDIOS Y PAGOS DE PERMISOS	PZA	1.00	$5,000,000.00	$5,000,000.00
				SUBTOTAL:	$5,000,000.00
				TOTAL:	$106,560,441.25

AGUA POTABLE EN XALTIANGUIS

Xaltianguis, poblado perteneciente al Municipio de Acapulco de Juárez, Gro., se localiza aproximadamente a 50 Km. del puerto de Acapulco, con una población estimada de 6,965 habitantes ***(INEGI)***.

En el 2017 la Comisión de Agua Potable y Alcantarillado del Municipio de Acapulco **(CAPAMA)** realizó un proyecto ejecutivo para el mejoramiento de la distribución de agua potable en el poblado de Xaltianguis, que consiste en la construcción de obra de captación, mejoramiento de línea de conducción (VAEA y Desfogues) y la distribución a red del Tanque I y dejar sin servicio el Tanque II mediante un bypass, con un monto de **$2,547,470.27 C/IVA.**

En ese mismo año se asignaron recursos por parte de Obras Públicas del H. Ayuntamiento de Acapulco, para la ejecución de una primera etapa del mejoramiento de la distribución de agua potable, dichos trabajos consistieron en la instalación de 14 válvulas de expulsión de aire en la línea de conducción al tanque I y la rehabilitación de 202.50 ml. de tubo de acero de 8" de Ø de la red de agua potable, haciendo el bypass al 2° tanque e instalando una válvula de control y de reducción de presión en la red existente para evitar sobrepresiones en la misma, con una inversión de **$1,000,000.00 C/IVA.**

Beneficiando a una población total de 6,965 habitantes con el mejoramiento de la distribución de agua potable en el poblado.

PLANTA DE TRATAMIENTO DE AGUAS RESIDUALES

Situación actual

La planta NO está operando, una calidad de agua de entrada de 292 mg/l de DBO5 y 298 mg/l de SST.   Una remoción del 91 % en ambos parámetros. Y una producción de lodos deshidratados de 5,000 kg mensuales aproximadamente.

Diagnóstico

Se requiere rehabilitación de los equipos electromecánicos, como son: Dos sopladores de 15 HPs, y una bomba de agua cruda de 10 HPs y la adquisición de dos sopladores de 15 HPs, dos bombas de aguas crudas de 10 HPs, y una bomba dosificadora de hipoclorito de sodio. Así como mantenimiento al sistema de difusores de aire del reactor biológico.

El tipo tratamiento que utiliza la PTAR es mediante el sistema de aereación extendida, con un cálculo de gasto de diseño de 12.5 lps para una población de diseño de 4275 habitantes, de lo cual actualmente tenemos un gasto de operación de 0 lps (2019).

ACCIONES REALIZADAS POR LA DIRECCIÓN TÉCNICA DE LA CAPAMA 2019, CON RECURSOS PROPIOS.

En el mes de abril del año en curso se realizó un corte de aproximadamente 20 m, de largo para introducción de tubería de agua potable.

A finales del mes de octubre del 2019, se realizaron los levantamientos topográficos de la colonia Laureles, calle principal y de la colonia Luis Donaldo Colosio calle principal y andadores, para realizar proyecto de ampliación de red de agua potable, ubicado en Xaltianguis.

Col. Laureles

Col. Luis Donaldo Colosio

Ya se cuenta con el plano topográfico, por lo cual se realizará el diseño de la ampliación de la red de agua potable de dichas colonias.

INGRESOS

En la siguiente tabla se observa como ha estado fluctuando los ingresos, los numero sombreados de color azul corresponden al periodo de Mario Pintos, los de color amarillo son de mi gestión, es conveniente mencionar que, en el año 2019, se incrementó la recaudación en un 19 %, con relación al año 2018, por ese motivo se me solicito por parte de hacienda que presentara una justificación del incremento, ya que en esa medida se incrementó las participaciones federales al Ayuntamiento.

Algunas de las acciones que implementamos para el incremento de la recaudación desde la dirección general fueron:

Es conveniente mencionar, que la mayoría de las acciones, sino es que prácticamente todas, fueron implementadas por la dirección general, ya que la dirección comercial, nunca realizó su trabajo, que porque, no lo removí, porque quien maneja las condiciones políticas del municipio en ese tiempo nunca lo permitió.

1.-Programa en mayo para las mujeres vulnerables
2.-Una intensa promoción a los giros comerciales de ponerse al corriente.
3.-Una intensa promoción para regularizar una serie de condominios y departamentos de la zona Diamante.
4.-Platicas con los OPD para regularizarse.
5.-Cancelación de multas y recargos.
6.-Visitas a hoteles importantes en la zona de la costera, invitándolos a ponerse al corriente.

Comparativa de ingresos 2018; 2019 y hasta septiembre de 2021.

MESES	2015	2016	2017	2018	2019	2020	2021
Enero	52.10	54.00	58.20	71.11	62.78	76.39	65.42
Febrero	38.20	76.20	42.80	50.40	49.91	54.92	**48.95**
Marzo	42.20	49.00	39.50	44.97	51.17	41.94	**57.47**
Abril	44.10	39.80	38.50	44.72	54.81	29.42	**47.14**
Mayo	35.10	40.80	40.30	43.34	48.56	32.18	**49.06**
Junio	44.20	36.70	39.10	49.85	45.31	36.10	**48.05**
Julio	90.80	79.40	37.30	49.00	51.64	37.08	**44.44**
Agosto	37.20	41.60	36.60	57.47	50.44	35.78	**39.25**
Septiembre	33.30	35.50	36.20	46.74	45.57	41.32	**47.73**
Octubre	36.30	44.50	38.80	45.63	62.40	41.48	
Noviembre	32.50	39.00	53.80	45.63	89.66	48.25	
Diciembre	64.80	67.30	54.90	65.82	119.92	81.24	
TOTAL	**550.80**	**603.80**	**516.00**	**614.68**	**732.17**	**415.13**	**447.51**

Como se podrá observar, en el año de 2019, en mi gestión es la recaudación histórica, más alta que se haya tenido, por lo que es importante resaltar, que debido a la recaudación durante ese año no se incrementó la deuda a la CFE.

ESTADÍSTICAS PARIDAD DE GÉNERO

Esta dirección general comprendió muy bien, las indicaciones que desde la Presidencia de la Republica, instruyo el Presidente, en el sentido de la paridad de género, la cual debe ser una **participación equilibrada de hombres y mujeres** en las posiciones de poder y de toma de decisiones en todas las esferas de la vida (políticas, económicas y sociales), la cual constituye una condición destacada para la igualdad entre los sexos, desde este humilde Organismo Operador del Agua lo tratamos de llevar a cabo, lo cual, créanme, constituyo un gran reto por toda la oposición de algunos y de algunas, actores importantes dentro y fuera del organismo así en este rubro estoy satisfecho de lo logrado aunque de poco sirvió, ya que actualmente se volvió al porcentaje inicial veamos la siguiente información.

A mi llegada el 15 de enero de 2019 la distribución era la siguiente.

Mujeres........... 18.40 %

Hombres........... 81.60 %

Durante el primer mes inmediatamente cambio la distribución.

Mujeres........... 19.00 %

Hombres........... 81.00 %

En enero de 2020

Mujeres........... 26.00 %

Hombres........... 74.00 %

En octubre de 2020 (Con la nueva Dirección General, la del Ing. Aysa Neme)

Mujeres........... 19 %

Hombres........... 81 %

¡No, no, no puede ser!

CAPAMA, el organismo operador de agua más transparente de Guerrero.

*** En su informe anual, el ITAIGro distingue a la paramunicipal con una de las calificaciones más altas entre los sujetos obligados en su tipo.

Acapulco, Gro., 10 de febrero de 2020.- Con una calificación favorable del 90.20 por ciento, la Comisión de Agua Potable y Alcantarillado del Municipio de Acapulco (CAPAMA) logra sentar un precedente, por primera vez en su historia, en cumplimiento a la Ley de Transparencia y Acceso a la Información Pública del Estado de Guerrero.

Lo anterior consta en Acta Circunstanciada derivada de una evaluación diagnostica practicada por el Instituto de Transparencia, Acceso a la Información y Protección de Datos Personales del Estado de Guerrero (ITAIGro), como resultado de la vigilancia y participación ciudadana que ayuda a mejorar la función pública, algo nunca antes visto en toda la vida del organismo.

Comisión de Agua Potable y Alcantarillado del Municipio de Acapulco	72.85%	90.20%	Acuerdo de cumplimiento
Comisión de Agua Potable y Alcantarillado del Municipio de Iguala de la Independencia	41.07%	50.83%	Acuerdo de cumplimiento
Comisión de Agua Potable y Alcantarillado del Municipio de Taxco de Alarcón	32.77%	32.77%	Acuerdo de cumplimiento
Comisión de Agua Potable y Alcantarillado del Municipio de Chilpancingo	100.00%	———	Pendiente (*)
Comisión de Agua Potable y Alcantarillado de Zihuatanejo	45.22%	50.72%	Acuerdo de amonestación pública
Comisión de Agua Potable y Alcantarillado del Municipio de Buenavista de Cuellar	3.44%	15.18%	Acuerdo de denuncia por responsabilidad administrativa
Paramunicipal de Agua Potable de Tixtla de Guerrero	0.00%	0.00%	Acuerdo de denuncia por responsabilidad administrativa
Organismos autónomos	Primer resultado	Resultado de subsanación	Tipo de acuerdo
Instituto de Transparencia, Acceso a la Información y Protección de Datos Personales del Estado de Guerrero	90.12%	96.82%	Acuerdo de cumplimiento
Tribunal Electoral del Estado de Guerrero	77.58%	93.58%	Acuerdo de cumplimiento
Instituto Electoral y de Participación Ciudadana del Estado de Guerrero	69.08%	93.58%	Acuerdo de cumplimiento
Universidad Autónoma de Guerrero	56.82%	90.19%	Acuerdo de cumplimiento
Comisión de los Derechos Humanos del Estado de Guerrero	57.14%	86.88%	Acuerdo de cumplimiento
Fiscalía General del Estado	21.62%	71.12%	Acuerdo de cumplimiento
Tribunal de Justicia Administrativa del Estado de Guerrero	51.42%	63.41%	Acuerdo de cumplimiento
Tribunal de Conciliación y Arbitraje del Estado	1.60%	1.60%	Acuerdo de denuncia por responsabilidad administrativa
Poder Legislativo y Judicial	Primer resultado	Resultado de subsanación	Tipo de acuerdo
Tribunal Superior de Justicia del Estado de Guerrero	87.04%	95.80%	Acuerdo de cumplimiento
Auditoría Superior del Estado de Guerrero	52.20%	89.01%	Acuerdo de cumplimiento
H. Congreso del Estado de Guerrero	56.19%	70.49%	Acuerdo de cumplimiento

Comisión de Agua Potable y Alcantarillado del Municipio de Acapulco	72.85%	90.20%	Acuerdo de cumplimiento
Comisión de Agua Potable y Alcantarillado del Municipio de Iguala de la Independencia	41.07%	50.83%	Acuerdo de cumplimiento
Comisión de Agua Potable y Alcantarillado del Municipio de Taxco de Alarcón	32.77%	32.77%	Acuerdo de cumplimiento
Comisión de Agua Potable y Alcantarillado del Municipio de Chilpancingo	100.00%	---------	Pendiente
Comisión de Agua Potable y Alcantarillado de Zihuatanejo	45.22%	50.72%	Acuerdo de amonestación pública
Comisión de Agua Potable y Alcantarillado del Municipio de Buenavista de Cuellar	3.44%	15.18%	Acuerdo de denuncia por responsabilidad administrativa
Paramunicipal de Agua Potable de Tixtla de Guerrero	0.00%	0.00%	Acuerdo de denuncia por responsabilidad administrativa

El instituto estatal de transparencia entregó el acuerdo de cumplimiento a CAPAMA el pasado 7 de febrero, documento donde consta haber calificado con un 90.20 por ciento con sus obligaciones de transparencia comunes, publicadas en la Plataforma Nacional de Transparencia, y en el portal oficial www.CAPAMA.gob.mx del sujeto obligado, un logro sin precedente para el organismo operador del agua en Acapulco.

ONU HABITAT

SEPLADE
Secretaría de Planeación y Desarrollo Económico

wuf[10]
Abu Dhabi, UAE 8-13 February 2020

ACAPULCO ÚNICA CIUDAD DE MÉXICO SELECCIONADA POR ONU HABITAT PARA PRESENTAR Y FINANCIAR UN PROYECTO EN EL FORO MUNDIAL URBANO 2020 EN ABU DHABI, EMIRATOS ÁRABES UNIDOS

La Secretaría de Relaciones Exteriores envió al Ayuntamiento de Acapulco, la Convocatoria de ONU Habitat para nuestra participación en el Foro Urbano Mundial que se celebrará del 8 al 13 de Febrero del 2020 en Abu Dhabi, Emiratos Árabes Unidos, donde se presentará la Plataforma de Inversión de Ciudades, cuyo objetivo es reunir a las ciudades con los inversores, fomentar nuevas alianzas y brindar oportunidades.

Los proyectos elegidos tienen la oportunidad de presentarse en el Foro Mundial en un entorno internacional de alto nivel, a un grupo central de expertos, incluidos inversores privados y comerciales, organismos internacionales, así como bancos internacionales de desarrollo e instituciones financieras y obtener exposición en múltiples comunidades de desarrollo.

El 18 de diciembre ONU Habitat con sede en Kenia, notificó a Acapulco que el proyecto que presentó fue seleccionado, para ser presentado en el Foro Mundial Urbano 2020, con el objetivo de acceder a la inversión privada y subvenciones, para realizar sus proyectos en materia de agua, saneamiento y energía solar, por un monto de 1,500 millones de pesos.

De cientos de ciudades aplicantes de todo el mundo, Acapulco quedó dentro de las 40 ciudades pre seleccionadas en la segunda etapa de la convocatoria, **y fue elegida en las 10 ciudades finalistas del mundo,** en la tercer etapa de la convocatoria, **para presentar su proyecto en el Foro Mundial y acceder a su inversión,** además Acapulco es la única ciudad que fue seleccionada de México.

Proyectos de Acapulco:

1. La rehabilitación de 15 plantas de tratamiento de aguas residuales de Capama, con un monto total de inversión de 403 millones de pesos.

2. Huerta solar que genere toda la electricidad que requiere Capama, e incluya desde la captación del agua, conducción, distribución, tratamiento de aguas residuales, y energía de las oficinas, un total de 55.5 megawatts, con una inversión de 1,104 millones de pesos en 94 hectáreas de terreno.

Nos complace informarle que su proyecto, **Energía Solar para el Saneamiento del Agua en la ciudad de Acapulco, México, ha sido seleccionado para la tercera y última ronda de la Plataforma de Inversión de Ciudades en el Foro Mundial Urbano de que se llevará a cabo del 8 al 13 de Febrero 2020, en Abu Dhabi, Emiratos Árabes Unidos (WUF10).**

Para garantizar la coherencia y los altos estándares de calidad de los proyectos seleccionados para su presentación durante WUF10, le rogamos que complete el formulario adjunto con la información solicitada.

Solicitamos amablemente esta retroalimentación final sobre sus proyectos a más tardar el 31 de diciembre de 2019. Esto ayudará a nuestros equipos a desarrollar un Memorándum de inversión inicial y comenzar a ayudar a los líderes de su ciudad a crear argumentos sólidos para la sesión.

También nos gustaría solicitarle que confirme amablemente su disponibilidad en este momento para que representantes de gobiernos municipal / regional de su ciudad estén presentes durante WUF10. Por favor considere esto como una invitación inicial. Una vez confirmadas, las invitaciones oficiales se enviarán a principios de año.

Por favor no dude en contactarnos si tiene cualquier pregunta.

En este punto, también podemos confirmarle que habrá dos Sesiones de la Plataforma de Inversión de Ciudades durante WUF10: una será una oportunidad para lanzar su proyecto, y la segunda será un taller solo por invitación que se llevará a cabo junto con la Academia del Alcalde. Más sobre esto está por venir pronto.

Esperamos recibir su presentación.

Todo lo mejor,

Dennis Ikua

(En nombre del equipo de la Plataforma de Inversión de Ciudades)

wuf[10] Abu Dhabi 8-13 February 2020 UN-HABITAT

HACIENDA | BANOBRAS

Dirección General Adjunta de Banca de Inversión
Dirección de Agua, Energía y Medio Ambiente
Ciudad de México, a 31 de enero de 2020.
GPA403100/009/2020

Adela Román Ocampo
Mayor of Acapulco

In reply to your request No. PM/0013/2020 received by this office on January 30th, 2020, in the one it is stated the opportunity that Acapulco City has of participating at the World Urban Forum, which is going to take place from February 8th, 2020 to February 13th, 2020 at Abu Dhabi in the United Arab Emirates, to participate and present the project entitled *Solar Energy for Water Sanitation* of Acapulco City (Project), Guerrero, to foster alliances and investment opportunities that benefit the Water Organism of Acapulco.

Due to the previous, and to the meet we had on December 23rd from 2019, in the one your team presented to the Banco Nacional de Obras y Servicios Públicos, S.N.C. (BANOBRAS) the Project which main objective is i) the rehabilitation of 15 Wastewater Treatment Plants that belong to the Acapulco Municipality, with an estimated investment amount of 20.1 million dollars: and ii) a solar power farm with an output of 55.5 Megawatt power, able to cover the electricity needs of the Water Supply and Sewage Commission of Acapulco, with an estimated investment amount of 55.2 million dollars.

For your knowledge, BANOBRAS acts as Fiduciary Institution in the trust number 1936, denominated National Infrastructure Fund (Fund), which could provide partial funding through a Non-Reimbursable grant for the rehabilitation of 15 Wastewater Treatment Plants that belong to the Acapulco Municipality, and a Reimbursable grant for the Solar Power Farm, in accordance with the Fund operating rules.

It is important to mention, that is mandatory for the Municipality to take the following actions:

1. Have pre-investment studies that determine the technical, financial and legal feasibility of each project.
2. Have for each component of the project the socio-economic impact evaluation to be able to register it in the Investment Unit of the Ministry of Finance and Public Credit.
3. Meet the requirements of the Article 14th from the Public-Private Partnerships Law, including the authorization from the Guerrero State Congress to structure and develop the Project under a Public-Private Partnership contract, in which the Municipality provides the needed guarantees to ensure the economic and financial viability of each component of the Project.

Av. Javier Barros Sierra 515, Lomas de Santa Fe, Ciudad de México, 01219
Tel. 5270 1200 www.gob.mx/banobras

2020

HACIENDA | BANOBRAS

In this context, I am pleased to state that after this procedure is followed and presented, BANOBRAS, acting as Fiduciary Institution in the trust number 1936, denominated National Infrastructure Fund (Fund), will be able to present both components of the Project to the highest decision-making body of the Fund to determine, where appropriate, the maximum percentage of grant that could be provided.

Sincerely,

Rafael Guerrero Flores
Water Projects Manager

c.c.p. Carlos Andrés Puente López. - Director de Agua, Energía y Medio Ambiente. - **Presente**

Av. Javier Barros Sierra 515, Lomas de Santa Fe, Ciudad de México, 01219
Tel. 5270 1200 www.gob.mx/banobras

2020
LEONA VICARIO

wuf10
Abu Dhabi, UAE 8-13 February 2020

The Tenth Session of the
World Urban Forum

Cities of Opportunities: Connecting Culture and Innovation

UN-HABITAT
FOR A BETTER URBAN FUTURE

13 de Enero 2020

Honorable Alcaldesa,

Me complace invitarla a la décima sesión del Foro Urbano Mundial (WUF10), que se celebrará del 8 al 13 de febrero de 2020 en el Centro Nacional de Exposiciones de Abu Dhabi, en la ciudad capital de los Emiratos Árabes Unidos, Abu Dhabi.

El Foro Urbano Mundial, es un foro técnico no legislativo, convocado por el Programa de las Naciones Unidas para los Asentamientos Humanos (ONU-Habitat) desde 2002. Es reconocido como el principal escenario mundial en el campo del desarrollo urbano sostenible y los asentamientos humanos. WUF10 se organizará conjuntamente con el Departamento de Planificación Urbana y Municipios de Abu Dhabi.

El tema de WUF10, *Ciudades de Oportunidades: Conectando Cultura e Innovación*, atraviesa las agendas de desarrollo relacionadas con finanzas, desarrollo urbano, vivienda, cultura, patrimonio nacional, innovación, ciencia, información y tecnología, y proporcionará a las entidades participantes de las Naciones Unidas, la oportunidad de solventar cuestiones relevantes al tema dentro del marco de un acercamiento de las Naciones Unidas para el desarrollo urbano sostenible.

WUF10 es una oportunidad estratégica para la cooperación de múltiples partes interesadas en la implementación de la Nueva Agenda Urbana y los Objetivos de Desarrollo Sostenible (ODS), especialmente el ODS11 Hacer que las ciudades y los asentamientos humanos sean inclusivos, seguros, resilientes y sustentables. El Foro contará con la participación de líderes locales y nacionales, funcionarios gubernamentales, sociedad civil, academia, sector privado y tomadores de decisiones políticas de base de todo el mundo.

Es un honor y un privilegio invitarla a participar en WUF10 como oradora en las sesiones de la Plataforma de Inversión de Ciudades que se llevarán a cabo el lunes 10 de febrero de 2020 y el miércoles 12 de febrero de 2020. Creo que su experiencia no tiene paralelo y será de gran beneficio para el Foro y sus participantes.

Me complace informarle que ONU-Habitat apoyará su participación, proporcionándole el boleto aéreo en clase económica en la ruta más directa y una asignación diaria de viáticos. Apreciaría saber si está disponible para unirse a nosotros en WUF10 y le agradecería si pudiera completar el formulario de viaje adjunto y enviarlo junto con una copia de la página de biodatos de su pasaporte antes del 16 de enero de 2020. Comuníquese con el Sr. Wataru Kawasaki (kawasakiw@un.org) para proporcionarle toda la información que pueda necesitar y para enviar sus detalles de viaje.

Espero una confirmación positiva y encontrarme con usted en Abu Dhabi.
Por favor acepte, Honorable Alcaldesa, la garantía de mi más alta consideración.

Maimunah Mohd Sharif
Subsecretaria General y Directora Ejecutiva de ONU-Habitat

<u>Proyecto de Acapulco:</u>

1. La rehabilitación de 15 plantas de tratamiento de aguas residuales de Capama, con un monto total de inversión de 403 millones de pesos.

Modelo de financiamiento: Asociación Público Privada.
Banobras aporta el 49% de la inversión como fondo no recuperable y la inversión privada el 51% restante.

2. Huerta solar que genere toda la electricidad que requiere Capama, e incluya desde la captación del agua, conducción, distribución, tratamiento de aguas residuales, y energía de las oficinas, un total de 55.5 megawatts, con una inversión de 1,187 millones de pesos en 94 hectáreas de terreno.

Modelo de financiamiento: Asociación Público Privada.
Banobras aporta el 49% de la inversión como fondo recuperable y la inversión privada el 51% restante.

Monto total de la inversión: 1,590 millones de pesos.

Este proyecto es de gran importancia para la ciudad, para el saneamiento de la bahía de Acapulco, ríos y lagunas y para mejorar las finanzas públicas, ya que las deudas heredadas a CAPAMA causan escasez de agua en muchas colonias de Acapulco, siendo el agua un derecho humano vital.

El objetivo principal es crear la primera agencia local de agua sustentable a través de energía solar, que permita operar con finanzas sanas, no afectar el medio ambiente a través de los cuerpos de agua receptores, lograr varios objetivos de desarrollo sostenible de la agenda 2030 de las Naciones Unidas, alcanzables en 1 solo proyecto y promover la replicación de este modelo en muchas ciudades del mundo. Acapulco es un referente internacional ideal para replicar las mejores prácticas en América Latina. Somos una referencia mundial debido al turismo, la belleza natural y la ubicación en el Océano Pacífico del continente americano.

ONU HABITAT
POR UN MEJOR FUTURO URBANO

wuf10
المنتدى الحضري العالمي
World Urban Forum
Abu Dhabi 8-13 February 2020

Nos complace informarle que su proyecto, **Energía Solar para el Saneamiento del Agua en la ciudad de Acapulco, México, ha sido seleccionado para la tercera y última ronda de la Plataforma de Inversión de Ciudades en el Foro Mundial Urbano de que se llevará a cabo del 8 al 13 de Febrero 2020, en Abu Dhabi, Emiratos Árabes Unidos (WUF10).**

Para garantizar la coherencia y los altos estándares de calidad de los proyectos seleccionados para su presentación durante WUF10, le rogamos que complete el formulario adjunto con la información solicitada.

Solicitamos amablemente esta retroalimentación final sobre sus proyectos a más tardar el 31 de diciembre de 2019. Esto ayudará a nuestros equipos a desarrollar un Memorándum de inversión inicial y comenzar a ayudar a los líderes de su ciudad a crear argumentos sólidos para la sesión.

También nos gustaría solicitarle que confirme amablemente su disponibilidad en este momento para que representantes de gobiernos municipal / regional de su ciudad estén presentes durante WUF10. Por favor considere esto como una invitación inicial. Una vez confirmadas, las invitaciones oficiales se enviarán a principios de año.

Por favor no dude en contactarnos si tiene cualquier pregunta.

En este punto, también podemos confirmarle que habrá dos Sesiones de la Plataforma de Inversión de Ciudades durante WUF10: una será una oportunidad para lanzar su proyecto, y la segunda será un taller solo por invitación que se llevará a cabo junto con la Academia del Alcalde. Más sobre esto está por venir pronto.

Elite Capital & Co. Limited
33 St. James Square
London, SW1Y4JS
United Kingdom

Telephone : +44 (0) 203 709 5060
Facsimile : +44 (0) 203 709 5061
SWIFT Code : ELCTGB21

Email : info@ec.uk.com
Website : ec.uk.com

Elite

"WE ARE FUNDING THE WORLD"

Lunes, 17 de febrero del 2020

Referencia:
0220.ECC.ACAPULCO.1.MX

Tema: **Programa de Financiamiento Futuro del Gobierno 2030, Para Proyectos Nacionales En México**

Para: **Adela Román Ocampo**
Alcaldesa de Acapulco
Estados Unidos Mexicanos

Exclusive Portfolio Manager of
GOVERNMENT FUTURE 2030 FINANCING

Member of
ICC UNITED KINGDOM INTERNATIONAL CHAMBER OF COMMERCE
The world business organization

ISO 9001 : 2015
QUALITY MANAGEMENT SYSTEM
Financial Management, Consultancy & Funding
Certificate Number ELIT/1604Q

Elite

Elite Capital & Co. Limited
33 St. James Square, London, SW1Y4JS, United Kingdom
Telephone: 0203 709 5060 • Facsimile: 0203 709 5061
SWIFT Code: ELCTGB21
Email: info@ec.uk.com • Website: ec.uk.com

Su Excelencia, Adela Román Ocampo,

Fue un placer reunirme con usted y su equipo de trabajo en la ciudad de Dubai, Emiratos Árabes Unidos.

Elite Capital & Co. Limited trabaja con empresas de construcción internacionales de primera clase, que tienen un historial exitoso en la entrega de grandes proyectos de construcción en todo el mundo. Además, proporcionamos fondos para dichos proyectos, ofreciendo así una solución innovadora para la implementación y financiación de proyectos. Podemos proporcionar nuestra solución para todo tipo de proyectos para los Estados Unidos Mexicanos.

A nombre de Elite Capital & Co. Limited, me gustaría extenderle formalmente nuestro interés más sincero en colaborar con usted y su administración actual en todos los proyectos presentados por la Ciudad de Acapulco y otras oportunidades de proyectos en México.

Para su información, en 2018 fuimos galardonados como "Mejor empresa de gestión de proyectos y finanzas del Reino Unido 2018" por Global Banking & Finance Review, "Proveedor de Financiamiento de Proyectos de Infraestructura 2018" por la revista New European Economy, y en 2017 también fuimos galardonados como "Compañía financiera más influyente" por el CEO- Insight Award List, "Mejor marca financiera en el Reino Unido" por la lista de premios 2017 de Global Brand's Banking and Financial, y el evento "Sustainability Week" en enero de 2017. Esto se suma a varios otros premios que hemos ganado desde 2014.

Esperamos recibir noticias suyas con la esperanza de que podamos comenzar las negociaciones y la planificación del proyecto muy pronto.

Mientras tanto, quedamos a su disposición si necesita más información o confirmación de lo anterior.

Atentamente,

George Matharu, MBA.
President and Board Member

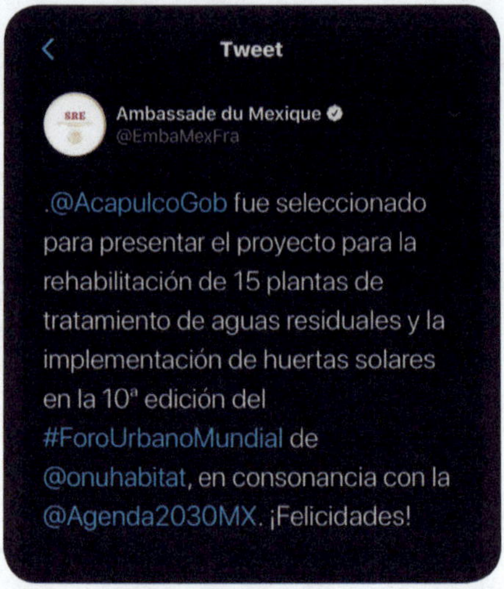

SANEAMIENTO

3	REHABILITACIÓN DEL EQUIPAMIENTO ELECTOMECÁNICO Y OBRA CIVIL DE 15 PTARS				
3.1	*PLANTA AGUAS BLANCAS*	1	PTAR	ACAPULCO, GRO.	H. AYUNTAMIENTO DE ACAPULCO
3.2	*PLANTA RENACIMIENTO*	1	PTAR	ACAPULCO, GRO.	H. AYUNTAMIENTO DE ACAPULCO
3.3	PLANTA TECNOLÓGICO	1	PTAR	ACAPULCO, GRO.	H. AYUNTAMIENTO DE ACAPULCO
3.4	PLANTA COLOSO	1	PTAR	ACAPULCO, GRO.	H. AYUNTAMIENTO DE ACAPULCO
3.5	PLANTA JABONERA	1	PTAR	ACAPULCO, GRO.	H. AYUNTAMIENTO DE ACAPULCO
3.6	PLANTA LIMITE SUR	1	PTAR	ACAPULCO, GRO.	H. AYUNTAMIENTO DE ACAPULCO
3.7	PLANTA PUERTO MARQUES	1	PTAR	ACAPULCO, GRO.	H. AYUNTAMIENTO DE ACAPULCO
3.8	PLANTA REAL HACIENDA	1	PTAR	ACAPULCO, GRO.	H. AYUNTAMIENTO DE ACAPULCO
3.9	PLANTA PASO LIMONERO	1	PTAR	ACAPULCO, GRO.	H. AYUNTAMIENTO DE ACAPULCO
3.10	PLANTA KM. 30	1	PTAR	ACAPULCO, GRO.	H. AYUNTAMIENTO DE ACAPULCO
3.11	PLANTA LA MIRA	1	PTAR	ACAPULCO, GRO.	H. AYUNTAMIENTO DE ACAPULCO
3.12	PLANTA PIE DE LA CUESTA	1	PTAR	ACAPULCO, GRO.	H. AYUNTAMIENTO DE ACAPULCO
3.13	PLANTA XALTIANGUIS	1	PTAR	ACAPULCO, GRO.	H. AYUNTAMIENTO DE ACAPULCO
3.14	PLANTA RINCONADA	1	PTAR	ACAPULCO, GRO.	H. AYUNTAMIENTO DE ACAPULCO
3.15	PLANTA PUENTE DEL MAR	1	PTAR	ACAPULCO, GRO.	H. AYUNTAMIENTO DE ACAPULCO

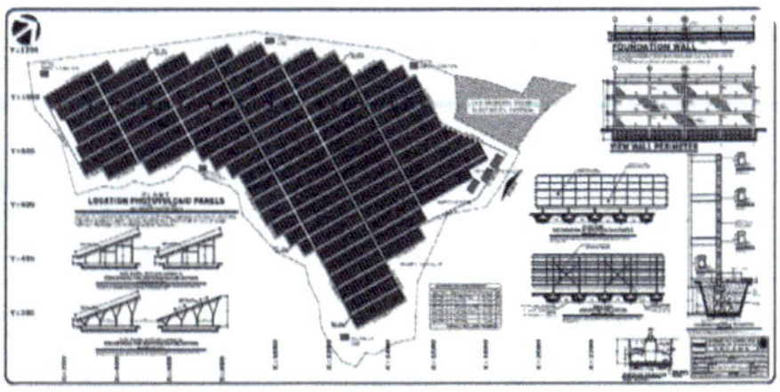

PERSONAS QUE HAN SIDO DIRECTORES DE LA COMISIÓN DEL AGUA POTABLE Y ALCANTARILLADO DEL MUNICIPIO DE ACAPULCO

NOTA INFORMATIVA

Por este medio se les informa que el día 26 de Junio del 2020 a las 9:30 A.M., siendo las 16 horas tras haber caído la lluvia, personal de La Comisión de Agua Potable y Alcantarillado de Acapulco (CAPAMA), área del laboratorio de la PTAR Aguas Blancas y el laboratorio ISTA se presentaron en la calle Carabela Santa María con calle Almirante Fernando Siliceo, el cual implementaron un operativo para realizar el recorrido del área y el monitoreo del canal pluvial que desemboca a la playa Icacos para el análisis del control de calidad del agua.

Observaciones

Al tomar las muestras se observa que no presenta color característico de alguna descarga residual el cual sería notorio por la presencia del ácido sulfhídrico, ni se percibe algún olor característico debido al gas metano, constatándose que se trata de una corriente pluvial debida que son las primeras lluvias de la temporada y por consiguiente hay arrastre de lodo y basura como madera, plásticos, etc.

Por lo tanto, no se observó presencia de alguna descarga residual en la red de rotura de la línea sanitaria y el cárcamo de la Nao Trinidad que bombea hacia el colector, se encontró en operación.

Se tomaron las muestras en dos puntos del canal pluvial que son los siguientes: Orilla y punto medio del canal pluvial.

Tabla 1. Resultados de los parámetros fisicoquímicos del canal pluvial

Puntos de muestreo

Parámetros fisicoquímicos	Orilla del canal pluvial	Punto medio del canal pluvial	Promedio	Límite Permisible P.D.
SS (mL/L)	0.01	0.01	0.01	2
SST (mg/L)	10	10	10	125
DQO (mg/L)	618	637	627.50	No aplica
Alcalinidad ($MgCaCO_3$)	215.90	190.50	203.20	No aplica
Ph	7.75	7.74	7.745	5-10
Temperatura (°C)	30.8	31.3	31.05	40
Color aparente (PCU)	71	71	71	No aplica

SS.- Sólidos sedimentables SST.- Sólidos Suspendidos Totales
DQO.- Demanda Química del Oxígeno P.D. Promedio diario

Con base en los resultados en estudio de campo y en el laboratorio se obtuvo lo siguiente: para el caso de los análisis in situ de aguas superficiales como es: Temperatura, pH, DQO, Sólidos Suspendidos Totales (SST), Sólidos Sedimentables (SS), Color aparente y Alcalinidad que se efectuó en base a la Norma Oficial Mexicana NOM-001-SEMARNAT-1996 que establece los límites máximos permisible diario para contaminantes en las descargas de aguas residuales en aguas y bienes nacionales.

Los valores que arrojaron los análisis fisicoquímicos del agua del canal pluvial que desemboca a la playa Icacos; se encuentran dentro del límite permisible, no hay ningún parámetro que se encuentre irregular o fuera de la norma; sin embargo, hay un parámetro que dio una alta concentración en DQO cuyo valor promedio es 627.50 mg/l. Por lo tanto, el DQO indica presencia de sustancias provenientes de descargas no municipales que trajo como consecuencia las primeras lluvias, que es el arrastre del lodo, tierra y basura.

Dentro de 10 días hábiles, se espera tener los resultados de ISTA de los parámetros fisicoquímicos y microbiológicos para complementar y descartar que no hay descarga de agua residual en el canal pluvial de la playa Icacos.

Se anexa las siguientes fotos:

Acapulco de Juárez, Guerrero 20 de julio del 2020.

Con relación al vertimiento de aguas pluviales (señaladas como aguas residuales del cárcamo de bombeo NAO) a la bahía del puerto de Acapulco le comento lo siguiente.

El cárcamo de bombeo que se encuentra ubicado a un costado del parque acuático "El Rollo".

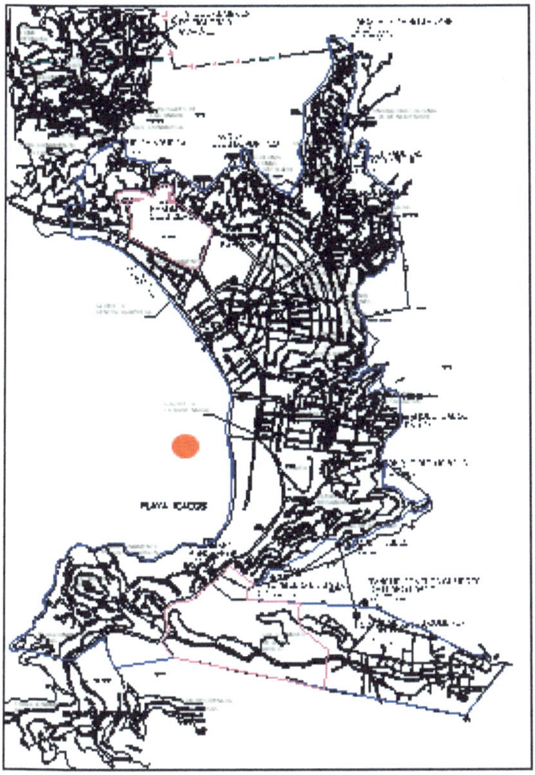

Actualmente, el cárcamo "nao trinidad" recibe la aportación de las aguas residuales correspondientes a la zona de influencia ubicada entre el hotel "PRESIDENTE" y el fraccionamiento "MARINA BRISAS", en la cual se encuentran los fraccionamientos Guitarrón, Joyas de Brisamar, Costa Azul, Club Deportivo, el poblado Cumbres de Llano Largo, las colonias Hermenegildo Galeana, Praderas de Costa Azul, y la Unidad Habitacional 23 de noviembre, entre muchas otras. El saneamiento actual es a través de una línea de conducción de 30" de diámetro de asbesto cemento y el colector que viene por gravedad de la base naval al cárcamo es de 24" de diámetro.

La operación del cárcamo de bombeo se basa en los niveles que marcan la condición física de la infraestructura hidráulica, mismos que determinan el tipo de bomba a utilizar y el tiempo estimado de bombeo, para dar salida al volumen de llegada de las aguas residuales y así evitar algún derrame por mala operación.

Los niveles del cárcamo de bombeo son los siguientes:

- En la llegada del colector general es de 2.50 m del piso a la losa y un desnivel en donde se encuentran colocadas las compuertas al exterior de 3.40 m por lo que presenta una profundidad de 5.90 m
- En el claro de la tormenta del piso a los canales laterales, es de 6.80 m
- La profundidad del cárcamo Nao Trinidad es de 11 m

La llegada de las aguas residuales al cárcamo de bombeo, es por gravedad, y de ahí se bombea por una línea de conducción. Para que el cárcamo presente algún derrame en las instalaciones seria consecuencia de una mala operación de bombeo por no cuidar los niveles máximos permitidos, y para ser exactos necesita presentar niveles de operación de 11 m que es la profundidad máxima del cárcamo, y ello ocasione un derrame directo en las instalaciones de la CAPAMA y presente un remanso en la tubería y un brote de aguas residuales en los pozos de visita más cercanos.

Se maneja una bitácora en donde se realiza el registro de los niveles del cárcamo de bombeo con los que se encuentra operando, por lo que se anexa tal información de los niveles de operación de los días 24, 25 y 26 de junio del presente año.

Niveles de Operación

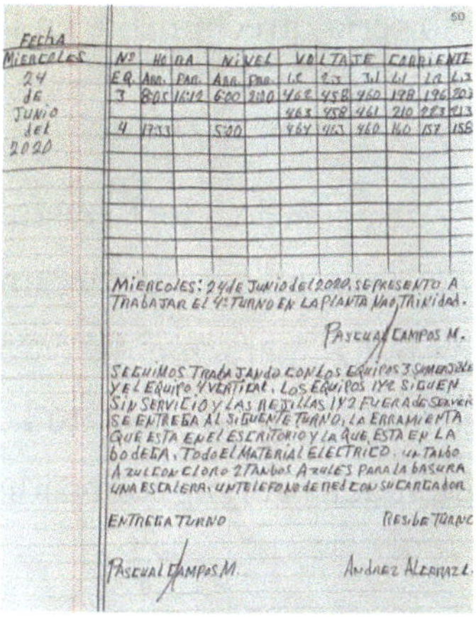

MIERCOLES: 24 de JUNIO del 2020, SE PRESENTO A TRABAJAR EL 4º TURNO EN LA PLANTA NAO TRINIDAD.

PASCUAL CAMPOS M.

SEGUIMOS TRABAJANDO CON LOS EQUIPOS 3 SUMERGIBLE Y EL EQUIPO 4 VERTICAL. LOS EQUIPOS 1 Y 2 SIGUEN SIN SERVICIO Y LAS REJILLAS 1 Y 2 FUERA de SERVICIO. SE ENTREGA AL SIGUENTE TURNO, LA ERRAMIENTA QUE ESTA EN EL ESCRITORIO Y LA QUE ESTA EN LA BODEGA, TODO EL MATERIAL ELECTRICO, UN TANBO AZUL CON CLORO 2 TANBOS AZULES PARA LA BASURA UNA ESCALERA, UN TELEFONO de RED CON SU CARGADOR

ENTREGA TURNO — RESIBE TURNO

PASCUAL CAMPOS M. — ANDRES ALCARAZ L.

Miércoles 24 de junio

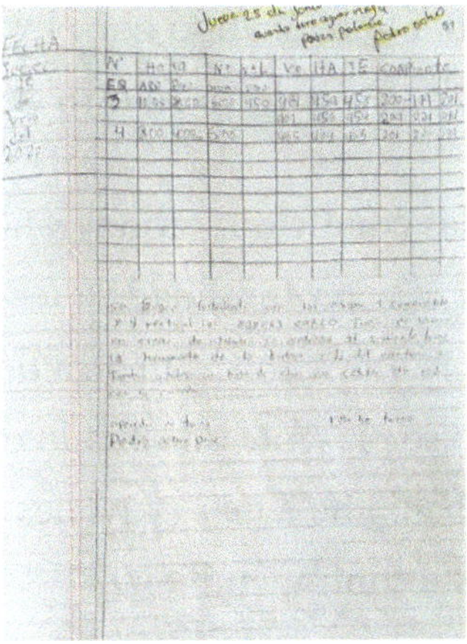

Jueves 25 de junio

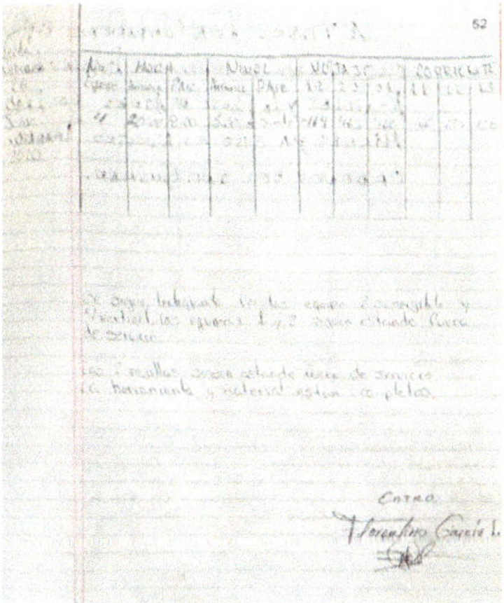

Viernes 26 de junio

Con esto se comprueban las condiciones óptimas de operación del cárcamo de bombeo con los niveles permitidos para un buen funcionamiento (operando de 5 a 6 m como nivel máximo en esos días), sin ocasionar derrames en las calles cercanas o en la bahía del puerto, comprobando que el volumen del cárcamo no fue rebasado en esos días que se presentaron derrames en la bahía a la altura de Icacos.

Este acontecimiento pudiera darse solo si se presentara una lluvia extraordinaria y que sea rebasado la capacidad de almacenamiento del cárcamo. Mencionando que el vertido sería directamente en la ubicación del cárcamo y no en otro sitio.

Por las condiciones topográficas y de acuerdo a los arrastres de los pozos y a la profundidad de entrada de la tubería al cárcamo, sería imposible que a consecuencia de una mala operación del cárcamo de bombeo se presente un vertido en el área donde se presentó la descarga a la bahía de aguas pluviales combinadas con aguas residuales, ya que existe contrapendiente.

Se anexa una descripción de la situación actual del funcionamiento de la infraestructura de drenaje sanitario de la zona de interés.

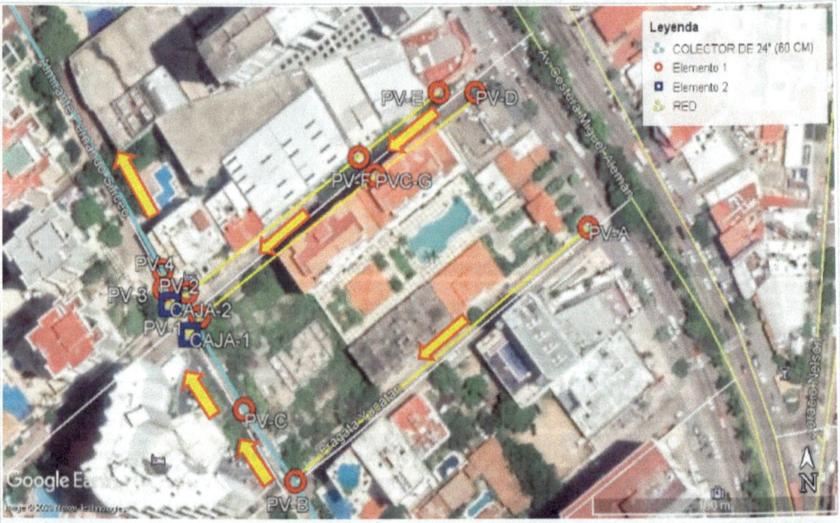

De acuerdo al recorrido realizado a la infraestructura de alcantarillado sanitario y la inspección de los pozos de visita sobre las calles: Carabela Santa María, Fragata Yucatán y Almirante Fernando Silíceo, se determino que no existe ninguna descarga o interconexión que vierta las aguas residuales hacia la playas de la bahía de Acapulco, tal como se comento referente a lo sucedido el **día 24 de junio**. En la presente imagen se muestra el sentido de flujo de la red de atarjeas de la calle carabela Santa María, Fragata Yucatán, y Fernando Silíceo. Que descarga sobre el colector de 24" (60 cm) diámetro que va sobre la calle Fernando Silíceo

Arrastran primeras lluvias tierra y basura a las partes bajas de la ciudad

Acapulco, Gro., 03 de junio de 2019.- Cerca de 100 toneladas de lodo, tierra y basura arrastradas por las lluvias a la parte baja de la ciudad, fueron recolectadas por trabajadores de la Dirección de Conservación y Mantenimiento, informó la titular del área, Verónica Cadena Saligán.

En la supervisión de las maniobras que se llevaron a cabo en la calle Margarita Maza de Juárez de la colonia José López Portillo, ubicada a un costado del bulevar Lázaro Cárdenas, Cadena Saligán precisó que por instrucciones de la alcaldesa Adela Román Ocampo, todas las dependencias operativas atienden diariamente la limpieza del municipio, así como las incidencias derivadas de las lluvias, principalmente en las zonas bajas del puerto donde se tienen más reportes.

"Esta es la parte baja el bulevar Lázaro Cárdenas, donde se nos concentra la mayor cantidad de basura, ahorita estamos trabajando con el apoyo de Saneamiento Básico y Maquinaria Pesada. Nos proporcionaron dos camiones, una retroexcavadora para poder llevar a cabo el desazolve, ya que con el personal a veces es insuficiente debido a la gran cantidad de lodo y tierra que se nos acumula en esta zona", detalló la funcionaria.

La fuerza operativa de la dependencia está integrada por 50 personas, divididas en tres frentes, encargados de realizar labores de limpieza y desazolve de rejillas pluviales en colonias como La Popular, en la calle 16 de septiembre, Las Cruces en la calle Los Lirios y en colonia La Máquina. Luego de estos trabajos, se recolectaron alrededor de 96 toneladas de desechos, entre basura y lodo en rejillas y cauces, debido al arrastre de las primeras lluvias.

Cadena Saligán reiteró el llamado a la población para ser corresponsables en las tareas de prevención y refuerzo a la cultura de protección civil. De igual forma, señaló que el no arrojar basura y desechos a las calles, cauces y arroyos de la ciudad, es una manera para evitar el taponamiento de canales y rejillas pluviales, a fin de prevenir incidentes y afectaciones a los propios acapulqueños.

"Esperan el tiempo cuando tiene más corriente el arroyo para tirar los desechos, yo creo que ahí tenemos que tomar conciencia en el tema preventivo. Nosotros como gobierno hacemos los que nos corresponde, la presidenta nos ha dado la instrucción de mantener nuestros cauces limpios, nuestras rejillas desazolvadas, quitar los arrastres pluviales, pero también la ciudadanía tiene que poner de su parte en evitar arrojar basura y desechos a los canales pluviales y sobre todo a los arroyos".

ANECDOTARIO

PARA: LIC. ADELA ROMÁN OCAMPO
PRESIDENTA MUNICIPAL DE ACAPULCO GRO.

DE: ING. LEONEL GALINDO GONZÁLEZ
DIRECTOR GENERAL DE CAPAMA

NOTA INFORMATIVA

A continuación, le presento una nota informativa donde se detallan las actividades llevadas a cabo los días martes y miércoles, 7 y 8 de julio del presente año, derivado de los últimos acontecimientos ocurridos en cuestión del saneamiento en el Municipio.

MARTES 7 DE JULIO

Videoconferencia a las 17:00 horas.

Participantes:

CONAGUA

Ing. Patricia Ramírez Pineda, Subdirectora General de Agua Potable, Drenaje y Saneamiento
Dra. Norma Arroyo, Directora de CONAGUA Local Edo. de Guerrero.

CAPASEG

Ing. Arturo Palma Carro, Director General de CAPASEG
Ing. Francisco Nájera
Ing. José Maldonado

CAPAMA

Ing. Leonel Galindo González
Ing. Alfonso Clavel
Ing. Jorge Sánchez

TEMAS:

DESCARGAS A LA BAHÍA Y ACCIONES.

La videoconferencia inició con comentarios realizados por todos, en donde la Subdirectora de Agua Potable de la CONAGUA pregunto acerca de las acciones llevadas a cabo, por CAPAMA, se le explicó acerca de las acciones, posteriormente el Ing. Maldonado realizo una presentación.

ACUERDOS Y PROPUESTAS.

1.-De acuerdo con los comentarios y propuestas se acordó que es necesario la rehabilitación de un colector desde Brisas Guitarrón hasta la Planta de Tratamiento de aguas Residuales de Malaespina, el costo de este colector es de $ 150 MDP, CAPASEG ya cuenta con el proyecto ejecutivo. Habría que considerar una mezcla de recursos para llevarlo a cabo.

2.- También buscar la manera de conseguir los recursos para la rehabilitación de las 15 plantas tratadoras, del cual CAPAMA cuenta con toda la información necesaria, dicho proyecto es el que presentó Leonel Galindo en Abu Dabi, en febrero de 2020.

3.- Se acordó realizar una reunión extraordinaria la próxima semana para ver los avances de estas propuestas.

ENCUENTRO CAPAMA-BANOBRAS

Justamente derivado de los últimos acontecimientos ocurridos en cuestión del saneamiento en el Municipio, Leonel Galindo, había acordado una reunión con el Director de Agua, Energía y Medio Ambiente de Banobras.

Se le planteó la problemática al Director, acerca de las plantas de tratamiento, y la necesidad del colector con un costo de 150 MDP.

ACUERDOS Y PROPUESTAS.

1.- Continúa en firme la propuesta para el apoyo de las plantas de tratamiento, el costo total es de 408 MDP, Banobras apoyaría al Municipio con 200 MDP, el requisito es que nosotros consigamos el financiamiento del resto es decir de los 208 MDP faltantes, sería a través de una APP, con una concesión de aproximadamente 5 años, con la condición de que CAPAMA, seguirá operándolas.
2.-Con relación a la construcción del colector, con un costo de 150 MDP, Banobras apoyaría con 40 MDP, el resto es decir 110 MDP, sería mezcla de recursos, Gobierno Federal, Gobierno del Estado y Municipio.
3.-Próxima reunión de trabajo miércoles 15 de julio de 2020.

ATENTAMENTE

Los acontecimientos precipitados y aparte el poco interés en el tema provoco que lamentablemente se perdieran estos recursos que con mucho esfuerzo me dedique a conseguir, la verdad algo lamentable, pues es conocido de todos que siempre se comenta que, por un lado, nos dejaron tirado todo el organismo y, por otro lado, la falta de recursos necesarios para invertir en la infraestructura que se requiere, efectivamente, pero también se requiere de una disposición y estar consciente de ir a buscar los apoyos necesarios, comento, que al solicitar mi renuncia se quedaron truncados estos trámites que estaban a escasos días de ser autorizados. ¡¡¡Ni modo!!!

PRESUPUESTOS NECESARIOS

AGUA POTABLE

No.	OBRA / ACCIÓN	IMPORTE
1	CONSTRUCCIÓN DE 4 POZOS RADIALES PARA SUSTITUCIÓN. DE TOMA DIRECTA (PAPAGAYO II)	$975´000,000.00
2	SUSTITUCIÓN DE LÍNEAS DE CONDUCCIÓN PARA RECUPERACIÓN DE CAUDALES	61'199,010.01
3	REHABILITACIÓN DE ACUEDUCTOS Y CAPTACIONES	153'830,585.00
4	SUSTITUCIÓN DE TANQUES DE REGULACIÓN	110´124,644.94
5	AUTOMATIZACIÓN DEL SISTEMA	154'545,783.00
6	CONSTRUCCIÓN DE CLORADORES	11'332,128.00
	TOTAL :	$1,466´032,150.95

ALCANTARILLADO SANITARIO

REHABILITACIÓN DE COLECTORES

No	OBRA / ACCIÓN	IMPORTE
1	REHABILITACIÓN DE COLECTORES SANITARIOS DE 18", 24" Y 42" EN EL FRACC. CLUB DEPORTIVO.	$8´133,119.34
2	REHABILITACIÓN DE RED DE ATARJEAS EN EL FRACC. CLUB DEPORTIVO	$31´744,546.84
3	REHABILITACIÓN DE COLECTOR SANITARIO III (SONORA Y 16 DE SEPTIEMBRE) EN COL. PROGRESO.	$90´311,951.20
4	REHABILITACIÓN DE COLECTOR SANITARIO CUMBRES Y PAPAGAYO (GOMEZ MORIN A PLANTA CAP. MALASPINA. FRACC. HORNOS	$124´802,127.10
5	REHABILITACIÓN DE COLECTOR SANITARIO I AV. MIGUEL ALEMAN, COL. CENTRO	$187´198,830.90
6	CONSTRUCCIÓN DE COLECTOR SANITARIO EN LA CARRETERA CAYACO PUERTO MARQUÉS	$125¨599,090.40
7	CONSTRUCCIÓN DE RED DE ATARJEAS EN LA COL. PUERTO MARQUES.	$27´744,546.80
8	CONSTRUCCIÓN DE COLECTORES MARGINALES EN DIFERENTES ARROYOS PLUVIALES DE ACAPULCO	$45´454,216.10
	TOTAL:	$640'988,428.68

SANEAMIENTO

N°	OBRA /ACCIÓN	IMPORTE
1	AMPLIACIÓN DE PTAR RENACIMIENTO, UN MÓDULO DE 125 LPS PARA LLEGAR A UNA CAPACIDAD TOTAL DE 750 LPS.	182,000,000.00
2	AMPLIACIÓN DE PTAR PIE DE LA CUESTA. MÓDULO DE 100 LPS PARA LLEGAR A UNA CAPACIDAD DE 150 LPS	111,800,000.00
3	AMPLIACIÓN DE PTAR SAN AGUSTÍN MODULO DE 80 LPS PARA LLEGAR A UNA CAPACIDAD DE 120 LPS	88,400,000.00
4	CONSTRUCCIÓN DE PTAR COLOSIO PARA UNA CAPACIDAD DE TRATAMIENTO DE 50 LPS	65,000,000.00
5	CONSTRUCCIÓN DE PTAR CUMBRES DE LLANO LARGO (20 LPS)	26,000,000.00
6	MEJORAMIENTO DE LA EFICIENCIA ELECTROMECÁNICA DE LOS SISTEMAS DE SANEAMIENTO Y ESTACIONES DE BOMBEO. INCLUYE PANELES FOTOVOLTAICOS (CÁRCAMOS Y PTAR´s)	132,600,000.00
7	CONSTRUCCION DE PTAR BARRA VIEJA (20 LPS)	33´000,000.00
8	CONSTRUCCIÓN DE 9 CARCAMOS DE BOMBEO EN LA DESEMBOCADURA DE LOS ARROYOS PLUVIALES CON LA BAHIA.	15¨937,742.00
	TOTAL :	$654'737,742.00

RESUMEN

No.	PROYECTO	IMPORTE
I	**AGUA POTABLE**	**$1,466,032,150.95**
1	CONSTRUCCIÓN DE POZOS RADIALES	$975,000,000.00
2	SUSTITUCIÓN DE LINEAS DE CONDUCCIÓN	$61,199,010.01
3	REHABILITACIÓN DE ACUEDUCTOS Y CAPTACIONES	$153,830,585.00
4	CONSTRUCCION Y SUSTITUCIÓN DE TANQUES DE REGULACIÓN	$110,124,644.94
5	AUTOMATIZACIÓN DEL SISTEMA	$154,545,783.00
6	CONSTRUCCIÓN DE CLORADORES	$11,332,128.00
II	**ALCANTARILLADO SANITARIO**	**$640,988,428.68**
7	REHABILITACIÓN DE COLECTORES	$640,988,428.68
III	**SANEAMIENTO**	**$2,315,182,801.58**
8	CONSTRUCCIÓN Y REHABILITACIÓN DE PTAR¨S	$654,737,742.00
9	REHABILITACIÓN DE PTAR¨S (EQUIPO ELECTROMECANICO)	$1,660,445,059.58
	TOTAL :	**$4,422,203,381.21**

SUSTENTABILIDAD DEL AGUA

El agua es un recurso imprescindible para la vida y para el funcionamiento de los ecosistemas. Los seres humanos utilizamos el agua de acuerdo a nuestras necesidades y para lograr su aprovechamiento introducimos ciertos cambios en el ciclo hidrológico. Estos cambios afectan tanto la disponibilidad como la calidad del agua.

Derivado de la importancia de este líquido vital y los cambios en el ciclo hidrológico, debemos enfocarnos en un manejo sustentable de este recurso, el cual debe ser entendido como el desarrollo equitativo para satisfacer las necesidades del presente sin comprometer el derecho de las generaciones futuras para cumplir sus propias necesidades.

Esto significa, que debemos utilizar el recurso en la actualidad de modo tal que pueda ser aprovechado con buena calidad y en cantidad suficiente por las siguientes generaciones, por lo que para lograrlo debemos considerar factores económicos, ambientales y equidad para implantar modelos de conservación y consumo que no degraden este recurso, para lograrlo, es necesaria la solidaridad y cooperación de todos los actores que estamos involucrados, con distinto grado de participación y de responsabilidad, en la gestión del agua.

Existe un modo de abordar las problemáticas hidrológicas que se denomina Gestión Integrada de los Recursos Hídricos, y se identifica con la sigla GIRH. Este enfoque plantea un tratamiento de las cuestiones hidrológicas de una manera integradora. La Asociación Mundial del Agua define la GIRH como "un proceso que promueve el manejo y desarrollo coordinado del agua, la tierra y los recursos relacionados, con el fin de maximizar el bienestar social y económico resultante de manera equitativa sin comprometer la sustentabilidad de los ecosistemas vitales".

La sustentabilidad representa un cambio de paradigma en el ma-

advierte el director de Proyectos y Desarrollo Urbano de la Protur, Carlos Cuevas González

Promotora Turística (Protur) sobre las descargas de aguas residuales en la zona Diamante, además de un reporte sobre la importancia del Programa de Ordenamiento Ecológico Territorial (POET) y su relación con el Plan de Desarrollo Urbano.

En la sesión también estaba anunciado un exhorto a la alcaldesa Adela Román Ocampo para que aplicara la Ley de Bienestar Animal y que las calandrias ya no usen caballos como equipo para sus recorridos por la Costera, pero éste no se votó porque se informó que en el Presupuesto de Egresos de este año el Congreso local etiquetó una partida para atender ese asunto y van a esperar a conocer de qué manera se va a aplicar.

El director de Proyectos y Desarrollo Urbano de la Protur, Carlos Cuevas González, señaló que en los 21 kilómetros de la zona Diamante, de la Costera de Las Palmas a Barra Vieja hay escurrimientos de aguas residuales al mar, en algunos casos de manera intencional como en los condominios Banús, Costa Bamboo, Marena y Mayan Palace, que tienen sus descargas conectadas a canales pluviales que dan al mar o a la laguna Negra de Puerto Marqués.

Cuevas González presentó a los ediles una relación de 18 condominios cuyas descargas no son canalizadas a la planta de tratamiento que opera la Protur, porque no se unieron al proyecto de Marzar. La lista la integran Residencial Playamar I, Residencial Playamar II, Marena, Costa Bamboo, Villas Solar, Solar Ocean, Torre Veranda, Albatros, Galápagos, Lahuyan, Marenda, Villas Playa Diamante, Amarinthos, Romanza, Aquarelle, Playa Mar Diamante Fase I, Playa Mar Diamante Fase II y Playa Mar Diamante Fase III.

Señaló que el problema de las descargas de aguas residuales se intensifica en las temporadas vacacionales, porque ya se rebasó la densidad poblacional en la zona y la altura ya no es la permitida.

Puso como ejemplo que los condominios Costa Bamboo y Marena, que son "los más lujosos" de la zona, arrojan los 365 días del año descargas residuales a un canal pluvial que va a dar al mar.

Otro de los casos "increíbles" es que el condominio Banús tiene un permiso para arrojar aguas pluviales a la playa, pero lo usa para hacer descargas de aguas negras. Dicho canal, alertó el funcionario, está siendo ampliado para aumentar las descargas.

Agregó que el problema lo descubrieron en diciembre de 2017, cuando hubo inconvenientes con el drenaje en la zona Diamante, y mencionó que las empresas Estrella de Oro, Soriana, Mega Comercial Mexicana y las agencias de automóviles son algunos de los establecimientos que arrojan sus aguas residuales en los canales pluviales.

En el caso de Mayan Palace, dijo, tienen la "sospecha" de que arroja aguas residuales al mar pero lo hace por un canal secreto, porque la planta de tratamiento con la que cuenta no es suficiente y el canal pluvial por el que lo hacía fue bloqueado con cemento.

Cuevas González dijo que la única autoridad, federal estatal o municipal que le ha entrado al problema de las descargas de aguas residuales en la zona Diamante ha sido la actual directora de Ecología, Guadalupe Rivas Pérez.

No hay plantas tratadoras en Barra Vieja

Cuevas González agregó que en los 7 kilómetros de Barra Vieja no hay plantas tratadoras de aguas residuales, por lo que las salidas de las aguas tienden dar al mar.

En tanto en la Costera de las Palmas, desde el Mex Tenis hasta el centro comercial La Isla, un tramo de unos seis kilómetros no hay plantas de tratamiento.

El funcionario alertó que en un estudio a la calidad del agua de la playa Revolcadero, se encontraron precursores de la bacteria del cólera "lo que es preocupante porque son balnearios a los que acuden niños y adultos".

Agregó que el problema en la zona Diamante es que se dejó operar a los condominios sin plantas de tratamiento de aguas residuales o algunas "de juguete", y por eso las descargas van a dar al mar.

Informó que estiman que se generan unos 280 litros por segundo de aguas residuales, pero apenas unos 130 litros por segundo son tratados en la planta tratadora de Mayan Palace y por ello se tiene un déficit de más de 150 litros por segundo, los cuales van a dar al mar por los canales pluviales.

Cuevas González indicó que el gobierno del estado construye una planta tratadora en la que se invertirán unos 50 millones de pesos, pero se estima que estará concluida en diciembre de este año por lo que en los periodos vacacionales de Semana Santa y verano seguirá el problema de los escurrimientos al mar.

Por su parte, el regidor de Morena, Bich Lozano Herrera, propuso que se busquen reuniones con la Comisión Nacional del Agua y diputados federales, porque si el Ayuntamiento actúa solo va a recibir presión de empresarios y otros intereses que están en la zona.

Mientras que la directora de Ecología, Guadalupe Rivas Pérez, opinó que nunca debió haberse cambiado el uso de suelo en la zona que va de la laguna de Tres Palos a la laguna Negra de Puerto Marqués, porque es "llanura de inundación" y el problema de contaminación que enfrenta se debe a que hubo corrupción de las autoridades, porque permitieron condominios sin planta tratadora.

El POET

Sobre el POET, el secretario de Desarrollo Urbano y Obras Públicas, Armando Javier Salinas, informó que el municipio tiene de plazo los primeros 12 meses de su gestión para hacerlo y que al haber transcurrido tres meses ya van retrasados.

Aclaró que este estudio se debe apegar a la Ley 790 de Asentamientos Humanos.

La directora de Ecología estimó que la inversión para la elaboración del POET es de 3 millones de pesos y estaría en unos seis meses.

El representante de la Semarnat convocó a recurrir al gobierno federal para el financiamiento del POET, porque el municipio cuenta con un área natural protegida: el Parque Nacional El Veladero, y en esos casos la ley establece que la federación debe ayudar al municipio con la elaboración del documento.

Procedimientos en Curso

De los 12 procedimientos que la Dirección de Ecología inició a condominios, villas, establecimientos y centros comerciales de la zona Diamante por descargas de aguas residuales sin tratar, dos han incumplido con el tiempo de entrega de información. El primero se clausuró y fue el condominio Marena y el segundo pidió una prórroga para entregar lo solicitado, aunque ya se tenía el procedimiento de clausura.

El director de Inspección y Vigilancia de la Dirección de Ecología y Protección al Ambiente, Vicente Batalla Mendoza, indicó que a quienes han sido notificados y no se presentan se inicia el procedimiento para clausura parcial, total y multas.

Recordó que los que son notificados tienen cinco días para acudir a la dependencia y entregar la información que se le solicita, o pedir prórroga para que se regularicen, y en caso de no hacerlo se inicia el procedimiento de clausura por [illegible].

"Si se hubieran atendido en su momento no estuviéramos haciendo este tipo de acciones", señaló.

Ayer se suspendió la clausura a la salida del drenaje de un centro comercial en la zona Diamante, debido a que los representantes solicitaron una prórroga, además de que no llegaron los trabajadores de CAPAMA.

Batalla Mendoza reiteró que en algunos casos no es que no tengan planta tratadora las construcciones, sino que no es suficiente para el número de ocupantes que llegan a tener y es cuando vierten agua sin tratar a la playa.

Enfatizó que la instrucción es detectar todas las descargas que se hacen a las playas, así como a los colectores pluviales que van a dar al mar para evitar que se viertan aguas sin tratar. (**Mariana Labastida**).

Basura acumulada en el contenedor de Caleta, a unos metros del mercado ▼ Foto: Jesús Trigo

POMPEYA

CONCLUSIONES, RECOMENDACIONES Y COMENTARIOS FINALES

De acuerdo con el Consejo de Agua Mundial (World Water Council), para el siglo XXI se identifican seis grandes retos relacionados con el agua: la escasez, la falta de acceso, el deterioro de su calidad, la toma de conciencia de los tomadores de decisiones y del público, la disminución en la asignación de recursos financieros y fragmentación en su manejo.

Estos retos son muy complejos, ya que la disponibilidad de agua no está distribuida de manera homogénea en las diferentes zonas del planeta.

En México, el problema de escasez de agua se ha ido agravando en las décadas recientes a tal grado que las demandas surgen a tasas crecientes y en algunos casos, se comienzan a manifestar de manera violenta.

El crecimiento económico en México ha ocurrido sin tener en cuenta plenamente las señales de escasez de agua. La concentración de la población y la actividad económica han creado zonas de alta escasez no solo en las zonas de baja precipitación pluvial, sino también en zonas donde eso no se percibía como un problema al comenzar el crecimiento urbano o el establecimiento de la agricultura de riego; tan solo para ilustrar la escasez del agua subterránea, de 101 acuíferos de un total de 600 está sobreexplotados.

El crecimiento poblacional y económico ha ejercido mayor presión sobre las reservas de agua en México, la competencia por el recurso es ya causa de conflictos de diferente intensidad o escala: se presenta no solo entre usuarios de la misma comunidad, sino entre distintas comunidades, municipios, estados e incluso en el ámbito transfronterizo, como ocurrió recientemente en los estados de Chihuahua y Tamaulipas, en el Norte del país.

Es necesario realizar una investigación para identificar las variables sociales y físicas que desatan los conflictos por el agua, razón por la cual se vuelve necesario estudiar sus causas para así poder desarrollar políticas públicas que, además de ser eficaces para resolver el problema de escasez y eficientes desde una perspectiva económica, sean también factibles económicamente.

AGUA POTABLE

En este rubro, se enfrenta durante la temporada de estiaje el problema de desabasto en algunos sectores de la Cabecera Municipal, colonias y comunidades de la periferia de Acapulco, esto es debido a la pérdida de volúmenes por cuestión de fugas, instalaciones en mal estado y situaciones de imponderables que se presentan durante esa temporada, combinado con el mantenimiento de la presa de la Venta propiedad de CFE.

Se requiere de manera inmediata realizar un censo de las fuentes de abastecimiento, así como su gasto de aportación al sistema integral (red de distribución), un levantamiento general del sistema, situación actual de fuentes de abastecimiento, líneas de conexión, tanques, circuitos primarios, red secundaria y cajas para operación de válvulas.

Todo esto con la intención de establecer un programa de mantenimiento preventivo y correctivo para generar las condiciones óptimas de operatividad y así garantizar el suministro a los usuarios, establecer un programa de monitoreo permanente por lo menos una vez al mes para verificar la calidad del agua, es decir monitorear el cloro residual y realizar análisis físico-químicos y bacteriológicos lo que es una garantía de contar con agua de calidad y por consiguiente mejorar de manera sustancial la salud a los usuarios.

Establecer un programa permanente de atención a usuarios, a reportes de fugas con una capacidad de respuesta no mayor a 24/7 horas para solucionar el problema, interactuando de manera ordenada para que el tráfico peatonal y vehicular no se vea agredido, por lo que se deberá solucionar el problema de bacheo a la brevedad.

También se deberá contar con un programa continúo de mantenimiento (limpieza, desazolve de las cajas de operación de válvulas). Previo diagnóstico del estado actual, de estas y en su caso su rehabilitación inmediata.

Es conveniente mencionar que durante mi gestión dejamos los 11 equipos del sistema de captación Papagayo II, inclusive en una época se tenían hasta 7 bombas trabajando, debido a la rehabilitación que se realizaba a la planta potabilizadora Cayaco.

ALCANTARILLADO

El drenaje actual se considera sanitario por lo que está calculado solo para el desalojo de las aguas de uso doméstico, comercial e industrial. Al incorporar alcantarillas pluviales mediante la conexión irregular en el sistema de drenaje sanitario surge la activación de un problema inmediato por los volúmenes extraordinarios que provocan en la temporada de lluvias en la zona, o en temporada turística como Semana Santa o fin de año, que son los de mayor afluencia de turistas, esto aunado a no contar con un mantenimiento preventivo en el sistema, hace propicio el taponamiento y por consiguiente la saturación de las tuberías, generando un retroceso en las descargas sanitarias y el desfogue en pozos de visita, esto de acuerdo a las condiciones topográficas, por lo que es necesario plantear una alternativa que a corto plazo ayude a minimizar el impacto en la red de drenaje sanitario, esta obra debe ser integral, planeada, proyectada y ejecutada para la cabecera municipal y comunidades que tienen el mismo problema.

En sí, el problema no es el drenaje existente, ya que para lo que se requiere funciona sanitariamente adecuado durante el estiaje, por lo que se debe tener presente que las partes altas, cauces y arroyos tienen que ser motivo de estudio y atención de manera inmediata, para generar los proyectos de la infraestructura necesaria para controlar la bajada de las aguas broncas.

El crecimiento de los ríos debe ser monitoreados para determinar los niveles máximos extraordinarios en los puntos donde se generan los desbordamientos, así como en las principales calles y avenidas de mayor aportación de aguas pluviales con la intención de proponer la obra adecuada para su control.

Realizar un levantamiento de descargas a cielo abierto en los diferentes cauces que se encuentran en la zona de influencias del Municipio. Considerar la elaboración de un proyecto que las vincule para realizar el Proyecto de colectores marginales y planta de tratamiento en su caso.

Un programa de mantenimiento preventivo y correctivo a la red de atarjeas, subcolectores, emisores y plantas de bombeo.

Las inundaciones suelen presentarse esporádica y solamente los escurrimientos pluviales son los más frecuentes por la falta de infraestructura o bien de mantenimiento a la infraestructura existente.

Además de los daños ocasionados por las inundaciones en la población urbana, las zonas agrícolas y de viveros, también son vulnerables a los efectos del fenómeno perturbador.

PROPUESTA COMERCIAL

Implementar un programa de regularización voluntaria y reclasificación, ya que el sistema cuenta con usuarios con diferente clasificación y un alto número de morosos, lo que trae como consecuencia un decremento en los ingresos y deficiencia en la operatividad. Con el debido cobro a los contribuyentes justo y transparente que realmente se cobre con honradez y eliminar así los índices de corrupción de esta manera el contribuyente confiará y el organismo verá reflejado el aumento de pago y de esta manera el organismo más transparente.

METAS

De manera general se proponen las siguientes metas:

EL AGUA POTABLE ES UN GRAVE PROBLEMA QUE ENFRENTA EL ESTADO DE GUERRERO, YA QUE EXISTEN LOCALIDADES QUE NO CUENTAN CON EL VITAL LÍQUIDO, AQUÍ TENEMOS UN ENORME RETO, QUE EL OBJETIVO DEBERÁ SER ABATIR EL REZAGO, DE AQUÍ AL 2030:

DATOS

LOS DATOS FRÍOS NOS INDICAN QUE DEBEMOS PROPORCIONAR AGUA POTABLE A TODA LA POBLACIÓN

METAS

6.1 GARANTIZAR EL ACCESO AL AGUA POTABLE.

6.2.- MEJORAR LA CALIDAD DEL AGUA POTABLE, MEDIANTE MONITOREOS PERMANENTES.

6.3.- REVISAR LAS FUENTES DE EXTRACCIÓN ACTUAL Y BUSCAR OTRAS ADICIONALES.

6.4.- REALIZAR UN INVENTARIO REAL DE LA INFRAESTRUCTURA ACTUAL.

6.5.- USO EFICIENTE DE LOS RECURSOS HÍDRICOS

6.6.-ESTABLECER DESAFÍOS A CORTO, MEDIANO Y LARGO PLAZO.

6.7.-INVOLUCRAR A LAS COMUNIDADES DE LAS ZONAS CONURBADAS Y RURALES.

6.8.- ESTABLECER COMITÉS DEL AGUA

6.9.- VARIOS

EL SANEAMIENTO DE IGUAL MANERA ES UN PROBLEMA QUE ENFRENTA EL ESTADO DE GUERRERO, YA QUE EXISTEN LOCALIDADES QUE NO CUENTAN CON EL SANEAMIENTO BÁSICO EN SUS HOGARES, AQUÍ TENEMOS UN ENORME RETO, QUE EL OBJETIVO DEBERÁ SER ABATIR EL REZAGO, DE AQUÍ AL 2030:

DATOS

LOS DATOS FRÍOS NOS INDICAN QUE DEBEMOS PROPORCIONAR DRENAJE Y SANEAMIENTO A TODOS LOS RINCONES DEL MUNICIPIO.

METAS

6.1 GARANTIZAR EL SANEAMIENTO EN TODOS LOS HOGARES DEL MUNICIPIO DEBE SER EL RETO DURANTE LOS PRÓXIMOS 6 AÑOS.

6.2.- PONER FIN A LA DEFECACIÓN AL AIRE LIBRE

6.3.- CONTROL ESTRICTO AL USO DE QUÍMICOS Y FERTILIZANTES, QUE FINALMENTE LLEGAN A LOS RÍOS, ARROYOS Y LAGUNAS.

6.4.- FORTALECER LA PARTICIPACIÓN DE LAS COMUNIDADES PARA EN CONJUNTO MEJORAR EL SANEAMIENTO.

6.5.- USO EFICIENTE DE LOS RECURSOS HÍDRICOS

6.6.-ESTABLECER DESAFÍOS A CORTO, MEDIANO Y LARGO PLAZO.

6.7.-DATOS ESTADÍSTICOS DEL MUNICIPIO DE ACAPULCO SON:

EXTRACCIÓN DEL AGUA DEL RÍO PAPAGAYO, EN SUS TRES SISTEMAS 105 MILLONES DE METROS CÚBICOS. AGUA POTABILIZADA 85 MILLONES DE METROS CÚBICOS AGUA TRATADA 56 MILLONES DE METROS CÚBICOS EXISTE UNA ENORME CANTIDAD DE AGUA QUE NO SE TRATA Y ESTA VA DIRECTAMENTE A LOS CUERPOS RECEPTORES DE AGUA, DEL ORDEN DE 29 MILLONES DE METROS CÚBICOS, POR AÑO, UNA BARBARIDAD.

Finalmente, para llevar a cabo todas estas recomendaciones no será factible si no se cuenta con personal técnico calificado, es por eso que decimos que todas las áreas de dirección deben profesionalizarse.

¡¡¡RECUERDEN ESTIMADOS LECTORES NO SE TRATA DE CULPAR SIEMPRE EL PASADO, NO, NO, SINO DE CAMBIAR EL FUTURO!!!

Made in United States
Troutdale, OR
11/03/2026

56844372R00206